普通高等院校计算机类专业规划教材·精品系列

计算机导论

（第三版）

方志军　主　编

黄润才　姚兴华　副主编

中国铁道出版社有限公司

CHINA RAILWAY PUBLISHING HOUSE CO., LTD.

内 容 简 介

本书从计算机学科的整体构架出发，在重点介绍基础理论、主要技术和学科发展趋势的同时，注重实践能力的培养和计算机素质的全面提高。本书分为 10 章，内容包括：绪论，计算思维，简单数据的表示，计算机硬件，操作系统基础，语言、程序和软件，Python 语言简介，算法基础，数据库系统，Internet 和网页制作。附录 A 为实验指导，包括 8 个实验：操作系统基础、Linux 应用基础、Python 语言基础、选择结构程序设计、循环结构程序设计、Access 2010 数据库管理系统、Web 服务器配置、网页设计。本书的重点是让学生了解计算机学科的理论体系、课程结构以及基本技能，为下一步的学习奠定扎实的基础。

本书内容丰富、体系新颖、结构合理、文句精练，适合作为普通高等院校计算机类专业大学生计算机基础课程的教材，也可作为成人教育相关课程的教材，同时还对有关人员自修计算机基础知识、培养计算机基本技能具有一定的指导作用。

图书在版编目（CIP）数据

计算机导论/方志军主编. —3 版. —北京：中国
铁道出版社，2017.8（2021.7重印）
普通高等院校计算机类专业规划教材. 精品系列
ISBN 978-7-113-23239-9

Ⅰ.①计… Ⅱ.①方… Ⅲ.①电子计算机-高等学校-
教材 Ⅳ.①TP3

中国版本图书馆 CIP 数据核字（2017）第 184781 号

书　　名：计算机导论
作　　者：方志军

策　　划：曹莉群　周海燕		编辑部电话：（010）51873090
责任编辑：周海燕　徐盼欣		
封面设计：穆　丽		
封面制作：刘　颖		
责任校对：张玉华		
责任印制：樊启鹏		

出版发行：中国铁道出版社有限公司（100054，北京市西城区右安门西街 8 号）
网　　址：http://www.tdpress.com/51eds/
印　　刷：三河市荣展印务有限公司
版　　次：2004 年 6 月第 1 版　2012 年 9 月第 2 版　2017 年 8 月第 3 版　2021 年 7 月第 4 次印刷
开　　本：787mm×1092mm　1/16　**印张**：18.75　**字数**：407 千
书　　号：ISBN 978-7-113-23239-9
定　　价：44.00 元

前言（第三版）

本书第一版于 2004 年 6 月正式出版发行，第二版于 2012 年 9 月修订出版，先后印刷了多次，得到了许多学校和任课教师的厚爱和认可，同时也收获了不少建议和指正，为此在前两版的基础上重新编写本书。

"计算机导论"是计算机学科相关专业本科学生的第一门专业课程和其他专业的先修课程，是国内外大学计算机学科教育体系中的核心课程之一。它担负着系统、全面地介绍计算机科学技术的基础知识，为其他专业课程的学习奠定坚实基础，培养学生具备基本计算机操作和简单编程的能力，以及提高学生综合素质与创新精神的重任。

鉴于计算机学科发展迅猛，计算机技术日新月异，原书有不少内容需要有针对性地进行更新。因此，在基本保持第一、二版风格的基础上，第三版在部分内容上做了适当的调整和更新。例如：第 1 章中的计算机的最新发展，第 2 章的计算思维，第 4 章的计算机硬件，第 5 章的操作系统，第 6 章的语言、程序与软件，第 7 章的 Python 编程语言，第 9 章的数据库 Access 版本，第 10 章的网络知识，以及附录 A 中的实验等。此外，计算思维能力的培养已成为国际和国内计算机教育的重要课题，把计算思维引入《计算机导论》，能够帮助学生实现从计算能力培养到计算思维养成的新跨越。

本书以教育部高等学校大学计算机课程教学指导委员会发布的《大学计算机基础课程教学基本要求》为指导，同时在总结多年教学实践和教学改革经验的基础上，从培养计算思维能力入手组织内容。本书采用"理论+提升+实践"的模式，以理解计算机理论为基础，以知识扩展为提升，以计算机操作、简单编程应用为实践，努力做到既促进计算思维能力的培养，又避免流于形式；既适应总体知识需求，又满足个体深层要求。在内容选择上，本书在继承计算机科学的基础内容（比如介绍计算机硬件组成、操作系统、程序设计基础、算法基础、数据库、计算机网络等）的同时，还介绍了近些年新兴的 IT 技术领域（比如云计算、物联网、大数据等）。此外，专门用一章介绍计算思维，阐述计算机求解问题的过程。每章章前设计了内容介绍与本章重点，章后附有小结和习题。内容介绍与本章重点部分紧密结合教学目标和特点，紧扣教学重点，突出计算思维方法；小结部分对每章知识进行归纳、总结，突出重点；习题部分中的题目大多选自一些经典参考资料，也包括编者结合多年教学实践经验设计出来的典型范例，力求使读者全面地巩固所学知识。

在第三版教材的编写过程中，编者从计算思维的视角介绍计算机科学的基础理论和应用，同时注意突出语言文字运用的规范性。在选择内容时，既注意到稳定性，又注意吸收比较成熟的有价值的新成果，同时编写适合教学和巩固知识的习题。本书内容力求保持较强的系统性，基本概念的阐述力求严谨、清晰，叙述力求通俗易懂，增强了可读性和启发性。

本书第三版由方志军教授担任主编，黄润才、姚兴华两位老师担任副主编。具体编写分工如下：第 1、10 章由苏前敏编写，第 2 章由方志军编写，第 3、4 章由黄润才编写，第 5、8 章由游晓明编写，第 6、7 章由姚兴华编写，第 9 章由孔丽红编写。

由于时间仓促和水平所限，书中难免有疏漏和不妥之处，欢迎广大读者朋友不吝赐教。

编　者
2017 年 5 月

◀ 目　　录

绪　　论 ⫷

内容介绍：

本章从计算机的历史导入，介绍计算机系统的基本组成，阐述计算机硬件系统和软件系统，并介绍程序存储原理以及计算机启动原理和过程，最后介绍了计算机科学知识体系。计算机系统的特点可以从专用计算机、通用计算机和微型计算机等几个类型展开讨论，计算机的性能指标主要有主频、字长、运算速度、内存容量、存取周期以及性能价格比等。

本章重点：

- 计算机的基本概念。
- 计算机软硬件系统。
- 计算机基本原理。
- 计算机的新发展。

1.1　计算机概述

计算机（Computer）俗称电脑，可以进行数值计算，也可以进行逻辑计算，还具有存储记忆功能，是能够按照程序运行，自动、高速处理海量数据的现代化智能电子设备。由硬件系统和软件系统组成，没有安装任何软件的计算机称为裸机。计算机可分为超级计算机、工业控制计算机、网络计算机、个人计算机、嵌入式计算机等 5 类，较先进的计算机有生物计算机、光子计算机、量子计算机等。

计算机是一种现代化的信息处理工具，它对信息进行处理并提供结果，其结果（输出）取决于所接收的信息（输入）及相应的处理算法。（《计算机科学技术百科全书》）

计算机是 20 世纪最先进的科学技术发明之一，对人类的生产活动和社会活动产生了极其重要的影响，并以强大的生命力飞速发展。它的应用领域从最初的军事科研应用扩展到社会的各个领域，已形成规模巨大的计算机产业，带动了全球范围的技术进步，由此引发了深刻的社会变革。计算机已遍及一般学校、企事业单位，进入寻常百姓家，成为信息社会中必不可少的工具。

计算机的应用在中国越来越普遍，中国计算机用户的数量不断攀升，应用水平不断提高，特别是互联网、通信、多媒体等领域的应用取得了不错的成绩。

计算机科学研究现象和揭示其规律，而计算机基础则侧重研究计算机和使用计算机进行信息处理的方法和手段。

1.2 计算机系统

计算机系统由硬件系统和软件系统两部分组成，如图 1-1 所示。硬件系统是借助电、磁、光、机械等原理构成的各种物理部件的有机组合，是系统赖以工作的实体，包括中央处理器、存储器和外围设备等；软件系统是计算机的运行程序和相应的文档，用于指挥全系统按指定的要求进行工作。计算机系统具有接收和存储信息、按程序快速计算和判断并输出处理结果等功能。常见的计算机操作系统有 Windows、Linux 等。计算机系统按人的要求接收和存储信息，自动进行数据处理和计算，并输出结果信息。计算机是脑力的延伸和扩充，是近代科学的重大成就之一。

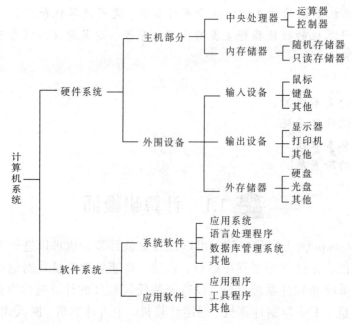

图 1-1　计算机系统的构成

计算机系统的特点是能进行精确、快速地计算和判断，而且通用性好，使用容易，还能联成网络。① 计算：一切复杂的计算，几乎都可用计算机通过算术运算和逻辑运算来实现。② 判断：计算机有判别不同情况、选择不同处理的能力，故可用于管理、控制、对抗、决策、推理等领域。③ 存储：计算机能存储巨量信息。④ 精确：只要字长足够，计算精度理论上不受限制。⑤ 快速：计算机一次操作所需时间已小到以纳秒计。⑥ 通用：计算机是可编程的，不同程序可实现不同的应用。⑦ 易用：丰富的高性能软件及智能化的人-机接口，大大方便了使用。⑧ 联网：多个计算机系统能超越地理界限，借助通信网络，共享远程信息与软件资源。

1.3 硬件系统

1.3.1 计算机的组成

计算机的物理设备叫做硬件（Hardware），它是实现计算机操作过程、输入、输出互联的各种电子设备。计算机设备（Device）既可以指一个价值数亿的巨型计算机系统，也可以指一个只有数十元的鼠标。

硬件系统主要由中央处理器、存储器、输入/输出系统和各种外围设备组成。中央处理器是对信息进行高速运算处理的主要部件，其处理速度可达每秒几亿次以上加法操作。存储器用于存储程序、数据和文件，常由快速的主存储器（容量可达 GB 及 TB 级）和慢速海量辅助存储器（容量可达数百 GB 及 TB 级）组成。各种输入/输出外围设备是人机间的信息转换器，由输入/输出控制系统管理外围设备与主存储器（中央处理器）之间的信息交换。

人们通过输入设备把需要处理的信息输入计算机，计算机通过中央处理器把信息加工后，再通过输出设备把处理后的结果告知人们。

早期的计算机（见图 1-2）的输入设备十分落后，根本没有现在的键盘和鼠标。最早的计算机有两层楼那么高，人们只能通过扳动计算机庞大面板上的无数开关来向计算机输入信息，而计算机处理这些信息之后，输出设备也相当简陋。所以，那时的计算机根本无法处理像现在这样各种各样的信息，它实际上只能进行数字运算。

图 1-2 早期的计算机

但在当时，就算是这种计算机也是极为先进的了，因为它把人们从繁重的手工计算中解脱了出来，而且极大地提高了计算速度。

（1）1946—1958 年为第一代：电子管计算机。以磁鼓作为存储器，使用机器语言、汇编语言编程。世界上第一台通用电子数字计算机 ENIAC（Electronic Numerical Integrator And Calculator）于 1946 年由美国宾夕法尼亚大学研制，其字长为 12 位，运算速度为 5000 次/s，使用 18 800 个电子管、1 500 个继电器，功率为 150 kW，占地 170 m^2，重达 30 t，造价 100 万美元。

（2）1958—1964 年为第二代：晶体管计算机。以磁芯作为主存储器，以磁盘作为外存储器，开始使用高级语言编程。

（3）1964—1971 年为第三代：集成电路计算机。使用半导体存储器，出现多终端计算机和计算机网络。

（4）1971 年至今为第四代：大规模和超大规模集成电路计算机。出现微型计算机、单片微型计算机，外围设备多样化。

冯·诺依曼当时提出的电子计算机中存储程序的概念，构造了电子计算机的基本理论。他提出电子计算机由运算器、逻辑控制器、存储器、输入部件和输出部件 5 部分组成。冯·诺依曼提出的存储程序和程序控制的理论以及他首先提出的计算机硬件基本结构和组成思想，解决了计算机的运算自动化和速度配合问题，奠定了现代计算机的理论基础，对后来计算机的发展起到了决定性的作用。

一般认为冯·诺依曼计算机由运算器、控制器、存储器、输入设备、输出设备 5 大部件组成，计算机以运算器为中心。

（1）运算器。运算器是进行算术运算和逻辑运算的部件。算术运算就是加、减、乘、除四则运算；逻辑运算是指与运算、或运算、异或运算等。

（2）控制器。控制器在计算机中相当于人的大脑，它控制整个计算机有步骤、协调、自动地进行工作。

（3）存储器。存储器是计算机的"记忆"装置，可以存放数字、文字、图形、图像、声音等多种媒体信息。形象地说，存储器就是计算机的信息仓库。

存储器有内存储器（又称主存储器，简称内存或主存）和外存储器（又称辅助存储器，简称外存或辅存）之分。

（4）输入设备。计算机输入设备能够把人们用文字或语言表达的问题直接送到计算机内部进行处理。其主要功能有二：一是用于输入指令，指挥计算机进行各种操作，对计算机反馈的提问做出选择，以便计算机进行下一步操作；二是输入各种字符、图像、视频流等数据资料，供计算机进一步处理。计算机输入设备在不同时代是不相同的。在 DOS（磁盘操作系统）时代，键盘几乎是唯一的输入设备；到了 Windows 时代，鼠标与键盘都是重要输入设备；随着多媒体技术的迅猛发展，扫描仪、手写板、麦克风、数码照相机、摄像头、数字摄像机等都成了输入设备。

（5）输出设备。输出设备是计算机系统最重要的组成部分之一。它把计算机输入的指令、数据加工处理成为人和其他设备能够接受的形式。现代的计算机输出设备可以把计算机处理好的结果以音乐、动画、图像、文字和表格等各种媒体形式生动地展现在人们的面前。输出设备也是人机交互的重要界面。计算机系统的输出设备包括显示器、打印机和音箱等。

1.3.2　程序存储原理

与 ENIAC 计算机研制的同时，冯·诺依曼与莫尔小组合作研制了 EDVAC（Electronic Discrete Variable Automatic Computer）。EDVAC 主要有两个特点：其一、电子计算机应该以二进制为运算基础；其二、电子计算机应采用"存储程序"方式工作，其后开发的计算机虽然在体系结构上有了不同程度的改进和发展，一般还是采用这种方式。采用这种方式的计算机称为冯·诺依曼计算机。

现代计算机模型要求程序在执行前存放到存储器中，还要求程序和数据采用同样的格式。程序是有限的指令所组成的，指令是进行基本操作的机器代码。

1.4　计算机软件

计算机软件系统指在计算机硬件设备上运行的程序及相关的文档资料和数据。软件用来扩大计算机系统的功能和提高计算机系统的效率，通常承担着为计算机运行服务的全部技术支持。

1.4.1　计算机程序与软件

计算机程序是指计算机解决问题或完成任务的一组详细的、逐步执行的指令的有序集合。对于普通用户而言，只有计算机硬件什么事也干不了，必须对硬件发布指令，且一条指令只能让计算机做一件最具体的事，如一次加法或一次减法等。而要让计算机完成一项复杂的实际任务，就要把复杂任务分解成很多细小而具体的步骤，每一个小步骤都通过一条或几条指令来完成，这一系列的指令就组成了一个程序。完成不同的任务需要不同的指令序列，也就是不同的程序。

1.4.2　计算机系统软件

系统软件是为整个计算机系统配置的、不依赖于特定应用领域的通用软件，用来管理计算机的硬件系统和软件资源。只有在系统软件的管理下，计算机的各硬件部分才能协调一致地工作。系统软件为应用软件提供了运行环境，离开了系统软件，应用软件同样不能运行。

系统软件可供所有的用户使用，在选购计算机系统时，计算机供应商会为用户提供一些最基本的系统软件，如操作系统。当然，用户可以随时更换自己需要的系统软件。现在的计算机中，系统软件的功能越来越强，规模也越来越大，一个好的系统软件需要许多人花很长的时间才能开发出来。

根据系统软件所实施功能的不同，可以把系统软件分为以下几种类型。

1. 操作系统

操作系统（Operating System，OS）是直接运行在"裸机"上的最基本的系统软件，其他软件都必须在操作系统的支持下才能运行。操作系统是由早期的计算机管理程序发展而来的，目前已成为计算机系统各种资源（包括硬件资源和软件资源）的统一管理、控制、调度和监督者，由它合理地组织计算机的工作流程，协调计算机和部件之间、系统与用户之间的关系。操作系统的目标是提高各类资源的利用率，方便用户使用计算机系统，为其他软件的开发与使用提供必要的基础和相应的软件接口。

（1）单用户单任务的操作系统。单用户单任务的操作系统只允许一个用户使用计算机，在计算机工作过程中，一次只能执行一个应用程序，只有当一个程序执行完成后才能执行下一个应用程序。MS-DOS 就是这种操作系统。

（2）单用户多任务的操作系统。单用户多任务的操作系统也只允许一个用户操作计算机，但在计算机工作过程中可以执行多个应用程序，而且允许用户在各个应用程序之间进行切换。目前使用较多的是 Windows 7/10。

（3）多用户多任务的操作系统。多用户多任务的操作系统允许多个用户同时使用计算机资源，如 UNIX、Windows NT 等，从多用户与多任务工作环境来看，有分时工作方式、实时工作方式和批处理工作方式。

从资源管理的角度来看，操作系统的主要功能包括作业管理、进程管理、存储管理、设备管理和文件管理。其中作业管理、进程管理合称处理机管理。

随着计算机通信的普及，硬件提供网络软件的运行环境，网络和通信软件保证计算机联网工作的顺利进行，负责网上各类资源的管理与监控，以及计算机系统之间、计算机设备之间的通信交往，是计算机网络系统中必不可少的主要组成部分。

计算机网络可以按照地理位置距离的远近分为局域网和广域网，因此网络与通信软件也可分为局域网的网络通信软件和广域网的网络与通信软件。

网络与通信软件中最重要、最基本的是网络操作系统。一般来说，网络操作系统的主体部分中都有一个内核程序控制软硬件之间的相互作用，有一个传输规程软件控制网络中的信息传输，有一个服务规程软件扩展网络的联网功能。此外，由于在网络中的软件资源与数据资源都是以文件形式存放的，所以几乎所有的网络操作系统中都有相当大的一部分用于实现在网络中的文件管理、文件传输与文件使用权限的控制（即网络文件系统）。为了方便用户的网络操作，所有的网络操作系统都提供了一些实用程序，用于管理用户的操作，为用户提供编程接口，并提供网络设置和监控功能。

网络操作系统通过内核程序、传输规程软件、服务规程软件、网络文件系统、网络实用程序和网络管理监控等保证实施网上资源共享与信息通信。

当前流行的网络操作系统采用的协议主要是 TCP/IP，常用的网络操作系统有 UNIX 系统、Linux 系统、Windows Server 和 Mac OS Server。

2．语言处理程序

到目前为止，计算机语言大致可分为 5 代。第一代是机器语言，第二代是汇编语言，第三代是高级语言，第四代为面向对象程序设计语言，第五代是基于 Web 的语言。

1）机器语言

计算机可以直接执行的指令是由 0、1 组成的二进制代码串，这是计算机唯一能直接理解的语言，称为机器语言。首先，机器语言难以记忆，用它编写程序难度大，容易出错。其次，需要了解计算机的结构才能理解每条机器指令的用法，然后才能编写程序，一般用户很难做到这点，这给它的推广普及带来了很大的难度。机器语言是计算机早期的编程语言，它采用计算机的二进制机器指令编写程序，只有计算机专业人员才能使用。用机器语言编写的程序容易出错，难于阅读、理解，出错了难以查正，所以难以推广使用。

2）汇编语言

为了克服机器语言的缺点，人们用一些容易记忆的符号代替相应的机器指令，这就是汇编语言。它采用人们容易记忆的字符来表示计算机指令，如 ADD 表示相加，

MUL 表示相乘，这样人们可以更方便、更有效地加以记忆、阅读和编写程序。

在用机器语言编写程序时，程序员需要小心翼翼地编写一串串由 0 和 1 组成的机器指令，用汇编语言编写程序前需要弄清、记住一个个汇编命令助记符的含义，搞懂一条条汇编命令晦涩难懂的语法格式和使用方法。

汇编语言事实上也是一种面向具体机器的语言，它依赖于具体计算机型号的指令组。通俗而言，汇编语言是用人们容易阅读和理解记忆的助记符号去替换机器指令。例如加法，假设在某种计算机中其机器指令代码是 10000，而其相应的汇编语言中则用 ADD 来代表。显然用类似于 ADD 这样的汇编指令编写程序，就比用类似于 10000 这样的机器指令编写程序简单易懂。

不同的计算机 CPU 芯片其指令集是不一样的，其相应的汇编语言也不一样，这说明同一个汇编语言程序在不同类型的计算机中是不能通用的。

用汇编语言编写的源程序需要经过汇编程序的翻译解释，把它转换为相应的机器语言程序后才能被计算机执行。汇编程序是指能够把汇编源程序翻译成机器语言代码的程序，它是由汇编语言系统提供的。把汇编源程序翻译成机器语言程序的过程称为汇编。

3）高级语言

人与人之间是通过自然语言来交流信息的。在目前通用计算机还不具备理解人的自然语言的情况下，人们普遍使用跟自然语言接近并能为计算机接受的计算机高级语言。高级语言就是各类编程用的程序设计语言，它们中的每一种，都定义有若干控制结构和数据结构，能够较好地反映所需解决问题的实际需要。

较为常用的高级语言有 C、Pascal、FORTRAN、BASIC、COBOL、ADA 等。

（1）C 语言。C 语言是 AT&T 公司贝尔实验室的 Dennis Ritchie 于 1972 年开发的。Ritchie 最初主要是用它来开发 UNIX 系统。C 语言语法精简，其编译程序可以产生出十分有效的目标代码。C 语言现在已广泛用于各种档次、各种类型的计算机系统。用 C 语言编写的程序结构清晰，可移植性好，并且执行效率相当高（仅次于汇编语言），在微机中十分流行，是高校计算机教学的首选语言。

（2）BASIC 语言。BASIC 语言最初是为初级编程人员而设计的，自 1964 年问世以来，它已经有过许多种不同的版本，如 IBM-PC 上的 GW-BASIC 和微软公司的 QBASIC。由于 BASIC 简单易学，而且适合于各种计算机系统，它已成为最流行和最广泛使用的语言之一。BASIC 是一种过程性高级语言，它的大多数版本都是以解释方式执行的。BASIC 早期的版本对于开发复杂的商用程序非常有限，但近年的版本，如微软的 Visual Basic（VB）就是综合性的功能强大的编程语言，适合于专业编程项目。

（3）COBOL 语言。COBOL 是 1960 年产生的一种专用商业高级程序设计语言，用来存储、检索和处理公司的财务信息，实现库存管理、票据管理、工作报表管理等事务型信息系统的开发，是大型计算机系统上事务处理系统的开发工具。COBOL 是编译执行的过程性高级语言，主要被一些专业人员用于开发和维护大型商业集团的复杂程序。COBOL 往往很长，但它易于读懂、调试和维护。

（4）FORTRAN 语言。FORTRAN 语言出现于 1954 年，是最早使用的高级语言，它广泛用于科学计算、数学计算和工程应用领域，一般被科学家用于编写大型机或小型机上的科学计算程序和工程程序。

（5）Pascal 语言。Pascal 开发于 1971 年，用于帮助学生学习计算机编程。Pascal是编译执行的过程性高级语言，它开创了结构化程序设计的先河。但 Pascal 语言很少用于专业编程和商业软件的开发。

（6）SQL 语言。SQL 是为数据库的定义和操作而开发的一种标准语言。SQL 是说明性的语言，只需程序员和用户对数据库中数据元素之间的关系和欲读取信息的类型加以描述。

4）面向对象程序设计语言

面向对象程序设计语言（OOP）是建立在对象编程的基础之上的。对象就是程序中使用的实体或"事物"，例如，Windows 中的按钮、窗口等都是对象。面向对象程序设计方法是软件设计的一场革命，它代表了新颖的计算机程序设计的思维方法，该方法与结构化程序设计方法不同，它支持对象概念，使计算机问题的求解更接近于人们的思维活动。面向对象程序设计增加了程序代码的可重用性和可扩充性。

如今使用的 OOP 程序设计语言主要有 C++、Java、J++、Power Builder、VB、VC、Delphi 等。

C++有多种不同的类型，其中以微软公司的 Visual C++和 Borland 公司的 Borland C++、C++ Builder 为主。

5）基于 Web 的语言

（1）Java 和 J++。

Java 最初是为 Web 网页生成 Applet（即提供一些小应用程序）而设计的。Applet可被用来完成许多工作，最常用的是动画，甚至带有声音的动画。其常见的 Applet例子如：

① 添加标题，通常在 Web 页上运行。

② 图像旋转器，主要用于图形可标识的旋转或翻转。

③ 动态文字或动画。

④ 文本、景物、图形或屏幕上部分图形的汇聚、渐隐和形状的改变、闪烁、比例缩小或放大及颜色设置等。

Java 起源于 C++，所以其代码与 C++有许多相似之处。Java 包含了面向对象的编程思想，其程序通俗易读。

和 Java 一样，J++也是以 C++为基础的一种 Web 开发工具，但 J++提供给程序员的工具要求 Windows 系统的支持，它只能运行于 Windows 操作系统的计算机上。而Java 是一种独立于平台的语言，它不但能够在微机上运行，而且可运行于 Macintosh和 UNIX 机上。

要注意的是，JavaScript 是 Java 的一个子集，它属于一种脚本描述语言，它的主要功能是交互式地生成网页。

（2）HTML。

超文本置标语言（Hypertext Markup Language，HTML）是目前主要的 Web 语言。

它以简单精练的语法、极易掌握的通用性与易学性为 WWW 技术的发展带来了一场前所未有的信息革命，使互联网普及发展至今日的辉煌。尽管 HTML 在布局、外观方面具有优势，但由于缺乏对内容的表达能力，在可扩展性、交互性、语义、超链接等方面具有先天不足，已越来越难以满足网络时代的电子商务、远程医疗、数据库与搜索引擎等领域的多态信息的交互、传输和再现的要求。1996 年，万维网联合组织（W3C）开始对 HTML 的后续语言进行研究，并于 1998 年 2 月正式完成了可扩展置标语言（XML）标准的制定。

（3）XML。

XML（eXtensible Markup Language）是结构化的标记语言，即实现"文档结构化"的语言规范。一个 XML 文档包括数据和标记。标记的语法在很大程度上与 HTML 类似，但标记是可以扩充的，可根据数据的含义自行创建。XML 以其良好的数据存储形式、可扩展性、高度结构化、便于网络传输等优势将在许多领域一展身手，便于软件开发人员和内容创作者在网页上组织信息，不仅能满足不断增长的网络应用的需求，而且还能够确保通过网络进行交互合作时具有良好的可靠性与互操作性。

高级语言将几条机器指令合并为一条高级指令，它用近似于英语单词的助记符来表示命令，用更接近于人们平常生活和思维方式的语句来表示计算机命令的语法。但是，计算机只能执行用机器语言编写的程序，用其他各种高级语言编写的程序必须经过相应的语言处理程序的翻译，把它们转换成机器语言程序后才能被计算机所执行。用汇编语言和高级语言编写的程序称为源程序，必须通过解释或者编译成为机器指令程序（称为目标程序）以后，才能由计算机硬件加以执行。因此，必须有一类软件，它的任务是把由汇编语言或高级语言编制成的源程序翻译成为计算机硬件能够直接执行的目标程序，这类软件称为语言处理程序。

语言处理程序大致可分为编译程序和解释程序两大类，在把不同语言的源程序译成相应的机器语言程序时，要使用与之相对应的语言处理程序。

计算机要执行高级语言和汇编语言程序，必须首先利用翻译程序把源程序翻译成机器语言程序，能提供翻译功能的程序就称为翻译程序。

翻译的过程可用图 1-3 简要示意。

图 1-3 "翻译"示意图

根据翻译的过程和翻译的方法，翻译程序大致可分为编译程序和解释程序。

汇编程序是最简单的翻译程序，因为汇编语言的每条指令是一条机器指令的符号化，一条汇编指令对应一条机器指令。在把汇编语言源程序翻译成机器语言程序时，只需要把源程序中的汇编语句转换成相应的机器指令即可。汇编源程序经过汇编程序处理后，最后会形成一个可执行命令文件。在微机中，由汇编源程序翻译而得到的可执行文件的扩展名一般都是 .exe 或 .com。

编译程序是最复杂的翻译程序，它把高级语言源程序翻译成相应的目标程序，最终将形成一个由机器指令代码组成的可执行文件。对微机而言，由高级语言源程序编译而成的可执行文件很容易区分，它们的文件扩展名一般都是.exe，例如，磁盘上的.exe 文件就是由高级语言源程序或汇编源程序翻译而成的。

图 1-4 是一个高级语言编译示意图，从图中可看出，高级语言编译程序如同一个自动翻译机器，源程序（如 C 语言源程序）送给它后，在编译程序内部进行编译处理，处理完毕之后，形成一个可执行的.exe 文件，并把该.exe 文件存放在磁盘上。用户在需要的时候，可以执行该.exe 文件，得到需要的结果。

图 1-4　高级语言的编译示意图

一些编译程序还可以生成其他类型的中间文件，如分析文件和程序出错处理文件，这些文件可以帮助程序设计人员分析、处理源程序中的错误。

解释程序的处理过程与编译程序和汇编程序都有区别，它对源程序进行逐行翻译，当它把第一条源程序语句翻译成相应的机器指令后，立即提交计算机执行，如果该语句没有什么错误，接着翻译第二条源语句，第二条源语句翻译并执行后，再解释第三条……如此反复，直到最后一条源语句处理完成。

解释程序在对高级语言源程序的解释过程中，并不形成可执行命令文件，这是它与编译程序的主要区别，且当第二次要执行同一个程序时，又必须从源程序的第一条语句开始逐条翻译执行。

可见，用解释型语言编写的程序在每次执行过程中都离不开语言环境，而编译型语言则不同，源程序一经编译成可执行命令文件，就不再需要翻译程序了，它可以独立于语言处理程序而运行。

由于解释型语言是针对源程序每一条语句独立翻译执行，它把问题进行分散化，当一条语句有错误时，就停留在有错的语句处，并告诉程序员该语句有错误，待程序员修改错误后，它再解释执行后面的语句。这种方式使得语言的学习和程序的编写难度相应减少，所以解释型语言比编译型语言好学易懂。

也有人把解释型语言称为会话式语言，其解释的过程相当于人与人之间不同的语言交流的"口译"。而编译型语言的编译过程不同于语言文字的"笔译"过程。

常见的解释型语言有 dBASE、FoxBASE、BASIC、MATLAB 等，常见的编译型语言有 C、Pascal、FORTRAN、Java 等。

3．数据库管理系统

除了硬件资源和软件资源外，数据资源在计算机的应用中越来越重要，尤其是在信息处理的应用中，信息资源起着核心作用，其中数据库技术是一项主要的计算机技术。从历史上看，信息与数据管理经历了人工管理（20 世纪 50 年代中期以前）、文件系统（20 世纪 50 年代后期到 60 年代中后期）和数据库（从 20 世纪 70 年代起）3 个阶段。近十几年来，数据库技术的应用更是发展迅速。

数据库是通过有效地组织、存储在一起的相关数据和信息的集合，它允许多个用户共享数据库中的内容。在组织数据库的时候，要求数据库中的数据要尽量减少冗余性（即尽量减少数据的重复存储），使各种数据有着密切的联系，同时要尽量保证其中的数据与应用程序的相互独立性，就是说数据库中的数据要尽可能不依赖于某个具体的应用程序。用于管理数据库的主要软件系统就是数据库管理系统（DataBase Management System，DBMS），DBMS 为各类用户或有关的应用程序提供了使用数据库的方法，其中包括建立数据库、存储、查询、检查、恢复、权限控制、增加与修改、删除、统计汇总、排序分类等各种命令。

现代的计算机系统已将数据库管理系统作为一种主要的系统软件。DBMS 是数据库系统中对数据进行具体管理的软件系统，是数据库系统的核心，所有的数据查询、更新和控制都是通过 DBMS 进行的。在数据库的发展历史中，DBMS 曾有过 3 种模型：层次型、关系型和网状模型，目前最流行的是关系型数据库管理系统。在关系型数据库系统中，把一张二维的表格视为一个关系。

当前流行的关系型 DBMS 有 FoxPro、Paradox、Access、PowerBuilder、Oracle、SYBASE 和 INFOMIX 等。

随着计算机应用领域的不断扩大，涌现出各种新型的数据库，如面向对象的数据库、多媒体数据库、Web 数据库、分布式数据库、协同数据库等。

1.4.3 计算机应用软件

应用软件是指用于应用领域的各种应用程序及其文档资料，是各领域为解决各种不同的问题而编写的软件。在大多数情况下，应用软件是针对某一特定的具体应用任务而编制成的程序。现代计算机发展的一个重要趋势是应用软件的开发越来越规范，生产效率越来越高。

相对于系统软件而言，在某一个企事业单位或机构的计算机中，应用程序专门用来发挥特定的作用，直接承担具体的应用任务。例如，在公司财务管理的一台计算机中，一个记账程序就是一个典型的应用程序。按应用软件的使用面与开发方式，可以把应用软件分为 3 类：

1．专用的应用软件

专用的应用软件是指为解决独特问题或专门问题而定制的软件。这类软件可由企业内部人员，也可聘请软件公司为企业定制。专用的应用软件完全是按照用户的特定需求而专门进行开发的，其应用面较窄，往往只局限于专门的部门及其下属单位使用。这种软件的运行效率较高，开发代价与成本也比较高。

2．通用的应用软件

通用的应用软件在计算机的应用普及进程中，迅速推广流行，并且不断更新。如现在的微机起码有 85%以上都装有文字处理软件。通用软件除了文字处理软件外，还有电子表格软件、绘图软件等。

1）文字处理软件

在文字处理软件的帮助下，用户可以十分灵活地录入、存储、编辑、格式化排版与显示出各种各样的文本内容或者文档资料，而且可以方便地通过打印机把它们打印出来，这大大方便了用户，提高了工作效率。

文字处理软件大致可分为 3 类：第一类是最简单的文本编辑程序，如 MS-DOS 的 Edit，Windows 中的 Notepad，各种程序设计语言所提供的编辑程序；第二类是功能较为完备的真正文字处理软件，如 WPS、Word、Wordperfect 等；第三类是功能完备，已达到了相当高的专业水准的综合性高级桌面排版处理系统，如 PageMaker，以及方正、华光等排版处理系统。

概括而言，文字处理软件能够创建与编辑文档，包括在一个文档范围内插入、删除和移动文本；从另一个文本中去获得文本或图形，加入在编辑的文档中；允许进行文字的查找与替换等工作。

文字处理软件还具有语法拼写和检测功能，打印前的格式化工作，提供对打印文档进行页面设计与排版的功能，文本中布局安排各类表格、图形、数据统计图、图像、照片等，允许在文章中处理艺术字，进行图文混排，使文档图文并茂。

在通信与网络高度发展的今天，许多文字处理软件也与多媒体和通信网络相结合，允许在文档中插入声音、图像，还能够接收和发送电子邮件、制作网页等。

2）电子表格软件

Excel 是一个功能强大的电子表格软件，是 Microsoft Office 办公系列软件的主要组成部分。它把电子数据表（Spreadsheet）、图表（Chart）、数据库（Database）等功能有机地组合在一起，提供了一个集成的操作环境。

尽管存在许多不同的电子表格，但所有电子表格的工作方式都基本相同。图 1-5 所示为一个 Excel 的工作表。

	A	B	C	D	E	F	G	H
1	电器公司2003年上半年利润表							
2	单位	一月	二月	三月	四月	五月	六月	总计
3	一分厂	3212	5001	1239	5301	3125	1986	19864
4	二分厂	2587	6101	2987	3927	4900	1329	21831
5	三分厂	3921	4211	4921	2871	1987	2965	20876
6	四分厂	4500	4780	4600	4890	3200	4800	26770
7	五分厂	3400	3800	3200	3900	3840	3900	22040
8	六分厂	2460	2780	2970	3100	3110	3010	17430
9	总计	20080	26673	19917	23989	20162	17990	
10								

图 1-5　Excel 的工作表

电子表格由行和列组成，列用字母表示，行用数字表示，行列的交叉点称为单元格。

3）集成软件

多年来，一些公司致力于把一些常用的软件组合在一起，构成一个"集成化的软件包"，为用户提供使用上的方便。目前最成功的例子是集成办公系统，在微机或小型商用计算机上，把文字处理、电子表格、数据库管理系统、图形、图表、报表处理等各种程序组合在一起，提供一种办公室的工作环境。运用这种集成办公系统，可以产生出效果良好的各种文档，允许在一个文档中包括文字资料、图片、图表、报表和各类图像，真正做到图文并茂。

目前最广泛使用的集成软件如 Microsoft 公司的 Office。Office 软件把文字处理软件 Word、电子表格处理软件 Excel、数据库软件 Access、演示文稿制作软件 PowerPoint、电子邮件 E-mail 等常用软件组合在一起，通过对象的链接和嵌入技术使这些程序协同服务，取得了很大成功，深受用户欢迎。

4）中文处理软件

汉字信息处理是我国计算机应用的一个重要领域，为了应用中能输入/输出汉字，需要有中文操作系统或中文平台的支持。经过多年的理论探索、开发实践和市场检验，目前基本上有两种中文途径：一种是内核化技术，允许进行彻底的汉化，这种处理方法是在系统软件中增加中文处理的功能，保持中英文的兼容性，并且允许采用新的内码系统；另一种是外挂式中文支持环境，这是一种介于操作系统与应用软件之间的系统软件，它主要通过一些外挂模块来提供操作系统的汉化功能。

5）多媒体创作工具

随着多媒体技术的迅速发展，多媒体应用领域不断扩展，各种多媒体创作工具层出不穷。目前，常见的多媒体创作工具主要有以下几大类：

（1）音频编辑软件。Windows 中的 Sound Record（录音程序）。它有录音、插入文件、混合文件、删除部分内容、音量和播放速度的调整等功能。它的功能不强，效果欠佳，而且能录制的声音的时间很短。一般声卡内附的软件都有很强的录音与编辑功能，如 Creative 的 Voice Editor。一些著名软件公司推出的多媒体音频制作编辑软件，特别是一些专业的音频处理软件可以对音频进行编辑、以图形方式显示音频的波形并能作曲，如 MIDI Orchestrator 的专业版 MIDI Orchestrator Plus、Cakewalk for Windows Pro、Music Time for Windows，以及 Cool Edit Pro 等。

（2）图形制作软件和图像处理软件。图形制作软件主要用来绘图、修图与改图，CorelDRAW 就属于这类软件。而 Adobe 公司开发的 Photoshop 是一种多功能的图像处理软件。

（3）视频编辑软件、二维动画制作软件、三维动画制作软件。视频编辑软件能够完成视频的捕获、编辑、修饰、压缩等工作。视频编辑软件主要有 Microsoft 公司的 Video for Windows、Adobe 公司的 Premiere、Asymetrix 公司的 Digital Video Producer。二维动画制作工具具有较强的动画功能，可以播放、制作动画，也可以修图和改图，其代表为 Animator Pro。美国 Autodesk 公司推出的 3D Studio 是一个三维图形和动画制作软件。

（4）多媒体应用系统的著作工具。多媒体应用系统的著作工具功能很强，大多数多媒体著作工具都有文字、声音的录入与编辑、绘图和动画制作、视频的输入以及把各种媒体素材集成为一个多媒体应用系统的功能，新一代的多媒体著作工具对数据库和网络支持很大。世界上商品化的多媒体著作工具目前已有近百个，其中较流行的有 ASYMETRIX 公司的 Tool Book 系列、Adobe 公司的 Director 和 Apple 公司的 iMovie。

1.5 计算机的运行

通电后，CPU 执行启动程序 BIOS（Basic Input Output System），然后将操作系统调入内存。BIOS 引导后，计算机由操作系统管理和控制。

具体计算机的整个启动过程分成 4 个阶段。

1. BIOS 阶段

20 世纪 70 年代初，"只读内存"（Read-Only Memory，ROM）发明，开机程序被刷入 ROM 芯片，计算机通电后，第一件事就是读取它。

1）硬件自检

BIOS 程序首先检查，计算机硬件能否满足运行的基本条件，这叫做"硬件自检"（Power-On Self-Test，POST）。

如果硬件出现问题，主板会发出不同含义的蜂鸣，启动中止。如果没有问题，屏幕就会显示出 CPU、内存、硬盘等信息，如图 1-6 所示。

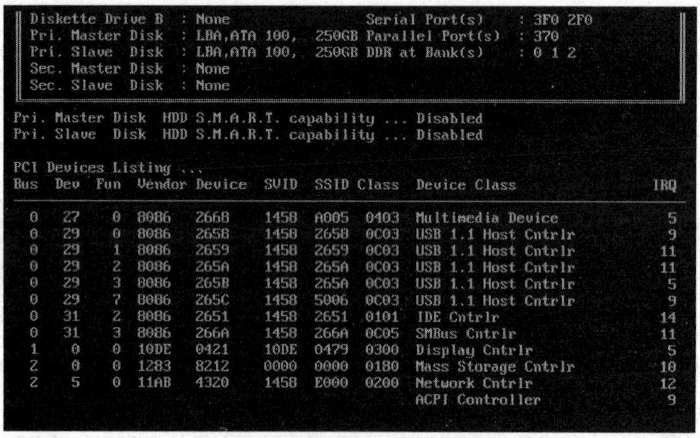

图 1-6　系统自检

2）启动顺序

硬件自检完成后，BIOS 把控制权转交给下一阶段的启动程序。

这时，BIOS 需要知道"下一阶段的启动程序"具体存放在哪一个设备。也就是说，BIOS 需要有一个外部存储设备的排序，排在前面的设备就是优先转交控制权的设备。这种排序叫做"启动顺序"（Boot Sequence）。

打开 BIOS 的操作界面，里面有一项就是"设定启动顺序"。

2. 主引导记录阶段

BIOS 按照"启动顺序"，把控制权转交给排在第一位的存储设备。

这时，计算机读取该设备的第一个扇区，也就是读取最前面的 512 字节。如果这 512 字节的最后 2 字节是 0x55 和 0xAA，表明这个设备可以用于启动；如果不是，表明设备不能用于启动，控制权被转交给"启动顺序"中的下一个设备。这最前面的 512 字节叫做"主引导记录"（Master Boot Record，MBR）。

1）主引导记录的结构

"主引导记录"只有 512 字节，主要作用是告诉计算机到硬盘的哪一个位置去找操作系统。主引导记录由 3 部分组成：

（1）第 1~446 字节：调用操作系统的机器码。

（2）第 447~510 字节：分区表（Partition Table）。其作用是将硬盘分成若干区。

（3）第 511～512 字节：主引导记录签名（0x55 和 0xAA）。

2）分区表

硬盘分区有很多好处。考虑到每个区可以安装不同的操作系统，主引导记录必须知道将控制权转交给哪个区。

分区表的长度只有 64 字节，里面又分成 4 项，每项 16 字节。所以，一个硬盘最多只能分 4 个一级分区，又叫"主分区"。

每个主分区的 16 字节由 6 部分组成：

（1）第 1 个字节：如果为 0x80，就表示该主分区是激活分区，控制权要转交给这个分区。4 个主分区里面只能有一个是激活的。

（2）第 2～4 个字节：主分区第一个扇区的物理位置（柱面、磁头、扇区号等）。

（3）第 5 个字节：主分区类型。

（4）第 6～8 个字节：主分区最后一个扇区的物理位置。

（5）第 9～12 个字节：该主分区第一个扇区的逻辑地址。

（6）第 13～16 个字节：主分区的扇区总数。

最后的 4 个字节（主分区的扇区总数），决定了这个主分区的长度。也就是说，一个主分区的扇区总数最多不超过 2^{32}。

如果每个扇区为 512 字节，就意味着单个分区最大不超过 2 TB。再考虑到扇区的逻辑地址也是 32 位，所以单个硬盘可利用的空间最大也不超过 2 TB。如果想使用更大的硬盘，只有两种方法：一是提高每个扇区的字节数；二是增加扇区总数。

3. 硬盘启动阶段

在这个阶段，计算机的控制权就要转交给硬盘的某个分区了，这里又分成 3 种情况。

1）情况 A：卷引导记录

4 个主分区里面只有一个是激活的，计算机会读取激活分区的第一个扇区，叫做"卷引导记录"（Volume Boot Record，VBR）。

"卷引导记录"的主要作用是告诉计算机操作系统在这个分区中的位置。然后，计算机就会加载操作系统。

2）情况 B：扩展分区和逻辑分区

随着硬盘越来越大，4 个主分区已经不够了，需要更多的分区。但是，分区表只有 4 项，因此规定有且仅有一个区可以被定义成"扩展分区"（Extended Partition）。

所谓"扩展分区"，就是指这个区里面又分成多个区。这种分区里面的分区叫做"逻辑分区"（Logical Partition）。

计算机先读取扩展分区的第一个扇区，叫做"扩展引导记录"（Extended Boot Record，EBR）。它里面也包含一张 64 字节的分区表，但是最多只有两项（也就是两个逻辑分区）。

计算机接着读取第二个逻辑分区的第一个扇区，再从里面的分区表中找到第三个逻辑分区的位置，依此类推，直到某个逻辑分区的分区表只包含它自身为止（即只有一个分区项）。因此，扩展分区可以包含无数个逻辑分区。

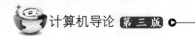
但是,似乎很少通过这种方式启动操作系统。如果操作系统确实安装在扩展分区,一般采用情况 C 所述方式启动。

3）情况 C：启动管理器

在这种情况下,计算机读取"主引导记录"前面 446 字节的机器码之后,不再把控制权转交给某一个分区,而是运行事先安装的"启动管理器"（Boot Loader）,由用户选择启动哪一个操作系统,如图 1-7 所示。

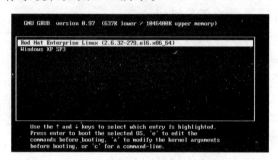

图 1-7　由用户选择启动哪一个操作系统

Linux 环境中,目前最流行的启动管理器是 Grub。

4．操作系统阶段

控制权转交给操作系统后,操作系统的内核首先被载入内存。

以 Linux 系统为例,先载入/boot 目录下面的 kernel。内核加载成功后,第一个运行的程序是/sbin/init。它根据配置文件（Debian 系统是/etc/initab）产生 init 进程。这是 Linux 启动后的第一个进程,pid 进程编号为 1,其他进程都是它的后代。

然后,init 线程加载系统的各个模块,例如窗口程序和网络程序,直至执行/bin/login 程序,跳出登录界面,等待用户输入用户名和密码。

至此,全部启动过程完成。

1.6　计算机科学

计算机科学研究计算机及其周围各种现象和规律的科学,亦即研究计算机系统结构、程序系统（即软件）、人工智能,以及计算本身的性质和问题。计算机科学是一门包含各种各样与计算和信息处理相关主题的系统学科,从抽象的算法分析、形式化语法等,到更具体的主题如编程语言、程序设计、软件和硬件等。计算机科学分为理论计算机科学和实验计算机科学两部分。后者常称为"计算机科学"而不冠以"实验"二字。前者有其他名称,如计算理论、计算机理论、计算机科学基础、计算机科学数学基础等。

1.6.1　计算机科学的概念及知识体系

计算机科学与技术学科可分为理论计算机科学、计算机软件、计算机系统结构、计算机应用技术等领域,以及与其他学科交叉的研究领域,如人工智能、应用数学等。通常,计算机科学与技术学科可概括为计算机软件与理论、计算机系统结构、计算机应用技术等 3 个二级学科。

其主要研究领域包括：

（1）理论计算科学：经典的计算理论以及其他一些关于计算技术中较为抽象、逻辑和数学化方面的主题。

（2）可计算理论：研究什么可以被自动计算的问题。

（3）计算复杂性理论：研究完成一个可计算问题需要的计算时间和空间资源的代价问题。

（4）算法和数据结构：研究解决可计算问题的具体方法、步骤和过程，及其所需要的数据表示和操作方法。

（5）程序设计方法学和程序设计语言：主要研究解决各种计算问题和软件系统设计所需要采用的程序设计原理和方法，以及相关的程序设计语言的设计实现原理和方法。

计算机学科知识体系分为 14 个知识领域：

（1）离散结构：Discrete Structures（DS）。

（2）程序设计基础：Programming Fundamentals（PF）。

（3）算法和复杂性：Algorithms and Complexity（AL）。

（4）体系结构和组织：Architecture and Organization（AR）。

（5）操作系统：Operating Systems（OS）。

（6）网络计算：Net-Centric Computing（NC）。

（7）程序设计语言：Programming Languages（PL）。

（8）人机交互：Human-Computer Interaction（HC）。

（9）图形和可视化计算：Graphics and Visual Computing（GV）。

（10）智能系统：Intelligent Systems（IS）。

（11）信息管理：Information Management（IM）。

（12）社会和职业问题：Social and Professional Issues（SP）。

（13）软件工程：Software Engineering（SE）。

（14）计算科学和数值计算：Computational Science and Numerical Methods（CN）。

1.6.2 计算机科学的应用

目前，计算机的应用已经渗透到人类社会的各个方面，从国民经济各部门到家庭生活，从生产领域到消费娱乐，到处都可见计算机应用的成果。总结起来，计算机的应用领域可以归纳如下：

1. 科学计算

科学计算（Scientific Calculation）是指计算机用于数学问题的计算，是计算机应用最早的领域。在科学研究和工程设计中，经常会遇到各种各样的数学问题。例如，求解具有几十个变量的方程组，解复杂的微分方程等，这些问题计算量很大。计算机速度快，精度高的特点以及自动化准确无误的运算能力，可以高效率地解决这类问题。科学计算又称数值计算。

2．信息处理

信息处理（Information Processing）又称信息管理，它是指用计算机对信息进行收集、加工、存储和传递等工作，其目的是为有各种需求的人们提供有价值的信息，作为管理和决策的依据。例如，人口普查资料的分类、汇总，股市行情的实时管理等都是信息处理的例子。目前，计算机信息处理已广泛应用于办公室自动化、企业管理、情报检索等诸多领域之中。

3．过程控制

计算机过程控制（Process Control）是指用计算机对工业生产过程或某种装置的运行过程进行状态检测并实施自动控制。用计算机进行过程控制可以改进设备性能，提高生产效率，降低人的劳动强度。将计算机信息处理与过程控制结合起来，甚至能够出现计算机管理下的无人工厂。

4．计算机辅助设计/辅助教学

计算机辅助设计（Computer-Aided Design，CAD）是指利用计算机来帮助设计人员进行工程设计。辅助设计系统配有专门的计算程序用来帮助设计人员完成复杂的计算，配有专业绘图软件用来协助设计人员绘制设计图纸，设计人员可在系统上随时修改方案而不必重画整个图纸。用计算机进行辅助设计，不但速度快，而且质量高，可以缩短产品开发周期，提高产品质量。目前，计算机辅助设计的产品可以直接通过专门的加工制造设备自动生产出来。这一过程称为计算机辅助制造（Computer-Aided Manufacturing，CAM）。

计算机辅助教学（Computer-Aided Instruction，CAI）是指利用计算机辅助教学和学习。利用计算机的记忆功能和自动化能力，将学习资料、测试题目等存入计算机，通过程序将这些学习材料组织起来，并实现与学生的人机交互，构成一个学习系统。

学习者可以根据自己的情况确定学习计划和进度，既灵活又方便。计算机辅助教学系统还可以模拟机器设备的运行过程对人员进行操作训练，这种教学方式既经济又安全。

5．人工智能

人工智能（Artificial Intelligence）是利用计算机对人进行智能模拟。它包括用计算机模仿人的感知能力、思维能力和行为能力等。例如，使计算机具有识别语言、文字、图形，以及学习、推理和适应环境的能力等。随着人工智能研究的不断深入，出现了与人类更加接近的"智能机器人"。

6．通信和文字处理

计算机在通信和文字处理方面的应用越来越显示出其巨大的潜力，一般由多台计算机、通信工作站和终端组成网络。依靠计算机网络存储和传送信息，实现信息交换、信息共享、前端处理、文字处理、语音和影像输入/输出等。文字处理包括文字信息的产生、修改、编辑、复制、保存、检索、传输等，通信和文字处理是实现办公自动化、电子邮件、计算机会议和计算机出版等新技术的必由之路。

7. 多媒体技术

随着微电子、计算机、通信和数字化声像技术的飞速发展，多媒体计算机技术应运而生，迅速崛起。特别是进入 20 世纪 90 年代以来，多媒体计算机技术在信息社会的地位越来越明显，多媒体技术与计算机相结合，使其应用几乎渗透到人类活动的各个领域。随着应用的深入，人机之间的界面不断改善，信息表示和传播的载体由单一的正文向图形、声音、静态图像、动画、动态图像等多媒体发展。

8. 网络技术与信息高速公路

随着信息技术的迅速发展，发达国家或部分发展中国家都在加紧进行国家级信息基础建设。我国以若干"金"字工程为代表的信息化建设正逐步走向深入，形成整个信息网络技术前所未有的大发展。所谓计算机网络，是指把分布在不同地域的独立的计算机系统用通信设施连接起来，以实现数据通信和资源共享。网络从地域范围大小上分为局域网和广域网。因特网（Internet）是一个非常典型的国际性广域网，它的业务范围主要有远程使用计算机、传送文件、电子邮件、资料查询等。

9. 教育

计算机在教育中的应用是通过科学计算、事务处理、信息检索、数据管理等多种功能的结合来实现的。这些应用包括计算机辅助教学、知识信息系统、自然语言处理等。计算机辅助教学生动、形象、易于理解，是提高教学质量的重要手段之一。

10. 军事

在当今世界，许多科学的新发现、新成就大都首先应用于军事。第一台通用电子计算机正是为计算导弹的弹道轨迹而研制的，之后的每一代产品也几乎都是首先为军事服务的。目前计算机在军事上的应用主要包括军队自动化指挥系统，计算机作战模拟。军事信息处理武器的自动控制、精确制导武器、军用机器人、数字化部队、后勤保障等。可以肯定地说，在未来高技术战争中，计算机将起着非常重要的作用。

1.7 计算机的最新发展

目前计算机正朝着巨型、微型、网络、智能、多媒体等方面发展。

1.7.1 巨型计算机

巨型计算机的运算速度很高，数据存储容量很大、规模大、结构复杂、价格昂贵，主要用于大型科学计算。它也是衡量一国科学实力的重要标志之一，特别是国防尖端技术领域需要很大存储容量、很高运算速度的巨型计算机。在 20 世纪 60 年代到 70 年代推出的一些巨型机中，性能最好的是 Cray-1 巨型机，其向量运算速度可达每秒 8 000 万次，并可进行一般的标量运算。主要用在天气预报、飞行器的设计和核物理研究中所需的大量向量运算。1983 年研制成功的 CrayX-MP 巨型机向量运算速度达每秒 4 亿次。代表 20 世纪 80 年代初期最高水平的巨型机是 CDC 公司的 CYBER205，它可进行每秒 4 亿次浮点运算。为了满足更为复杂问题的需要，随着微处理器的发展，出现了采用并行处理技术的多处理机系统的巨型机。例如，古德伊尔公司为美国宇航局研制的一台处理卫星图像的计算机系统 MPP，该机由 16 384 个微处理器组成 128×128 方阵。

1.7.2 微型计算机

世界上第一台微型机 MCS-4 是 1971 年问世的，它采用 Intel 公司的 4 位微处理器 Intel 4004。以后 Intel 公司不断有一系列微处理器芯片问世，Intel 8008、Intel 8086、Intel 80286、Intel 80386、Intel 80486，一直到近几年出现了 64 位以及多核处理器。

在个人计算机（PC）的发展历史上，最早推出的个人计算机是 Apple 公司的 Apple Ⅱ 型微机（1977 年），以后 IBM 公司决心占领微型机市场。IBM 公司在 1981 年推出了 IBM-PC，随着 Intel 公司一系列微处理器芯片的问世，IBM 公司又推出了 IBMPC/XT、IBMPC/AT、386、486 和 Pentium 等多种微型机。现在微型计算机已经渗透到国民经济的各个领域、政府机关、教育培训部门以及家庭。

1.7.3 网络计算机

网络计算机或网络计算机（Network Computer，NC）是 1996 年初在市场上出现的，其产生是 Internet 推动的。在 Client/Server 结构中，客户机提出请求，服务器进行处理，这样客户机用普通 PC 就显得大材小用，很不经济，于是在"计算机就是网络，网络就是计算机"的概念下，Oracle 率先推出简单、经济、便于管理的网络计算机。

Wintel 是 Windows 和 Intel 二词的综合。现在的 PC 被称为 Wintel 结构，因为绝大多数 PC 中都采用微软的 Windows 操作系统和 Intel 公司的 CPU（微处理器）。

1981 年 PC 刚推出时，它只是 IBM 公司的个人计算机，但今天，PC 可以覆盖一切采用 Wintel 结构的计算机，包括桌面计算机、便携式计算机、工作站和服务器等。类似地，NC 的含义也是随着时间变化的，在 1995 年 Oracle 的 Ellison 等人提出 NC 概念时，NC 基本上与 Java 应用紧密地联系在一起。不过 Java 的推广并不如预想的那样顺利，例如，Corel 公司曾计划把它的 Office 套装软件全部用 Java 改写，但很快就放弃了，同样，完全依赖于 Java 的 NC 也失败了。如果今天我们要对 NC 下一个新的定义，那么可以作这样的描述：

NC 是专用于宽带网络计算环境的瘦客户机，在这种环境中，应用程序和数据都存储在服务器上。NC 本身除有人机交互必需的显示器和输入设备外，一般没有外部存储器（硬盘、光盘等），也很少有扩展口。NC 支持多种工作模式，支持包括 Windows、UNIX、Linux 等多种平台的应用软件。NC 大多为非 Wintel 结构。

这个定义表明：NC 一般带有 10～100 Mbit/s 速率的 Ethernet 端口；应用程序和数据都存储在服务器上，这是包括微软的.NET 策略在内的 IT 业界的发展趋势；NC 的输入设备视实际需要，少的只有键盘、鼠标，多的可有密码键盘、IC 卡读卡机和其他身份验证设备。应当指出的是，现在的 NC 可以支持多模式、跨平台，这是近来技术的新发展。它打破了 NC 当初只支持 Java 的局限性，并使 NC 能使用服务器上的 Windows 应用软件，有利于 NC 的推广。

1.7.4 智能计算机

智能计算机是用人工方法模拟人类智能的一种技术，包括推理、学习和联想三大智能要素，目前，人工智能的推理功能已获突破，学习功能正在研究之中，联想功能尚在探讨阶段。现有的计算机技术已充分实现了人类左脑的逻辑推理功能，人工智能的下一步研究对象是模仿人类右脑的模糊处理能力和同时处理大量信息的功能。人工智能的远期目标是建立智能计算机。所谓智能计算机，就是用来模拟、延伸、扩展人类智能的一种新型计算机系统。它与冯·诺依曼计算机相比，无论在体系结构、工作方式还是在功能上都有很大不同。早在 30 多年前，许多国家都提出了研制第 5 代计算机即智能计算机的设想，其中尤以日本在 1981 年 10 月首先提出的知识信息处理系统（Knowledge Information Processing System，KIPS），即第 5 代计算机发展计划最为突出，在世界上引起了极大反响。日本提出的这项发展计划之所以能引起人们的如此重视，而且形成了各发达国家互相竞争的局面，主要是因为第 5 代计算机的研究将是对前 4 代计算机的彻底变革，它不仅要用到人工智能的有关理论和技术，而且还将涉及通信技术、仿生学等多种高科技学科。对它的研究将会促进这些学科的发展，推动整个新技术革命的进程。谁能在这场竞争中取胜，谁就有可能领导技术进步的新潮流。因此，它不仅在科技进步方面具有重要意义，而且对政治、经济、军事等都会产生深远的影响。

然而日本人低估了人工智能的难度，日本发起为期 10 年的第 5 代计算机研制计划，在扔了 10 亿美元后不了了之。不过，西方发达国家和一些发展中国家把人工智能作为重中之重。

目前的智能计算研究水平暂时还很难使"智能机器"真正具备人类的常识，例如，分辨人们音容笑貌，当然也就更谈不上产生属于机器自身的"自我意识"。不仅可以执行目标，而且可以自行制定目标的智能机器何时诞生，将取决于智能计算的进一步发展。可以大胆预测，在某些特定专业领域，肯定会出现那种使人类的脑力和体力空前解放的机器助手。

1997 年，IBM 研制的一台名为"深蓝"的"计算机棋手"，出人意料地战胜了被誉为"历史上最伟大的国际象棋大师"的人类对手卡斯帕罗夫。1994 年瑞典爱立信公司发起的一个技术开发计划"蓝牙"，它是一种公开的无线数据和话音通信标准，将所有的技术和软件汇集于 9 mm×9 mm 的微芯片内，为移动电话、无线电话、固定电话、便携式计算机、个人数字助理（PDA）、数码照相机等设备之间建立起短程无线连接，并能轻易地同步更新数据。这种种迹象表明人们正在以各自不同的方式、不同的途径向着比尔·盖茨所预测的"能看会想，能听会讲"的智能计算机这一目标不断探索。

1.7.5 多媒体计算机

1984 年，美国 Apple 公司为了改善人机界面，在 Macintosh 机上引入位映射的概念对图进行处理，并使用了窗口（Windows）和图标（Icon）改善用户接口。Apple 公司的设计师最早使用 GUI（图形用户界面）和鼠标操作取代 CUI 键盘操作。1987 年，

Macintosh 机上又引入了 Hypercard（超级卡）。Hypercard 是以卡片（Card）为结点的超文本（Hypertext），基本的信息单元是卡片，一组卡片称为卡堆，亦即是 Hypercard 中的文件。每张卡片不仅是字符，还包括图形、图像和声音。Hypercard 系统提供了许多命令或工具，通过鼠标和键盘进行控制，完成卡片的浏览、编辑、制作及信息的输入、修改、检索等功能。为了使 Hypercard 和这些外围设备相连接，Apple 公司又开发了一个多媒体协议和驱动标准集 AMCA（Apple Media Control Architecture），用来访问视频光盘、音频光盘及录音带的信息。直到今天，Apple 公司的 Macintosh 机在图形和声音处理等方面仍处于领先地位。

美国 Commodore 在 1985 年率先推出了世界上第一个多媒体计算机系统 Amiga，后经不断完善，形成了一个完整的多媒体计算机系列，如 Amiga 500、1000、1500、2000、2500、3000、4000 等。Amiga 系统的 CPU 芯片一直配置 Motorola 公司生产的 68000、68020、68030、68040 等芯片。Amiga 系统的结构与 68000 微机的结构相似，只是在系统总线上连接了 3 块很有特色的专用芯片：Agnus (8370)、Paula (8364)及 Denise (8362)，使其处理文本、音频及视频信息的速度得以大大提高。

早在 20 世纪 80 年代初，世界著名的两大家用电器公司 Philips 和 Sony 就开始共同研制和开发 Smart-TV，于 1986 年 4 月联合推出交互式紧凑光盘系统（Compact Disc Interactive），同时公布了 CD-ROM 文件格式，这成为后来 ISO（国际标准化组织）认可的标准。该系统把高质量的声音、文字、图形、图像以数字化的形式存放在容量为 650 MB 的只读光盘上。用户可通过与该系统相连的家用电视机、计算机和 CD-I 系统进行通信，并选择感兴趣的视听节目进行演播。

美国无线电公司（RCA）于 1983 年开始研究交互式数字视频光盘 DVI（Digital Video Interactive），直到 1987 年，在第二次微软公司召开的 CD-ROM 光盘会议上首次公布了利用只读光盘播放视频图像和声音的 DVI 技术，后来美国 GE 公司从 RCA 公司购买了 DVI 技术。1988 年 Intel 公司又从 GE 公司买到了 DVI 技术进行开发，并于第二年和 IBM 公司在国际市场上推出了 DVI 技术的第一代产品 Action Media 750。1991 年在美国 Comdex 展示会上推出了第二代产品 Action Media 750II。DVI 多媒体计算机系统的核心是 Intel 公司研制的两块专用芯片：视频像素处理器 82750 PA 及其第二代的 82750 PB；视频显示处理器 82750 DA 及其第二代的 82750 DB。1993 年以后又出现了第二代专用芯片 V3。

多媒体是一项综合性技术，它包括数字化信号处理技术、音频和视频技术、计算机软硬件技术、人工智能及模式识别技术、通信技术及图像处理技术等。在多媒体计算机中，使用最广泛又最基本的是多媒体微机（MPC）。

MPC 规定多媒体微机的最低配置是一台普通微机配上一块声卡及一个 CD-ROM 驱动器，所以，通常把声卡和 CD-ROM 驱动器组合在一起，称为多媒体升级套卡。

多媒体工作站采用已形成的工业标准：POSIX 和 XPG3。其特点是：

（1）操作系统采用多用户、多任务的 UNIX，支持 TCP/IP 网络传输协议。

（2）整体运算速度高。

（3）存储容量大，不仅实际容量大，虚拟存储能力也很大，SCSI 接口易扩充。

（4）采用图形子系统及高分辨率显示器、图形用户界面。提供标准网络接口，联网简便。

（5）拥有大量科学及工程设计软件包。

1.7.6　计算机发展展望

1．量子计算机

量子计算机是一类遵循量子力学规律进行高速数学和逻辑运算、存储及处理量子信息的物理设备。当某个设备处理和计算的是量子信息，运行的是量子算法时，它就是量子计算机。现在的电子元件是通过控制所通过的电子数量多少或有无来进行工作的。宏观上电子计算用电位的高低来表示 0 和 1 以进行存储和计算。而量子元件通过控制粒子波动的相位来实现输出信号的强弱和有无，量子计算机通过利用粒子的量子力学效应，如光子的极化、原子的自旋等来表示 0 和 1 以进行存储和计算。量子元件的使用将使计算机的工作速度大大提高（约可提高 1000 倍），功耗大大减少（约可减少 1000 倍），电路大大简化且不易发热，体积大大缩小。

关于量子计算机的想法，1994 年以后才引起人们的关注。因为此时美国电话电报公司贝尔实验室的一位科学家提出使用量子计算机可轻而易举地进行周数分解，比现行计算机要快得多。实现量子计算的方案并不少，但问题是在实验上实现对微观量子态的操纵确实太困难了。目前已经提出的方案主要利用了冷阱束缚离子、电子或核自旋共振、量子点操纵、超导量子干涉等。现在还很难说哪一种方案更有前景，只是量子点方案和超导量子干涉方案更适合集成化和小型化。将来也许现有的方案都派不上用场，最后脱颖而出的是一种全新的设计，而这种新设计又是以某种新材料为基础，就像半导体材料对于电子计算机一样。研究量子计算机的目的不是要用它来取代现有的计算机。量子计算机使计算的概念焕然一新，这是量子计算机与其他计算机如光计算机和生物计算机等的不同之处。量子计算机的作用远不止是解决一些经典计算机无法解决的问题。

利用量子力学原理设计，由量子元件组装的量子计算机，不仅运算速度快、存储量大、功耗低，而且体积会大大缩小，一个超高速计算机可以放在口袋里，人造卫星的直径可以从数米减小到数十厘米。目前，量子计算机正在开发研制阶段，随着纳米技术的进步和纳米级加工技术的发展，科学家们认为，量子计算机的心脏——微处理器将在 5 年内研制成功。

2．神经网络计算机

生物大脑神经网络可看作一个大规模并行处理的、紧密耦合的、能自行重组的计算网络。神经网络使人能有效地组织和处理信息。对神经网络进行研究，并从大脑工作的模型中抽取计算机设计的模型就是所谓的神经网络计算机。

神经网络计算机是模仿人的大脑判断能力和适应能力，并具有可并行处理多种数据功能的计算机。与以逻辑处理为主的计算机不同，它本身可以判断对象的性质与状态，并能采取相应的行动，而且它可同时并行处理实时变化的大量数据，并引出结论。以往的信息处理系统只能处理条理清晰、经络分明的数据。而人的大脑活动具有能处理零碎、含糊不清信息的灵活性。神经网络计算机将类似人脑的智慧和灵活性。

人脑的作用就相当于一台微型计算机。人脑总体运行速度相当于每秒 1000 万亿次的计算机功能。用许多微处理机模仿人脑的神经元结构，采用大量的并行分布式网络就构成了神经网络计算机。神经网络计算机除有许多处理器外，还有类似神经的结点，每个结点与许多点相连。若把每一步运算分配给每台微处理器，它们同时运算，其信息处理速度和智能会大大提高。

神经网络计算机的信息不是存储在存储器中，而是存储在神经元之间的联络网中。若有结点断裂，计算机仍有重建资料的能力。它还具有联想、记忆、视觉和声音识别能力。日本科学家已开发出神经网络计算机用的大规模集成电路芯片，在 $1.5\ cm^2$ 的硅片上可设置 400 个神经元和 40 000 个神经键，这种芯片能实现每秒 2 亿次的运算速度。1990 年，日本理光公司宣布研制出一种具有学习功能的大规模集成电路"神经 LST"。这是依照人脑的神经细胞研制成功的一种芯片，它处理信息的速度为每秒 90 亿次。而富士通研究所开发的神经电子计算机，每秒更新数据速度近千亿次。日本电气公司推出一种神经网络声音识别系统，能够识别出任何人的声音，正确率达 99.8%。美国研究出由左脑和右脑两个神经块连接而成的神经电子计算机。右脑为经验功能部分，有 1 万多个神经元，用于图像识别；左脑为识别功能部分，含有 100 万个神经元，用于存储单词和语法规则。现在，纽约、迈阿密和伦敦的飞机场已经用神经计算机来检查爆炸物，每小时可查 600～700 件行李，检出率为 95%，误差率为 2%。神经网络计算机将会广泛应用于各领域。它能识别文字、符号、图形、语言以及声呐和雷达收到的信号，判读支票，对市场进行估计，分析新产品，进行医学诊断，控制智能机器人，实现汽车和飞行器的自动驾驶，发现、识别军事目标，进行智能指挥等。

神经网络计算机具有智能性，能模拟人的逻辑思维、记忆、推理、设计分析和决策等智能活动，并能和人进行自然通信。近年来，许多国家都在加大力度研究人工神经网络，并取得了很大进展。

3．化学、生物计算机

从 20 世纪 80 年代开始，各国科学家们就在探讨研制化学、生物计算机。在运行机理上，化学计算机以化学制品中的微观碳分子作信息载体，来实现信息的传输与存储。因此，它具有更小的体积、更快的运算速度和强大的计算能力，其信息传输速度可能比人脑思维速度还要快，具有十分诱人的发展前景。

为了实现高集成度，使计算机得到进一步发展，科学家们把目光转向了分子生物学方面。在过去的半个多世纪中，分子生物学的兴起和发展，将生命现象分解成大量基因和蛋白质的组成。英国《自然》杂志报道，英国剑桥大学研究发现了"生物电路"，一些蛋白质的主要功能不是构成生物的某些结构，而是用于传输和处理信息。他们对一种细菌中的蛋白质进行研究发现，细菌内部存在着由蛋白质构成的信息处理网络，该网络可根据分子密度和形状等性质的变化传递和处理信息，并根据接收到的信息而驱使细菌游向营养物质所在的地方。

美国斯坦福大学的专家在细菌中也发现了"生物电路"，并在生物利用能量糖酵解过程中发现了逻辑运算现象，找到了有关的"逻辑门"。

1995 年，来自各国的 200 多位有关专家共同探讨了 DNA（脱氧核糖核酸）计算机的可行性，认为 DNA 分子间在酶的作用下可以从某基因代码通过生物化学的反应转变为另一种基因代码，转变前的基因代码可以作为输入数据，反应后的基因代码可以作为运算结果。利用这一过程可以制成新型的生物计算机。

现今科学家已研制出许多生物计算机的主要部件——生物芯片，如合成蛋白芯片、血红素芯片、赖氨酸芯片等。美国明尼苏达州立大学已经研制成世界上第一个"分子电路"，由"分子导线"组成的显微电路只有目前计算机电路的 1/1000。麦迪逊威斯康星大学的研究人员，利用人工合成的 DNA 链状结构制造出了一台 DNA 计算机，并且很巧妙地让它来解决一些相对复杂的运算问题。这台寿命很短的化学计算机目前还没有什么实际的用途，但它正在从科学幻想世界走出来，成为一种现实的初露端倪的 DNA 计算技术。这是一种非自动化的计算机——就像算盘那样，但是这种计算方式可以像常规计算机一样实现自动化。

常规的计算机是由计算机芯片驱动的，但是这样的计算技术正在迅速接近微型化的极限。科学家梦想对 DNA 及其同类化学物质 RNA 所具有的用于保存复杂生物信息的巨大存储能力加以应用。基因工程的发展，为蛋白质工业化制造提供了技术上的保证，人们将有能力按照设计蓝图，随意制造所想得到的蛋白质，组装成计算机。

衡量计算机水平的主要指标是运算速度和存储量。据有关分析测算，如果生物计算机研制成功，其运算速度是目前传统计算机根本无法比拟的，它几十小时的运算量就相当于目前全球所有计算机运算量的总和。生物计算机的存储量也大得惊人。科学家采用有机的蛋白质分子构成的生物芯片代替由无机材料制作的硅芯片，其大小仅为现在所用的硅芯片的十万分之一，而集成度却极大地提高，如用血红素制成的生物芯片，1 mm^2 能容纳 10 亿个门电路，其开关速度达到 10 ps。0.1 μm 大小的生物芯片，就可能具有比现在的集成电路大 1 亿倍的运算速度。这样，一个生物芯片就足以代替一台大型计算机。此外，生物芯片具备的低阻抗、低能耗的性质使它们摆脱了传统半导体元件散热的困扰，从而克服了长期以来集成电路制作工艺复杂、电路因故障发热熔化以及能量消耗大等弊端，给计算机的进一步发展开拓了广阔的前景。更令人惊异的是，生物计算机的元件密度比人的神经密度还要高 100 万倍，而且其传递信息的速度也比人脑进行思维的速度快 100 万倍。

生物计算机具有较高的人工智能，能够如同人脑那样进行思维、推理，能认识文字、图形，能理解人的语言，因而可以担任各种工作，如可应用于通信设备、卫星导航、工业控制领域，发挥重要的作用。

生物计算机还将给盲人带来巨大便利。只要把一块有机芯片放入盲人眼中，沟通脑神经细胞与视网膜上两种感光细胞之间的联系，就能使盲人重见光明。总之，生物计算机的出现将会给人类文明带来一个质的飞跃，给整个世界带来巨大的变化。

生物计算机最大的优点是生物芯片的蛋白质具有生物活性，能够跟人体的组织结合在一起，特别是可以和人的大脑和神经系统有机地连接，使人机接口自然吻合，免除了烦琐的人机对话。这样，生物计算机就可以听人指挥，成为人脑的外延或扩充部分，还能够从人体的细胞中吸收营养来补充能量，不需要任何外界的能源。由于生物计算机的蛋白质分子具有自我组合的能力，从而使生物计算机具有自调节能力、自修复能力和自再生能力，更易于模拟人类大脑的功能。

不过，科技人员认为，由于成千上万个原子组成的生物大分子非常复杂，其难度非常之大，目前来看，很容易变质和受损。因此，生物计算机的发展可能要经过一个较长的过程。

4．光计算机

光计算机是用光子代替现代半导体芯片中的电子，以光互联来代替导线制成数字计算机。光计算机的目标是充分利用光的特性，与电的特性相比光具有无法比拟的各种优点：

（1）两束光要发生干涉，必须频率相同，振动方向一致和有不变的初始位相差。因此，同一根光导纤维中能同时传输许许多多个波长不同或波长相同但振动方向不同的光波，它们之间不会发生干涉。这样，光器件的带宽非常大，传输和处理的信息量极大。

（2）光计算机和电子计算机不同的是：光计算机是"光"导线计算机，光在光介质中传输不存在寄生电阻、电容和电感问题，光器件又无接地电位差，因此光计算机的信息在传输中畸变和失真小。光器件的开关速度比电子器件快得多，信息运算速度高。

（3）连续不断的光子的传播速度比其他任何物质都快。与光子比起来，形成电流的电子的运动慢得就像蜗牛爬。更重要的是，光子之间不像电子那样相互作用。几条独立的光束相互之间可以直接穿过，因此，可以在同一条狭窄的通道中传输数量大得难以置信的数据。

（4）光计算机除了激光源需要一定的能量外，光计算机在传输和转换时，能量消耗极低。

但是，光学晶体管会是个什么样子？人们可以利用光来保存信息吗？先分析一下光电混合式计算机是不是更实际些呢？如果是这样，那么光电接口该是个什么样子呢？这些都是人们在探讨百万次或万亿次浮点计算的能力前必须解决的基本问题。

慕尼黑大学纳米科学中心的威克斯福斯正在对上面提到的一个基本问题进行研究，制作一个触发器的光模拟系统。我们都知道计算机利用 0 和 1 进行计算，这种非此即彼的逻辑是通过触发器来实现的。触发器状态可以为 0 或 1 这两种状态中的一种。更重要的是，触发器状态必须保持足够长的时间，以便在下一个时钟周期对其进行存取。在目前计算机以千兆赫兹速度运行的情况下，这就意味着触发器状态需要几微秒的稳定性。然而，事实并不那么简单，在合适条件下当一种材料上出现一个光子时，这个光子会从原子上赶走一个电子。这时的原子为带正电的原子，而这时得到的是一种"电荷分离"的条件。其实这时已经创造了一种"状态"。可是这种状态是不稳定的，仅仅在千万亿分之一秒后，负电子就会与带正电的原子重新结合。这段时间太短了，根本没有什么用。威克斯福斯和他的小组所做的工作就是在这个材料表面加电，最后形成一种波形化电场。这种电场使电子可以"随波而动"，使电子在电场消失前人为地与原子分离。该小组已经取得了 35 s 的分离时间，足够为目前的计算机所使用了。

信息是否可长期存储呢？压缩光盘是一种光存储形式。一张 CD 盘可以存储 650 MB

的数据，足够保存 75 min 的高保真音乐或 30 多万页的隔行打印文本。种种迹象表明，这类大规模存储技术进而为研究存储量更大、价格更低廉的介质提出了需求。DVD 正是在这种需求的发展中应运而生的。

在一张 CD 大小的盘上保存更多的数据（千亿字节数量级）需要采取不同技术，诸如全息照相技术。可以把光线看成光波，光敏材料中的两股或多股光波在交汇点会产生特殊的干涉图案。全息照相存储的主要优势在于可记录三维信息和一次同时读出一整页数据。其结果是带来了一种可以存储千亿字节数据，能以每秒 10 亿多比特传输数据，并能以不到 100 μs 的时间随机选取数据的新介质。

由于信息是保存在干涉图案中的，因此必须发明一种方法来正确地将干涉图案"写入"到介质中。可以用一块液晶显示屏幕将 1、0 形式的数据转换为屏幕上透明或不透明的小方块，然后让一束蓝绿激光束照射到这个拼写图的图案上来生成信号，再将此信号与基准信号相干涉，最后将形成的图案记录到通常为水晶的介质中。重现保存的数据很容易。人们所要做的只是利用激光束照射水晶反向重复刚才的步骤，然后将恢复的数据页投射到可以检测亮点和黑点的光电检测器阵列上，这样一次就可恢复全部数据。

当芯片的速度越来越快时，人们发现关键的问题不是数据的处理，而是移动数据的过程。传统铜线（或者像芯片内部的铜线一样，叫内部连线）移动电信号的速度是有限的，随着数据传输的速度越来越快，内部连线越变越窄，1 与 0 之间的区别开始模糊。此外，传输电信号的导线还向附近辐射干扰信号。如何屏蔽这些干扰信号成为重要问题。科研人员正在寻找更好的替代方案。科学家们现在认为光连接是解决问题的关键。

光连接原则上很简单，首先，电信号被转换为"开"或"关"的光信号；然后，将这股闪烁的光流经过由镜子和棱镜组成的网络投射到需要数据的地方。在接收端的一组镜头将信号聚焦在一个微型的光电池上，这个光电池将闪烁的光信号重新转换为电脉冲序列。一些人甚至谈论在实际的芯片内部采用光学部件。专家认为，光信号穿过微处理器所需的时间很关键，如果能够在芯片上建立一条光链路，那么将非常有用。

美国国家航空航天局的工程师对待光学部件的态度非常认真。其目标是能研制出每秒可以进行成千上亿次计算的大规模并行计算机。美国科学家认为，这种机器必须采用光计算机。光计算机必将成为很有发展前途、应用领域极广的计算机。

小 结

本章主要引入计算机的概念，介绍计算机系统，阐述了计算机硬件系统和软件系统，并介绍程序存储原理以及计算机启动原理合过程，最后介绍了计算机科学知识体系。计算机系统的典型结构包括输入器、运算器、控制器、存储器、输出器 5 大功能部件，软件系统主要由系统软件和应用软件两大类组成。

计算机系统的特点可以从专用计算机、通用计算机和微型计算机等几个类型展开讨论，计算机的性能指标主要有主频、字长、运算速度、内存容量、存取周期以及性能价格比等。

计算机的发展经历了电子管、晶体管、集成电路、大规模超大规模集成电路以及正在研究的智能计算机 5 个时代，其发展方向主要是巨型、微型、网络、智能以及多媒体等。

习　题

一、填空题

1. 计算机是一种现代化的信息_____工具，它对信息进行_____并提供结果。

2. 建立计算机模型，一种是_____模型，它不考虑计算机的内部结构。改进的模型加入了一个_____部分，认为计算机对数据的处理是受到这个加入的部分控制的。

3. 现代计算机模型将计算机分成 5 个组成部分，它们是_____、_____、_____、_____和_____。

4. 今天的计算机采用的是大规模集成电路技术，它的标志之一就是计算机的_____和_____集成在一个芯片中，这个芯片被称为 CPU，即_____（这里填写 CPU 的中文名字）。

5. 程序存储原理要求程序在执行前被存放到_____中，且要求程序和_____采用同样格式。

6. 计算机系统是由_____和_____组成。

7. 第一代计算机采用的电子元件是_____，第二代计算机使用的电子元件是_____，第三代是使用的是 IC 即_____，第四代计算机使用了 VLSIC，即_____。

8. 计算机硬件，主要包括三个子系统，它们是_____、_____和_____。

9. 计算机的外围设备分为_____设备和_____设备。最为常见的，前者是_____和鼠标，后者是_____和打印机。

10. 计算机系统结构是研究计算机的硬件互联使得计算机_____、_____和_____。

11. 程序设计主要有面向_____的技术和面向_____设计技术。

12. Windows 使用的是以 GUI 即_____为特征的一种最为常见的、用于桌面机的操作系统软件。

13. 只要计算机被加电开始进入工作状态，它就开始执行_____，直到关机为止。计算机在工作过程中，一直在_____控制下，运行各种应用系统完成用户任务。

二、简答题

1. 什么是软件？什么是程序？

2. 计算机的系统软件包括哪几类？说明它们的用途。

3. 操作系统有什么功能？操作系统有哪几种类型？试举例说明。

4. 简述计算机语言的发展。

5. 简述汇编程序、解释程序、编译程序有什么异同。

6. 举一些常用应用软件的例子，并说明它们的用途。

7. 计算机有哪些性能指标？

8. 按计算机所用硬件划分，计算机的发展经历了几代？

9. 有哪几种类型的计算机？

10. 什么是多媒体计算机？

11. 什么是网络计算机？

12. 什么是量子计算机？

13. 简述化学、生物计算机的特点与发展前景。

14. 什么是神经网络计算机？

15. 光特性与电特性相比有什么优点？

16. 谈谈你对下一代计算机的设想。

三、思考题

1. 回忆一下你使用计算机的经历，列举你使用计算机做过的事情。你是否考虑过将研究计算机作为你的职业，为什么？

2. 运用你能够获取的各种资源，例如，报纸、杂志、书籍以及因特网进行相关资料的收集，对一下主题写一篇 2000 字以内的短文。

世界上最快的计算机

计算机在艺术领域中的应用

使用计算机拍摄、制作电视和电影

计算机在金融系统中的应用

使用计算机研究生命科学

人类基因图研究与计算机

软件和程序

程序和算法

程序设计语言

3. 我国经济高速发展，已经成为世界工厂。目前面临的一个严重问题是缺少劳动力，尤其是沿海地区出现了所谓的"招工难"。你认为在解决这一难题上计算机能有何作为？为什么？

第2章

计算思维 ‹‹‹

内容介绍:

实证思维、逻辑思维和计算思维是人类认识世界和改造世界的三大思维。作为一种按照事先存储的程序进行数值计算和信息处理的现代电子设备,计算机为人类认识世界和改造世界提供了一种更有效的手段,而以计算机技术和计算机科学为基础的计算思维将深刻影响人类的思维方式。

本章重点:

- 计算思维的概念及特征。
- 计算思维能力。
- 计算思维的应用。

2.1 计算思维的概念及特征

人类在认识世界和改造世界的科学活动过程中离不开思维活动。思维的作用不仅是作为个人产生了对于物质世界的理解和洞察,更重要的是思维活动促进了人类之间的交流,从而使人类获得了知识交流和传承的能力。到目前为止,人类的思维模式大体上可以分为三种:① 以观察和归纳自然(包括人类社会活动)规律为特征的实证思维;② 以推理和演绎为特征的逻辑思维;③ 以抽象化和自动化为特征的计算思维。这三种思维模式各有特点,相辅相成,共同组成了人类认识世界和改造世界的基本科学思维内容。

计算机科学家迪科斯彻(Edsger Wybe Dijkstra)说过:"我们使用的工具影响着我们的思维方式和思维习惯,从而也将深刻地影响着我们的思维能力。"计算机的出现为人类认识世界和改造世界提供了一种更有效的手段。计算机科学技术的发展,促进了计算思维的发展,并将使得计算思维深刻影响人类的思维方式。

图灵奖获得者 Karp 认为:"自然问题和社会问题自身的内部就蕴含丰富的属于计算的演化规律,这些演化规律伴随着物质的变换,能量的变换以及信息的变换。因此,正确提取这些信息变换,并通过恰当的方式表达出来,使之成为能够利用计算机处理的形式,这就是基于计算思维概念的解决自然问题和社会问题的基本原理论和方法论。"

计算思维的概念最早是由麻省理工学院(MIT)的 Seymour Papert 教授在 1996 年提

出的。2006年3月，周以真（Jeannette M. Wing）教授在国际著名计算机杂志 *Communications of the ACM* 上发表了《计算思维》一文，将"计算思维"的概念提升到了一个新的高度，她认为计算思维涉及运用计算机科学的基础概念去求解问题、设计系统和理解人类的行为，涵盖了反映计算机科学之广泛性的一系列思维活动。

2011 年，国际教育技术协会（ISTE）和计算机科学教师协会（CSTA）从可操作性的角度给出了计算思维的定义，即计算思维是一个具有如下 6 个特点的解决问题的过程：

（1）制定问题，并能够利用计算机和其他工具来帮助解决该问题。

（2）符合逻辑地组织和分析数据。

（3）通过抽象，如模型、仿真等，再现数据。

（4）通过算法思想（一系列有序的步骤），支持自动化的解决方案。

（5）分析可能的解决方案，找到最有效的方案，并且有效结合这些步骤和资源。

（6）将该问题的求解过程进行推广并移植到更广泛的问题中。

计算思维实际上是一个思维的过程。计算思维能够将一个问题清晰、抽象地描述出来，并将问题的解决方案表示为一个信息处理的流程。它是一种解决问题切入的角度。现实中针对某一问题会有很多解决方案的切入角度，而我们所提倡的角度就是计算思维角度。计算思维包含了数学性思维和工程性思维，而其最重要的思维模式就是抽象话语模式。可以认为，计算学科及其所有相关学科的任务归根结底都是"计算"，甚至还可以进一步地认为，都是符号串的转换。在计算思维中，计算的本质是抽象和自动化，即在不同层面进行抽象以及把这些抽象通过机器来进行自动计算和处理。

（1）抽象（Abstraction）是对事物的性质、状态及其变化过程（规律）进行符号化描述。例如，"原来有 5 个苹果，吃掉两个后还剩几个"可以抽象表示成"5-2"。它抽取了问题中的数量特性，忽略了苹果的颜色、吃法等不相关的特性。这里的抽象并不一定具有整洁、优美或轻松的可定义的数学抽象的代数性质，如物理世界中的实数或集合。例如，两个元素堆栈就不能像物理世界中的两个整数那样进行相加。并且，计算学科中的抽象最终需要在物理世界的限制下进行工作。

（2）自动化（Automation）是计算在物理系统自身运作过程中的表现形式。自动化意味着需要某种计算机来解释抽象。在考虑自动化的时候，需要分析判断：能否被自动化？即要求用计算来执行、实现的任务能不能自动化进行？例如，能够使用计算机来下棋吗？能够解决数学问题吗？给出关键字能够在因特网上搜索到想要的东西吗？能够实时地将汉语和英语互译吗？能够指引开车穿过偏僻地形的地区吗？

计算思维通过约简、嵌入、转化、仿真、基于关注点分离等方法，把一个看似困难的问题重新阐释成一个人们知道怎样解决的问题，或者选择合适的方式对一个问题的相关方面建模使其易于处理。它利用启发式推理寻求解答，即在不确定情况下进行规划、学习和调度。采用抽象和分解处理庞杂的任务或者设计巨大复杂的系统。计算思维按照预防、保护及通过冗余、容错、纠错的方式从最坏情况进行系统恢复。计算思维是递归和并行处理，它利用海量数据来加快计算，在时间和空间之间，在处理能力和存储容量之间进行权衡。

下面两种求解 y（$y>1$）的算术平方根的方法，就是两种不同的计算思维。

（1）根据已知平方根的数来确定 y 的平方根的范围，然后在这个范围内寻找答案。例如，如果 $y=10$，依据 3 的平方为 9 以及 4 的平方为 16，可以判断出 y 的算术平方根 g 一定满足：$3<g<4$。那么可以先让 $g=3$，然后重复给 g 加一个很小的数 h，直到 g^2 足够接近于 y。从而，求得 y 的算术平方根 g。

（2）采用二分法逼近的方法来求解。令 $f(g)=g^2-y$，满足 $f(g)=0$ 的那个 g 就是所要求的解。首先确定 y 的算术平方根 g 的一个小值 min=0，一个大值 max=y，令 g=(min+max)/2；然后将 $f(g)$ 的值与 0 进行比较。如果 $f(g)<0$，那么令 min=g，即让 min 取 g 的值；如果 $f(g)>0$，那么令 max=g，即让 max 取 g 的值。这样便去掉了一半的可能范围，缩小了算术平方根的取值范围。将上面的过程重复下去，便使得 g 的值一步步逼近精确解。

2.2　计算思维的基本原理

计算思维的可解释性、关联性和可计算性是计算思维不同于实证思维和逻辑思维的分界标准，也是不同于实证思维和逻辑思维的新的世界观和价值观。以此为依据衍生出来的一些工程的方法和模式都与此有关，这也奠定了计算思维在计算机科学和工程中的重要地位。因此，计算思维能力的养成以及对基本原理的掌握是计算思维培养的目标。计算思维要求人们要能够在交互过程中解决问题，通过观察，建立事物之间的关联规律。养成这样一种思考问题的方法和习惯，对于提高科学思维的综合素质是十分重要的。

2.2.1　可解释性原理

交互式证明是计算思维体系的基石之一。交互式证明也称可解释证明，是一种新的判断结论的方式，它通过验证者和证明者的信息交互来实现证明过程。

交互式证明系统就是一对图灵机。这里将验证者（Verifier）和证明者（Prover）分别记作 V 和 P，其中 V 是确定的，P 是非确定的。初始问题 x 放置在公共输入，证明者 P 产生一个字符串 Y，称为证据，而验证者 V 则检查这个 Y 是否为问题 x 的解，如果是解，则停止，宣布问题解决。这个过程称为 P 和 V 的一次交互。交互过程可以重复，即 P 和 V 可以反复通信，V 不断地向 P 提出询问，P 根据 V 的问题，不断地提供证据给 V，V 通过检查证据来确定是否停止。如果 x 确实有解，则 V 最终一定会停止。这种证明方式很像在课堂里学生和老师的互动，学生相当于 V，老师相当于 P，学生就某一个问题不断向老师提问，而老师如果总是可以正确地回答学生的问题，最终学生便会相信结论。

在实际的交互证明过程中，如果解决方案存在，那计算思维不仅要求能够给出解决方案，还要求以一定的概率给出解，这在工程上是重要的，因为工程问题要求的往往不仅是能够解决问题，而是要求必须在一定程度上保证解决问题。即在不知道问题解的前提下，如果得到一个答案，则这个答案正确的概率应该大于某个设定的值。这种解决问题的方式决定了计算思维特有的模式。

一个问题的可解释证明性本身不能被数学证明,交互式证明只能基于 V 的问题和 P 的答案来展开,是不能预先设定的。交互式系统强调问题的解决是在交互过程中完成的,这在工程项目中得到了很好的体现。在软件开发、系统设计和解决问题的过程中,不能指望一次性解决所有问题,或者一次性证明软件或系统的正确性。在大多数情况下,这种数学证明是不存在的。

在实际工程中,要求所开发的软件,或者设计的系统对于控制对象或者运行环境有很好的实时响应性,即当控制对象和环境变化时,控制系统或操作系统可以及时响应,确保系统能够正确运行。在这个过程中,控制对象或者运行环境看作 V,而系统本身看作 P,无论 V 出现什么问题,P 都能正确予以响应,使 V 在正确的状态,因此一个系统控制或者运行的过程可以看作一个与对象和环境交互的过程。

在软件工程中,用户的需求和软件的设计之间存在着一种持续的交互作用。与数学相比,交互式系统更适合作为描述此类工程问题的理论基础。工程背景下,人们关注更多的是系统响应能力和对环境的适应性变化,这种问题基本上以传统的数学观点是行不通的,因此,交互式的证据理论和应用是解决这类问题的一个很好的方法。从这个意义上说,软件的正确性、系统的正确性应该在交互证明中得到确认。测试就是由交互式证明系统理论得出的一种方法,它采取事先设计好的测试程序,对于可能发生的问题进行检查,以判断软件或者系统的应变能力。

2.2.2 关联性原理

计算思维的另一个原理是关联性。这是一种从计算角度看待世界的方式。物理学研究世界的观点是因果关系,例如,一个改变运动形式的物体,一定是受到了某种力的影响。数学研究世界的方式是逻辑关系,例如,如果从圆心划过一条直线,则该直线一定平分圆面积。这是对物理和数学世界的思考方式,它是物理和数学的世界观。与物理学和数学不同,计算机科学看待世界的方式是关联的,这里的关联是现象之间的联系。对于计算机科学来说,不关心的现象之间的内在因果关系,也不关心逻辑关系,只关心现象间的空间与时间关系,即只关心现象之间的关联性。关联现象里面蕴含的关系主要有两种:一种是空间关系,研究现象与现象之间的位置关系;另一种是时间关系,研究现象与现象之间的先后次序关系。

这里的空间既包括通常所讲几何空间,还包含问题所包含的一些抽象的空间,主要用于数据分类以及内部空间的定义,然后找出数据之间的聚类关系。目前在技术上被大量采用的有支持向量机(SVM)和神经网络(NN)。尤其是神经网络,近几年极大推动了人工智能的发展。这两种技术都是通过学习和训练,提供数据之间空间关系的模型。

关于时间关联,目前比较常见的是贝叶斯网络和通过贝叶斯公式演化出来的各种动态模型。通过对于模型的修正,从而得到接近于实际情况的数据之间的次序(时间)关联关系。

2.2.3 可计算性原理

在计算思维领域,虽然大自然可以计量的思想已有数千年之久,一代又一代的科学家并用解析的或数值的方法计算着自然现象及其规律，但是直到 1936 年，才由英国杰出数学家图灵提出计算思维领域的计算可行性这一根本问题："怎样判断一类数学问题是否是机械可解的？或者说，一些函数是否可计算的？"图灵还提出并解决了更深一层的问题——计算机思维可行性问题："人们是否能把计算机对提问做出的反应同某人对同样问题做出的反应区别开来？"图灵为此设计了著名的"图灵测验"：如果一个人无法判断与己进行对话的是人还是计算机，那么就可认为这个计算机是能思维的，它具有与人相当的智力。图灵可计算性原理从原理上指明计算机的计算可行性及人工智能的理想目标。

2.3 计算思维解决问题的方法

2.3.1 计算思维能力

计算思维的根本目的是解决问题，即问题求解、系统设计以及人类行为理解。从计算机应用的角度来说，解决问题就是计算机的应用问题。例如，设计一个数据库应用系统、创建一个电子商务网站、制造一个机器人等都是计算机应用问题，是计算思维的目的所在。

在研究层面，对于一个问题的解决，著名计算机科学家、1998 年图灵奖获得者詹姆士·格雷（James Gray）的思路（习惯）是这样的：

（1）对问题进行非常简单的陈述，即要说明解决一个什么样的问题。他认为，一个能够清楚表述的问题，能够得到周围人的支持。虽然不清楚具体该怎么做，但对问题解决之后能够带来的益处非常清楚。

（2）解决问题的方案和所取得的进步要有可测试性。

（3）是整个研究和解决问题的过程能够被划分为一些小的步骤，这样就可以看到中间每一个取得进步的过程。

计算思维最重要的就是可以帮助人们在真实的情况下解决问题。一个真正问题的实现，由于种种的限制，不可能达到一种完美的抽象，抽象的过程当中，一定会有各种各样的性质。当一个人碰到问题时，他会先对这个问题进行抽象，抽象之后去对它进行一种重新的计算性表达，然后发挥自己工程性的思维，会考虑这个问题的解决效率是不是高，表达是不是准确。这就是计算思维能力。

2.3.2 计算机解题方法

利用计算机解决一个具体问题时，一般需要经过以下几个步骤：① 分析问题，寻找解决问题的条件；② 对一些具有连续性质的现实问题进行离散化处理；③ 从问题抽象出一个合适的数学模型，然后设计或选择一个解决这个数学模型的算法；④ 按照算法编写程序，并对程序进行调试和测试，最后运行程序，直至得到最终的解释。

1）分析问题，寻找解决问题的条件

解决问题最关键的是对问题进行界定，即弄清楚问题到底是什么，也就是要发现真问题，不要被问题的表象迷惑。只有正确地界定了问题，才能找准应该解决的"目标"，后面的步骤才能正确地去执行；否则找不准目标，就可能劳而无获。

界定问题之后，需要寻找解决问题的条件。可以在"简化问题，化难为易"的原则下，寻找解决问题的必要条件，以缩小问题求解范围。当遇到一道难题时，可以尝试从最简单的特殊情况入手，找出有助于简化问题、化难为易的条件，逐渐深入，最终分析、归纳出解题的办法。例如，在搜索求解的问题中，可以采用深度优先搜索和广度优先搜索。如果问题的搜索范围太大，可以尝试建立一些限制条件，缩小搜索的范围。如果问题太复杂，可以把问题进行分解，分析各个部分的本质特征，再综合各方面的必要条件一起使用。

2）对象的离散化

计算机是建立在离散数字计算的基础上。有一些对象本身就是离散的，例如，数字、字母、符号等。对于连续型的问题，它需转化成离散型问题，然后可用计算机来处理。例如，图像、声音、电压等自然信息是连续的。

例如，在计算机屏幕上显示一张图片。计算机需将图片在水平和垂直方向分解成一定分辨率的像素点（离散化），然后把每个像素点分解成红、绿、蓝（RGB）三种基本颜色。每种颜色的变化分解为 0～255 个色彩等级。如此计算机就能对这张图片进行放大、缩小、旋转等操作。

3）建立解决问题的算法

算法是问题求解过程的精确描述，一个算法由有限条可执行的、有确定结果的指令组成。指令描述要完成的任务和执行顺序。计算机按照指令描述的顺序来执行，并能在有限步内终止；终止时或者给出问题的解，或者指出问题对此输入无解。

（1）问题的抽象描述。在解决一个实际问题时，首先把它形式化，即把问题抽象成一个一般性的数学问题，采用数学形式来描述问题；然后根据这种描述寻找问题的结构和性质。

（2）理解算法的适应性。每一个实际问题都有它自己的性质和结构。每一种算法思想和技术，如动态规划、贪心算法、分治算法等，都有它们适宜解决的问题。例如，动态规划适宜解决有关最优子结构的问题。当观察、分析出问题的结构和性质时，就可以用现有的算法技术和思想来解决。

（3）建立算法。建立求解问题的算法，就是确定问题的数学模型，并在此模型上定义一组运算，然后对这组运算进行调用和控制。算法的描述形式有数学模型、数据表格、结构图形、伪代码、程序流程图等。获得问题的算法并不等于问题可解，问题是否可解取决于算法所需要的时间和空间能否被接受。

4）程序设计

图灵在论文《计算机器与智能》中指出："如果一个人想让机器模仿计算员执行复杂的操作，那么他必须告诉计算机要做什么，并把要执行的任务翻译成某种形式的指令表。这种构造指令表的行为称为编程。"

用程序设计语言编写的程序本质上是问题处理方案的一种描述。设计一些较大程序的一般方法、原则如下：

（1）按功能划分程序模块。划分程序模块，尽量使得模块的功能单一，以及各模块之间的联系尽量少。

（2）按层次组织模块。一般地，上层模块指出"做什么"，最底层的模块描述"如何做"的过程。

（3）采用自顶向下、逐步细化的设计过程。将一个复杂问题的求解过程分解、细化成若干模块组成的层次结构，将一个模块的功能逐步分解、细化为若干处理步骤，直到分解为某种程序语言的语句或某种机器指令为止。

【例 2-1】商品提价问题。商场经营者考虑商品的销售额、销售量的同时，也要考虑如何在短期内获得最大利润。这个问题与商品的定价有直接关系。定价低时，销售量大但利润小；定价高时，利润大但销售量减少。假设某商场销售的某种商品单价为 25 元，每年可销售 3 万件。设该商品的单价每提高 1 元，则销售量减少 0.1 万件。如果要使总销售收入不少于 75 万元，求该商品的最高提价。

该问题的数学模型建立方法如下：

（1）分析问题。

已知条件：单价 25 元×销售 3 万件=销售收入 75 万元；

约束条件 1：每件商品提价 1 元，则销售量减少 0.1 万件；

约束条件 2：保持总销售收入不少于 75 万元。

（2）建立数学模型。

设提价为 x 元，则提价后的商品单价为$(25+x)$元，提价后的销售量为$(30\,000 - 1000\,x)$件，并且$(25+x)(30\,000 - 1000\,x) \geqslant 750\,000$。

（3）编程求解。

对上述问题采用 Python 语言进行编程求解，程序如图 2-1 所示，程序运行结果如图 2-2 所示。可知，该商品的最高提价为 5 元。

```
x=0
Raising_list=[]
Earning_list=[]
while x<=30:
    Earning=(25+x)*(30000-1000*x)
    if Earning>=750000:
        Raising_list.append(x)
        Earning_list.append(Earning)
        print('提价',x,'元时',',销售收入为：',Earning,'元')
    x=x+1

print('最高提价为：',max(Raising_list))

Max_Earning=max(Earning_list)
print('最高的销售收入为：',Max_Earning,'元')

i=0
while i<len(Earning_list):
    if Earning_list[i]==Max_Earning:
        print('提价为',Raising_list[i],'元时',',销售收入最高，为：',Max_Earning,'元')
    i=i+1
```

图 2-1   商品提价计算程序

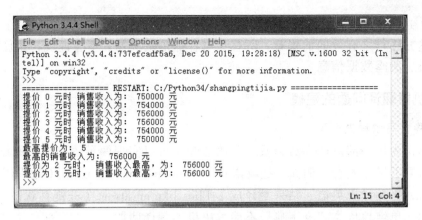

图2-2 商品提价计算结果

2.4 建模案例

运用计算思维解决问题的一个关键步骤是：对问题进行抽象。抽象的主要方式是建立问题的数学模型。本节通过两个案例来说明数学模型的建立过程。

2.4.1 安全多方计算问题的建模

安全多方计算是指两方或者多方参与他们各自私密输入数据同时不让其他方知道自己输入数据的计算。下面的例2-2是一个安全多方计算的例子。

【例2-2】经过市场调查后，A公司决定扩大在某些地区的市场投资以获取丰厚的回报。此时，A公司了解到B公司也在扩大这一地区的投资份额。但是，两个公司都不想在相同地区互相竞争，所以他们都想在不泄露市场位置信息的情况下，知道他们的市场地区是否有重叠。信息的泄露可能会导致公司很大的损失，例如，另一家对手公司知道A和B公司的扩展地区之后，可能会提前行动占领市场；又如，房地产公司知道A和B公司的扩展计划后，提前提高当地的房租等。所以，A公司和B公司需要一种方法在保证私密的前提下解决这个问题。

美国数学教授David Gale提出了如例2-3所示的一个安全多方计算案例和解决该问题的一个数学模型。

【例2-3】假设一个班级的大学同学毕业10年后聚会，大家想了解毕业后同学们的平均收入水平。但是基于各种原因，每个人都不想让别人知道自己的真实收入情况。是否有一个方法，在每个人都不会泄露自己收入的情况下计算出大家的平均收入？

下面的方法能够解决该问题。让同学们围坐在一桌，先任意挑选一个人，允许这个人在自己的收入 N_1 上加上一个随机数 X 得到 S，并将 S 传递给邻座的同学；邻座的同学在数值 S 上加上自己的收入 N_2，把这个和作为 S 的新值，并把 S 的新值传递给下一个人；依次进行下去，最后一个人在收到的数上加上自己的收入后传递给第一个人。此时，第一个人把从最后一个人那里得到的数值 S 减去开始使用的随机数 X，便可得到所有人的收入之和。该和除以参与人数即为大家的平均收入。上述方法的数学模型为 Average=$(S-X)/n$，其中 Average 为平均收入，S 为最后一个人传递给第一个人的数值，X 为初始随机数，n 为参与人数。

上述方法行之有效的前提是：所有参与者都是诚实的，不会说谎，并且他们之间不会串通、泄露数据信息。

2.4.2 机器翻译问题的建模

1. 隐含马尔科夫模型

早期认为用一部双向字典以及一些语法知识可以实现两种语言文字的机器互译。然而，结果不尽如人意。例如，把英语句子 Time flies like an arrow.（光阴似箭）翻译成日语后，再翻译成英语，结果翻译成了 Flies like an arrow.（苍蝇喜欢箭）。上述的问题表明，单纯地依靠"查字典"不能解决机器翻译问题。

20 世纪初，俄罗斯数学家 Andrey Markov 把语言中句子的统计概率简化为二元模型，称为隐含马尔可夫模型。隐含马尔可夫模型作为一种统计分析模型，广泛用于语音识别、文字识别、信号处理、行为识别等领域。以语音识别为例，当观测到语音信号为 O_1, O_2, O_3 时，要根据这组信号推测出发送的句子是 S_1, S_2, S_3。所推出的句子 S_1, S_2, S_3 是所有可能的句子中可能性最大的。该问题用数学语言可描述成：在已知 $O_1, O_2, O_3, \cdots$ 的情况下，求使得概率 $P(S_1, S_2, S_3, \cdots | O_1, O_2, O_3, \cdots)$ 取得最大值的句子 $S_1, S_2, S_3, \cdots$。借助贝叶斯公式并省略一个常数项，可将问题转化成

$$P(O_1, O_2, O_3, \cdots | S_1, S_2, S_3, \cdots) \times P(S_1, S_2, S_3, \cdots) \qquad （2-1）$$

式中，$P(O_1, O_2, O_3, \cdots | S_1, S_2, S_3, \cdots)$ 表示某句话 $S_1, S_2, S_3, \ldots$ 被读成 $O_1, O_2, O_3, \cdots$ 的可能性，$P(S_1, S_2, S_3, \cdots)$ 表示字串 $S_1, S_2, S_3, \cdots$ 成为合理句子的可能性。假设：

（1）$S_1, S_2, S_3, \cdots$ 是一个马尔可夫链，即 S_i 只由 S_{i-1} 来决定。

（2）第 i 时刻接收的信号 O_i 只由发送信号 S_i 决定，即

$$P(O_1, O_2, O_3, \cdots | S_1, S_2, S_3, \cdots) = P(O_1 | S_1) \times P(O_2 | S_2) \times P(O_3 | S_3) \cdots \qquad （2-2）$$

使用维特比算法求出式（2-2）的最大值，进而找到要识别的句子 $S_1, S_2, S_3, \cdots$。满足上述两个假设的数学模型称为隐含马尔可夫模型。$P(O_1, O_2, O_3, \cdots | S_1, S_2, S_3, \cdots)$ 在语音识别中称为"声学模型"，在机器翻译中称为"翻译模型"，$P(S_1, S_2, S_3, \cdots)$ 称为语言模型。

在式（2-2）中，如果把 $S_1, S_2, S_3, \cdots$ 当成中文，把 $O_1, O_2, O_3, \cdots$ 当成对应的英文，那么就可以使用这个模型解决机器翻译问题。

2. N 元文法模型

20 世纪 70 年代初，美国计算机科学家 Fred Jelinek 用两个隐含马尔科夫模型建立了统计语音识别数学模型，使得语音识别有了实用的可能性。常用的统计语言模型有 N 元文法模型、最大熵模型等。

N 元文法模型是一种依赖于上下文环境概率分布的统计语言模型。以 $N=2$ 为例，当一个句子的片段为"他正在打……"时，下一个词可以是"篮球""节奏""灯笼"等，而不可能是"漂亮""跳高""认真"等。自然语言中，后一个词的出现依赖于前一个词的出现。假设一个语句 S 中第 i 个词 W_i 出现的概率依赖于它前面的 $i-1$ 个词，

这样的语言模型称为 N 元文法模型。

语句 S 出现的概率 $P(S)$ 等于每一个词 W_i 出现的概率相乘。语句 S 出现的概率 $P(S)$ 可展开为

$$P(S) = P(W_1)P(W_2 \mid W_1)P(W_3 \mid W_1W_2)\cdots P(W_n \mid W_1W_2\cdots W_{n-1}) \quad （2\text{-}3）$$

式中，$P(W_1)$ 表示第一个词 W_1 出现的概率，$P(W_2 \mid W_1)$ 是在已知第一个词的前提下第二个词 W_2 出现的概率，$P(W_3 \mid W_1W_2)$ 是在已知第一词和第二个词的前提下第三个词 W_3 出现的概率，依此类推。为了将问题进行简化，采用马尔科夫假设，即任一个词 W_i 的出现仅与它前面的词 W_{i-1} 有关，这样语句 S 出现的概率为

$$P(S) = P(W_1)P(W_2 \mid W_1)P(W_3 \mid W_1W_2)\cdots P(W_n \mid W_1W_2\cdots W_{n-1})$$

$$\approx \prod_{i=1}^{n}P(W_i \mid W_{i-1}) \quad （2\text{-}4）$$

式中，符号 $\prod_{i=1}^{n}P(\cdots)$ 表示概率的连乘。接下来的问题是估算 $P(W_i \mid W_{i-1})$。基于大量的机读文本语料库，可以数一数这对词 (W_{i-1}, W_i) 在统计文本中出现的次数以及 W_{i-1} 在同样文本中前后相邻出现的次数，两者相除便可得 $P(W_i \mid W_{i-1})$ 的估计值。

简单地说，N 元文法模型的思想是：句子 S 翻译成句子 F 的概率是 S 中每一个词语翻译成 F 中对应词语概率的乘积。

【例 2-4】汉语拼音输入法中的"音-字转换"问题。连续输入汉语拼音 nixianzaiganshenme 时，如图 2-3 所示，可能对应多种转换结果（这里只列出一部分）。各结点之间形成了复杂的网络结构，从开始到结束的任意一条路径都是可能的转换结果。从这些转换结果中选择最合适的结果，可以使用 N 元文法模型。

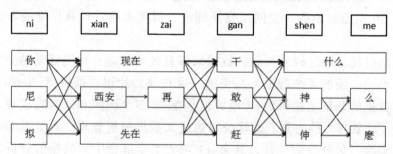

图 2-3　音-字转换过程

可以发现，"你现在干什么"是所有可能分词中最有可能的一种，即所有词组中概率值的乘积最大。如果穷举所有可能的分词，计算每种分词的概率值，这个计算量很大。所以，常采用动态规划的算法思想来求解 $P(S)$。

📚 2.5　计算思维的应用

随着社会进步和发展，人类对于计算思维的运用越来越普及。

早期修建一所房子，整个建筑的构思可能就在主持人的脑子里面；但是随着工程

规模的不断扩大，这种靠记忆来设计和规划建筑的方式越来越不适应，因此需要有施工图纸，施工图纸就是关于房子的形式化的表达方式，这种方式使得人们可以相互沟通设计的思想，共同组织工程的实施。思维从人的头脑中解放出来，成为一种有形的东西，大家可以共同参与和丰富思维过程，当然，这种工程图纸是需要符合计算思维所具有的有限性、确定性和机械性特征的。这就是计算思维给人们带来的益处，也是人们对于计算思维的认识不断深化的结果。

在许多不同的科学领域，无论是自然科学还是社会科学，底层的基本过程都是可计算的，可以从计算思维的新视角进行分析。其中，"人类基因组计划"是一个典型案例。

用数字编码技术来解析 DNA 结构的研究是计算思维的一个具体应用，其为分子生物学带来了一场革命。将有机化学的复杂结构抽象成 4 个字符组合而成的序列后，研究人员就可以将 DNA 看作一长串信息编码。DNA 结构实际就是控制有机体发育过程的指令集，而编码是这一指令集的数据结构，基因突变类似于随机计算，细胞发育和细胞间的相互作用可视为协同通信的一种形式。沿着这一思路，研究人员已经在分子生物学领域取得了长足的进展，最具代表性成绩就是"人类基因组计划"中包括的人体内全部 DNA 解码、基因测序并绘制人类基因图谱、开发基因信息分析工具等一系列任务的圆满完成。

在社会科学若干问题的研究进展中，计算思维也表现出了强大的力量。例如，社会心理学家米尔格拉姆 1967 年的实验结果——"六度分隔"（Six Digress of Separation），在 1998—2000 年间得到了具有计算思维风格的理论解释，并在 2005 年前后得到了进一步验证。"六度分隔"理论说的是，最多通过 5 个中间人就能认识任何一个陌生人。社会学家在 20 世纪提出的一套网络交换理论，近年来通过计算思维的方法也得到了重要发展。

在大数据时代，通过研究、分析数据来解释现实活动、预测活动结果。例如，根据英国同名小说改编的《纸牌屋》是美国一家在线影片租赁提供商 Netflix 在分析大量用户习惯数据的基础上拍摄的。《纸牌屋》在 40 多个国家和地区大获成功，电影人清晰地看到了"数据"的力量。微软公司通过大数据分析处理，对奥斯卡金像奖做出"预言"，结果除"最佳导演"外，其余 13 项大奖全部命中。数据的分析与预测，需要对数据建立数学模型、设计算法、编写程序来实现分析与预测。所以，数据分析与预测的过程也是计算思维的一种巧妙应用。

2013 年的诺贝尔物理学奖、生理学或医学奖都与"计算"有关，化学奖的主要成果"复杂化学系统多尺度模型的创立"，这便是一个典型的用计算思维的方式——结构和算法的过程得到科学新发现的实例。在分子生物学领域取得的研究进展中，计算和计算思维已经成为其核心内容。

如今在研究许多复杂的物理过程（如群鸟行为）时，最佳方式也是将其理解为一个计算过程，然后运用算法和复杂的计算工具对其进行分析。从计算金融学到电子贸易，计算思维已经渗透到整个经济学领域。随着越来越多的档案文件归入各种数据库中，计算思维正在改变社会科学的研究方式。甚至音乐家和其他艺术家也纷纷将计算视为提升创造力和生产力的有效途径。

总的来说，计算思维为人们提供了理解自然、社会以及其他现象的一个新视角，给出了解决问题的一种新途径，强调了创造知识而非使用信息，提高了人们的创造和创新能力。

小　结

《高等学校计算机科学与技术专业人才专业能力构成与培养》给出了计算思维能力的 9 个能力点：问题的符号表示（Symbolic Problem）、问题求解过程的符号表示（Symbolic Problem Solving Process）、逻辑思维（Logical Thinking）、抽象思维（Abstract Thinking）、形式化证明（Formal Proof）、建立模型（Modeling）、实现类计算（Implement Category Computing）、实现模型计算（Implement Modeling Computing）、利用计算机技术（Develop Solutions with Computer）。这些能力应当是当代大学生所具备的。

如今，计算机早已走出计算学科，并不断与其他学科形成新的学科。例如，社会计算、计算物理、计算化学、计算生物学等。计算思维也随之走出计算学科。所以广义上计算思维是指"走出计算学科之计算思维"。适应更大范围的人群的研究、生产、生活活动，甚至追求在人脑和电脑的有效结合中取长补短，以获得更强大的问题求解能力。

计算思维反映了计算机的原理，体现了基于计算机的问题求解思路与方法，无论是计算机专业还是非计算机专业学生，进行计算思维能力的培养必将有助于创新能力的提高，为未来应用计算手段进行学科的研究与创新奠定坚实的基础。

习　题

一、填空题

1. 实证思维、逻辑思维和_____是人类认识世界和改造世界的基本思维。
2. 计算思维是_____。

二、简答题

1. 计算思维的特征有哪些？
2. 计算思维、实证思维和逻辑思维三种思维方式有什么不一样？
3. 简述计算思维的现实意义。
4. 利用计算机解决实际问题的一般过程是怎样的？

三、思考题

1. 请举一个现实生活中有关计算思维的例子。
2. 假如你有 n（$n \geqslant 2$）枚硬币，并知道其中有一枚假币，这枚假币的重量比真币要轻。请问：你如何可以找出这枚假币？

3. 老鼠走迷宫问题：一只老鼠在一个 $n×n$ 迷宫的入口处，它想吃迷宫出口处的奶酪。问这只老鼠能否吃到奶酪？如果可以吃到，请给出一条从入口到奶酪的路径。图 2-4 所示为一个 10×10 的迷宫。

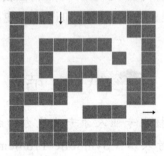

图 2-4　一个 10×10 的迷宫

4. 查阅有关计算机与其他学科交叉形成的研究领域的资料，写一篇读后感。

简单数据的表示 《《

▶ 第 3 章

内容介绍：

计算机以数字形式表示数据，以数字方式处理在计算机中发生的每件事情，即使是文本、图形、图像、声音、动画、动态影视数据也不例外。能够进行算术运算得到明确数值概念的数字数据称为数值数据，而数字化的文本、声音、图像等数据称为非数值数据。本章主要介绍数据在计算机中的存储形式。

本章重点：

- 数据在计算机中的表示。
- 进位计数制及相互转换。
- 数值数据在计算机中的表示。
- 字符在计算机中的表示。
- 多媒体数据的表示。

3.1 概　　述

数据是指能够输入计算机并被计算机处理的数字、字母和符号的集合。平常所看到的景象和听到的事实，都可以用数据来描述。数据经过收集、组织和整理就能成为有用的信息。

计算机中所有的数据都是以二进制方式存储的。采用二进制而不采用人们熟悉的十进制数来存取和处理数据，其主要原因是：

（1）二进制数只使用数字符号 0 和 1，可用两种简单的物理状态来实现。例如，晶体管导通为 1，截止为 0；高电压为 1，低电压为 0；灯亮为 1，灯灭为 0。计算机采用具有两种不同稳定状态的电子或磁性器件表示 0 和 1。由于二进制状态简单，比十进制容易实现，数据传送不易出错，因此工作可靠。

（2）二进制数的运算比十进制数的运算简单。二进制数的"和"与"积"的运算法则为：

加法运算法则：　　　0+0=0　　　0+1=1　　　1+0=1　　　1+1=10
乘法运算法则：　　　0×0=0　　　0×1=0　　　1×0=0　　　1×1=1

这种运算规则大大简化了计算机中实现运算的线路。实际上在计算机中减法可用加法电路来实现、乘法及除法都可以分解为加法和移位运算来完成。

（3）采用二进制可以进行逻辑运算，使逻辑代数和逻辑电路成为计算机电路设计的数学基础。

如前所述，在计算机中采用具有两种稳定状态的电子器件表示 0 和 1，每个电子器件就代表了二进制中的一位。因此，位（bit）是计算机中的最小信息单位，若干电子器件的组合能同时存放许多个二进制数。通常将 8 个二进制位称为一个字节（Byte），字节是信息的基本单位。一个字节可以表示 2^8=256 种状态，它可以存放一个无符号整数（0～255 范围内），或一个英文字母的编码。在计算机中通常以字节为单位表示文件或数据的长度及存储容量的大小。数据在计算机中不能直接以十进制形式存储，而是以二进制的形式保存的。本章主要讨论在计算机中各种常用的数制系统和各种编码方式，以及数据在计算机中的存储和表示。

3.2 数值数据的表示

3.2.1 数制

在日常生活中，人们最熟悉的是十进制数据。从小我们就开始学习十进制数制系统了。事实上，我们也会与其他数制系统打交道。例如时间的计数，60 分钟就为一小时，为六十进制数制。前人有半斤八两之说，即 16 两就计为 1 斤，又为十六进制数制。当然还有其他进制。在计算机中数据的存储和运算采用的是二进制数。

数据无论采用哪种进制数制，都包含两个基本要素：基数和位权。在数制系统中，把用来计数的符号的个数称为基数。把表示数的大小的数位称为位权，其值等于以基数为底，数字符号所在位置的序号为指数的整数次幂。

1．十进制数

十进制数具有以下特点：

（1）基数为 10，表示数的符号有 0、1、2、3、4、5、6、7、8、9。

（2）逢十进一。

（3）按权展开。

十进制数制系统采用 10 个数字符号：0、1、2、3、4、5、6、7、8、9 来表示所有的十进制数据，这 10 个数字符号本身代表了确定的值。但在一个多位数中，数字在数中的位置不同，它所表示的大小是不同的。例如，529.65 可表示为

$$529.65=5 \times 10^2+2 \times 10^1+9 \times 10^0+6 \times 10^{-1}+5 \times 10^{-2} \tag{3-1}$$

在这个数中，同是数字 5，但表示的大小是不同的，一个表示 500，而另一个则表示 0.05。

我们把式（3-1）称为按权展开式。

对于任何一个十进制数 N，设其整数部分有 $n+1$ 位，小数部分有 m 位，于是该十进制数的一般表达式为

$$N=A_n \times 10^n+A_{n-1} \times 10^{n-1}+\cdots+A_1 \times 10^1+A_0 \times 10^0+A_{-1} \times 10^{-1}+\cdots+A_{-m} \times 10^{-m}$$

式中，A_n，A_{n-1}，$\cdots$，A_1，A_0，$\cdots$，A_{-m} 等表示 0，1，2，$\cdots$，9 之中的任何一个数字。

十进制数的这些特点可以运用到其他任意进制的数制系统。由此可以得出 J 进制数的特点如下：

（1）基数为 J，用符号 0，1，2，3，…，$J-1$ 表示所有的数据。

（2）逢 J 进一。

（3）可按权展开。

$$A_n J^n + A_{n-1} J^{n-1} + \cdots A_1 J^1 + A_0 J^0 + A_{-1} J^{-1} + A_{-2} J^{-2} + \cdots A_{-m} J^{-m}$$

2．二进制数

二进制数也有 3 个特点：

（1）基数为 2，用 0、1 两个符号表示所有的二进制数。

（2）逢二进一。

（3）按权展开。

二进制数的基数为 2，它用 0、1 两个记数符号表示所有的数据。同十进制数一样，处于一个二进制数中不同位置的 0 或 1，代表的实际值也是不一样的，要乘上一个以 2 为基数的幂指数值。例如，二进制数 110110.1 所表示的数的大小为

$$(110110.1)_2 = 1 \times 2^5 + 1 \times 2^4 + 0 \times 2^3 + 1 \times 2^2 + 1 \times 2^1 + 0 \times 2^0 + 1 \times 2^{-1} = (54.5)_{10} \qquad (3\text{--}2)$$

可见二进制数 110110.1 和十进制数 54.5 的大小是同一个值，只不过它们采用不同的表示方法而已。

式（3–2）也展示了不同进制的数出现在同一表达式中的一种表示方法。在数制系统的描述中常用 ( )_J 来表示 J 进制，如上例中 $(54.5)_{10}$ 表示十进制数 54.5，而 $(110110.1)_2$ 则表示二进制数 110110.1，即括号内的数是数值本身，括号外的下标表示的是进制。

概括而言，一个二进制数按权展开为

$$A_n \times 2^n + A_{n-1} \times 2^{n-1} + \cdots + A_1 \times 2^1 + A_0 \times 2^0 + A_{-1} \times 2^{-1} + \cdots + A_{-m} \times 2^{-m}$$

式中，A_n、A_{n-1}、…、A_1、A_0、…、A_{-m} 表示 0 或 1。

3．八进制数

八进制数也具有如下 3 个特点：

（1）基数为 8。

（2）逢八进一。

（3）按权展开。

八进制数的基数为 8，采用 0、1、2、3、4、5、6、7 共 8 个符号来表示所有的八进制数据。在用八进制计数时，每位计满 8 之后就向高位进一，即"逢八进一"。

一般地，一个八进制数按权展开为

$$A_n \times 8^n + A_{n-1} \times 8^{n-1} + \cdots + A_1 \times 8^1 + A_0 \times 8^0 + A_{-1} \times 8^{-1} + \cdots + A_{-m} \times 8^{-m}$$

式中，A_n，A_{n-1}，…，A_1，A_0，…，A_{-m} 表示 0，1，2，3，…，7 中的任意一个。

4．十六进制数

十六进制数也具有如下 3 个特点：

（1）基数为 16。

（2）逢十六进一。

（3）按权展开。

十六进制数的基数为 16，采用 0、1、2、3、4、5、6、7、8、9、A、B、C、D、E、F 共 16 个符号来表示所有的十六进制数据，其中 A 表示十进制数中的 10，B 表示 11，C 表示 12，D 表示 13，E 表示 14，F 表示 15。在用十六进制计数时，每位计满 16 之后就向高位进一，即"逢十六进一"。一般地，一个十六进制数按权展开为

$$A_n \times 16^n + A_{n-1} \times 16^{n-1} + \cdots + A_1 \times 16^1 + A_0 \times 16^0 + A_{-1} \times 16^{-1} + \cdots + A_{-m} \times 16^{-m}$$

式中，A_n，A_{n-1}，$\cdots$，A_1，A_0，$\cdots$，A_{-m} 表示 0，1，$\cdots$，A，B，C，D，E，F 中的任意一个。

总之，同一数据在不同的数制系统中，其表现形式是不同的，对应情况如表 3-1 所示。

表 3-1 数制对照表

十 进 制	二 进 制	八 进 制	十 六 进 制
0	0000	0	0
1	0001	1	1
2	0010	2	2
3	0011	3	3
4	0100	4	4
5	0101	5	5
6	0110	6	6
7	0111	7	7
8	1000	10	8
9	1001	11	9
10	1010	12	A
11	1011	13	B
12	1100	14	C
13	1101	15	D
14	1110	16	E
15	1111	17	F
16	10000	20	10

3.2.2 不同数制间的转换

人们对十进制数很熟悉，而对其他进制的数比较陌生。例如，二进制数 111111111，这么长一串数字，用十进制表示只有 511。在不同的场合可能会用到不同进制的数据，但为了便于人们的理解，需要在不同进制之间进行数据转换。

1. 十进制数转换成二进制数、八进制数及十六进制数

把十进制数转换成 N 进制的数有一个共同的规则：

整数部分采用"除 N 取余法"，即将十进制数除以 N，把除得的商再除以 N，如此反复，直到商为 0，然后将每次相除所得的余数倒序排列；第一个余数为最低位，这样得到的数就是转换之后的 N 进制数。

小数部分采用"乘 N 取整法"，即将十进制数的小数部分乘以 N，得到一个整数部分和一个小数部分；再用 N 乘以小数部分，又得到一个小数部分和一个整数部分，继续这个过程，直到余下的小数部分为 0 或满足精度要求为止。最后将每次得到的整数部分从左到右排列即得到所对应的 N 进制小数。

1）十进制数转换为二进制数

转换规则为：整数部分除 2 取余，一次次相除，直到商为零，最后一次得到的余数为最高位。小数部分乘 2 取整，然后把所得的小数部分再次乘以 2，取其乘积的整数部分，如此反复，直到最后小数部分为 0 或满足精度要求，将每次乘得的整数部分按从左到右顺序排列。

【例 3-1】将十进制数 205.625 转换为二进制数。

整数部分的转换为

205 →102 →51 →25 →12 →6 →3 →1 →0（每次除以 2，直到余数为 0）

余数   1   0   1   1   0   0   1   1

余数把所得的余数倒序排列为 11001101，它就是十进制数 205 所对应的二进制数。

小数部分的转换为

整数部分

$$0.625 \times 2 = 1.25 \qquad 1$$
$$0.250 \times 2 = 0.500 \qquad 0$$
$$0.500 \times 2 = 1.00 \qquad 1$$
$$0.000 \qquad\qquad 转换结束$$

把转换后的整数部分顺序排列为 101，这就是 0.625 转换后的二进制数。这样 206.625 所对应的二进制数为 11001101.101。

再如，十进制数 157 经转换后的二进制数为 10011101，0.8125 经转换后的二进制数为 0.1101，大家可自己练习转换。

2）十进制数转换为八进制数

转换规则与十进制数转换为二进制数相似。整数部分除 8 取余，辗转相除，直到商为零，倒数排列（余数）；小数部分乘 8 取整，然后把所得的小数部分再次乘以 8，取其乘积的整数部分，如此反复，直到最后小数部分为 0 或满足精度要求，将每次乘得的整数部分顺序排列。

例如，十进制数的 273 转换为八进制数，把所得的余数倒序排列为 421，这就是十进制数 273 所对应的八进制数。

转换小数方法与把十进制数转换为二进制数的方法一样。

3）十进制数转换为十六进制数

转换规则为：整数部分除 16 取余，辗转相除，直到商为零，倒数排列（余数）；小数部分乘 16 取整，然后把所得的小数部分再次乘以 16 取其乘积的整数部分，如此反复，直到最后小数部分为 0 或满足精度要求，将每次乘得的整数部分顺序排列。

具体转换情况请参考十进制数转换为二进制数或八进制数的情况，此处不再举例。

2．二、八、十六进制数转换成十进制数

把任意的 N 进制数转换成十进制数非常简单，只需要把 N 进制数按权展开并计算出展开式的结果就可以了。

1）二进制数转换为十进制数

把要转换的二进制数按权展开求和即可。例如，把 111010.101 转换为十进制数

$$(111010.101)_2 = 1 \times 2^5 + 1 \times 2^4 + 1 \times 2^3 + 0 \times 2^2 + 1 \times 2^1 + 0 \times 2^0 + 1 \times 2^{-1} + 0 \times 2^{-2} + 1 \times 2^{-3}$$
$$= 32 + 16 + 8 + 2 + 0.5 + 0.125 = (58.625)_{10}$$

2）八进制数转换为十进制数

把要转换的八进制数按权展开求和即可。例如，把 257.34 转换为十进制数

$$(257.34)_8 = 2 \times 8^2 + 5 \times 8^1 + 7 \times 8^0 + 3 \times 8^{-1} + 4 \times 8^{-2}$$
$$= 128 + 40 + 7 + 0.375 + 0.0625 = (175.4375)_{10}$$

3）十六进制数转换为十进制数

把要转换的十六进制数按权展开求和即可。例如，把 2EC.F 转换为十进制数

$$(2EC.F)_{16} = 2 \times 16^2 + 14 \times 16^1 + 12 \times 16^0 + 15 \times 16^{-1}$$
$$= 512 + 224 + 12 + 0.9375$$
$$= (748.9375)_{10}$$

3．二进制与八、十六进制数之间的转换

二进制数、八进制数、十六进制数实质上都是同一类数，它们可视为本质相同的数的不同表示，其间的相互转换也十分简单。

1）二进制数与八进制数之间的转换

3 位二进制数即可表示八进制数的所有数字符号，把二进制数转换为八进制数的规则是：只需把二进制数从低位开始，每 3 位一分节，并计算出分节后的数字。小数部分，则从高位开始，每 3 位一分节，如果最后不足 3 位，则在最后补 0 加够 3 位，然后把相应的节转换成八进制数。例如，把 1111010101 转换为八进制数

$$(\ 1\ 111\ 010\ 101)_2 = (1725)_8$$

可知 1111010101 所对应的八进制数为 1725。再如，把二进制数 101111.1011111 转换为八进制数

$$(101\ 111.\ 101\ 111\ 1)_2 = (57.574)_8$$

可知 101111.1011111 所对应的八进制数 57.574。

把八进制数转换为二进制数是一个相反的过程，只需把每一个八进制数转换为它所对应的二进制数即可。例如，把 347.56 转换为二进制数

3	4	7.	5	6
011	100	111.	101	110

即 347.56 所对应的二进制数为 11100111.10111。

2）二进制数与十六进制数之间的转换

4 位二进制数即可表示所有组成十六进制数的数字符号，所以在把二进制数转换为十六进制数时，只需把二进制数从低位开始，每 4 位一分节，并计算出分节后的数

字。小数部分则从高位开始，每 4 位一分节，如果最后不足 4 位则补 0 加够 4 位，然后把相应的节转换成十六进制数。例如，把 101001111.101001011 转换为十六进制数

$$(1\ 0100\ 1111.\ 1010\ 0101\ 1)_2 = (14F.A58)_{16}$$

把十进制数转换为二进制数，有时先把十进制数转换为十六进制数，再把所得到的十六进制数转换为二进制数，这样既快又不容易出错。

在进行八进制数和十六进制数之间的转换时，往往利用二进制数作为中转，即先把要转换的数转换为二进制数，再把所得的二进制数转换为目标数据。

为了区分不同数制表示的数，在书写时人们往往采用字母 B（Binary number）表示二进制数，用字母 O（Octal number）表示八进制数，用字母 D（Decimal number）表示十进制数，用字母 H（Hexadecimal number）表示十六进制数。但在实际使用时，为了避免与数字 0 的混淆，用 Q 来表示八进制数，例如：

$(111011101)_2$ 表示为 111011101B；

$(114325151)_8$ 表示为 114325151Q；

$(4734732181)_{10}$ 表示为 4734732181D；

$(1FEF)_{16}$ 表示为 1FEFH。

值得注意的是，很多关于计算机的书都采用了这种表示方式。

3.2.3　计算机中数值数据的表示

1. 真值和机器数

在实际运算过程中所处理的数据有正有负，这种带符号的数据通常在绝对值前加"+""−"符号来表示。在计算机中，符号数的"+""−"号可用一位二进制的 0 和 1 两个状态来表示：0 代表"+"；1 代表"−"，也就是可将数的符号也进行数码化。这种在机器中使用的包括符号在内都数码化的数称为机器数，而把它所代表的实际值称为机器数的真值，例如，八位二进制数 01101100、10010011 分别是真值 +1101100 和 −0010011 的机器数。

机器数的重要特点是：

（1）机器数的位数是固定的，能表示的数值范围受到机器字长位数的限定。例如，某种字长为 16 位的计算机，能表示的无符号整数范围为 0～65 535（0～2^{16}−1）。如果计算机运算的结果超出了机器数能表示的范围，就会产生"溢出"，计算机就会停止运行，进行溢出处理。

（2）机器数的正、负用 0 和 1 表示。前面的数没有考虑其符号的问题，所以称为无符号数。在实际应用中，数总是有正负的，在计算机数的表示中，通常把高位作为符号位，其余位作为数值位，并规定用 0 表示正数，用 1 表示负数。因此，机器数是连符号一起数字化了的。例如，+79 和 −79 可分别表示为

$$(+79) = (01001111)_2$$
$$(-79) = (11001111)_2$$

在计算机中，二进制数的存储单位如下：

bit（位）：能够存放一个二进制数的 0 或 1。

Byte（字节）：存放 8 位二进制数，即 1Byte＝8bit，用 1B 表示。

KB（千字节）：1 KB=1024 B=2^{10}B。

MB（兆字节）：1 MB=1024 KB=2^{20}B。

GB（吉字节）：1 GB=1024 MB=2^{30}B。

TB（太字节）：1 TB=1024 GB=2^{40}B。

2．定点数和浮点数

1）定点数

（1）定点小数的表示方法。

定点小数是指小数点准确固定在数据某个位置上的小数，可写成

$$N = N_s N_{-1} N_{-2} \cdots N_{-m} \quad （小数点位置在 N_s 之后）$$

N_s：符号位，0 表示正号；1 表示负号

$n+1$ 位定点小数的表示范围为 $|N| \leqslant 1-2^{-n}$。

（2）定点整数的表示方法。

$$N = N_s N_n N_{n-1} N_{n-2} \cdots N_2 N_1 N_0 \quad （小数点位置在 N_0 之后）$$

$n+1$ 位带符号的二进制整数的表示范围为 $|N| \leqslant 2^n-1$；

$n+1$ 位不带符号的二进制整数的表示范围为 $0< N \leqslant 2^{n+1}-1$。

2）浮点数

浮点数的表示方法：$N = M \cdot R^E$，对于二进制，$N = 2^E M = \pm 2^{\pm E}M$。

M：浮点数的尾数；R：阶的基数；E：阶码。

浮点数的格式：

e_s	e	m_s	m

其中，e 表示阶码；e_s 表示阶符；m 表示尾数；m_s 表示数符。

浮点表示是用尾数表示数的有效位数，用阶码表示数的数值范围。有效位数越多，表示数的精度越高。在浮点运算中，为了增加有效数字的位数以提高精度，要使尾数的有效数字尽可能占满尾数 m 位。因此，必须经常对浮点数进行规格化操作——使尾数最高位置有非 0 的数字，最重要的标志是尾数的符号和最高位具有不同的代码（补码表示）。对于原码尾数，无论是正数、负数，规格化的标志都是尾数数值位的最高位为 1。

浮点运算过程中，一旦出现非规格化数，应连续进行尾数左移，直至符号位与数值位的最高位的值不同为止。同时从阶码中减去移位的位数。

正数规格化表示的补码尾数形式为：

$$0.1 \times \times \cdots \times \quad （一位符号位）$$

$$00.1 \times \times \cdots \times \quad （二位符号位）$$

负数规格化表示的补码尾数形式为：

$$1.0 \times \times \cdots \times \quad （一位符号位）$$

$$11.0 \times \times \cdots \times \quad （二位符号位）$$

对于正数，规格化后的最大补码尾数为 $00.11 \cdots 1$；最小补码尾数为 $00.10 \cdots 0$。

规格化补码尾数的表示范围为 $1/2 \leqslant m < 1$，$m \geqslant 0$。

对于负数，规格化后的最大补码尾数为 $11.0100 \cdots 0$；最小补码尾数为 $11.00 \cdots 0$。

规格化补码尾数的表示范围为 $-1 \leq m < -1/2$，$m < 0$。

因为浮点数表示数的范围比定点数大得多，所以数值计算采用浮点数表示。

【例 3-2】写出 $x=0.00100011 \times 2^{-3}$ 的规格化浮点数表示形式。

设阶码是 4 位补码（包括一位符号位），尾数是 8 位补码（包括一位符号位），基数为 2。

解：$x=0.00100011 \times 2^{-3}=0.100011 \times 2^{-5}$。

阶码是 -5 $[E]_{补}=[-5]_{补}=[-101]_{补}=1011$，

尾数是 0.100011，$[M]_{补}=01000110$。

机器中浮点数的表示形式是 1011 01000110。

尾数的符号与最高位相反，已是规格化数。

【例 3-3】某机器运算结果如下所示，阶码是基数为 2 的补码，尾数为 8 位定点小数（含符号位）。

$$\underset{\uparrow}{0110} \qquad \underset{\uparrow}{11111001}$$
$$\text{阶码} \qquad\qquad \text{尾数}$$

（1）若这个尾数是原码时，求其规格化表示形式。

（2）若这个尾数是补码时，求其规格化表示形式。

解：（1）尾数为原码时，数值位的最高位为 1，所以已是规格化数。

（2）尾数为补码时，尾数的符号位与数值位的最高位均为 1，不是规格化数，所以要进行规格化操作。尾数左移 4 位，阶码减 4。得到的规格化浮点数的形式为

$$\underset{\uparrow}{0010} \qquad \underset{\uparrow}{10010000}$$
$$\text{阶码} \qquad\qquad \text{尾数}$$

3）带符号数

如前所述，定点数有定点小数和定点整数之分，这里以定点小数为例说明定点数的原码、反码和补码的表示方法。

（1）原码的表示方法。

用定点数的最高位作为符号位表示符号：符号位为 0 表示该数为正；为 1 则表示该数为负，定点数的其余各位表示符号数的有效数值，为带符号的二进制数的绝对值。

现用 x 表示真值，$[x]_{原}$ 表示原码，则

$$x = 0.1000111 \qquad\qquad [x]_{原} = 01000111$$
$$x = -0.1000111 \qquad\qquad [x]_{原} = 11000111$$

用原码表示时，0 有两种表示形式，即

$$[+0]_{原} = 0.0000000 \quad , \qquad [-0]_{原} = 1.0000000$$

事实上数的真值和它的原码表示之间的对应关系很简单：

$$[x]_{原} = 符号位 + |x|$$

例如，$x = 0.1011$，$y = -0.1011$，则 $[x]_{原} = 0.1011$，$[y]_{原} = 1.1011$。

（2）补码的表示方法。

① 补码的概念。计算机中补码的概念来源于数学上的"模"和"补数"。

【例 3-4】现手表停在 10 点钟，而正确的时间应为 8 点，要校准时钟，可有两种办法，即顺时针方向正拨 10 个小时或逆时针方向倒拨 2 个小时。如果规定顺时针方向为正，逆时针方向为负，则

顺时针方向：10+10 = 12+8 = 8（mod 12）；

逆时针方向：10−2 = 8。

因为钟表的一周为 12 个小时，12 相当于钟表的进位值，在数学中称"模"，记作（mod 12）。例 3-4 中 10 和−2 对钟表而言它们的作用相同，则称 10 是−2 对于模 12 的补数。

补数是绝对值小于模的一个数值。若设模为 M，则一个数的补数$[x]_补$与模 M 的关系为

$$[x]_补 = x+m, |x| < M$$

对于例 3-4，可记作$[-2]_补 = -2+12 = 10$。

计算机中引入补码的概念正是利用补数的特点来快速执行任意带符号两数的加减运算。

② 零的补码表示。零的补码表示形式只有一种，即

$$[+0]_补 = [-0]_补 = 00000000$$

若为小数，则

$$[+0]_补 = [-0]_补 = 0.0000000$$

③ 补码与真值的关系。对于小数，补码与真值的关系为

$$[x]_补 = (10)_2 \times 符号位 + x_n$$

【例 3-5】$x = 0.1011$，$y = -0.1011$，求 x、y 和补码。

解：$[x]_补 = 10 \times 0 + 0.1011 = 0.1011$；

$[y]_补 = 10 - 0.1011 = 0.0101$。

（3）反码的表示方法。

用机器数的最高一位代表符号，若为负数则其余各位都取反的一种机器数表示方法称为反码。

零反码的表示

$$[+0]_反 = 0.0000000 ， [-0]_反 = 1.1111111$$

反码与真值的关系

$$[x]_反 = [(3-2^{-n})+x] \mod(3-2^{-n})$$

例如，$x = +0.1011$，$y = -0.1011$，则

$$[x]_反 = (3-2^{-4})+0.1011 = 0.1011 \mod(3-2^{-4})$$

$$[y]_反 = (3-2^{-4})-0.1011 = 1.0100$$

（4）原码、补码和反码之间的关系。

对于原码、补码、反码：

① 若真值为正，则 3 者相同 $[x]_原 = [x]_反 = [x]_补 = 0 \times \times \times \cdots \times$

② 若真值为负，则符号位均为 1，而尾数 3 者不同。

真值尾数作原码，按位求反即反码，求反加 1 得补码，补码求补复原码。

表 3-2 举出了真值数+1110101、−01000001 和−11111111 的原码、反码、补码的值。

表 3-2　原码、反码和补码举例

真值	+1110101	−01000001	−11111111
原码	01110101	101000001	111111111
反码	01110101	110111110	10000000
补码	01110101	110111111	10000001

3.2.4　计算机中的基本运算

电子计算机具有强大的运算能力，它可以进行两种运算：算术运算和逻辑运算。

1．二进制数的算术运算

二进制数的算术运算包括加、减、乘、除四则运算，下面分别予以介绍。

1）二进制数的加法

根据"逢二进一"规则，二进制数加法的法则为

$$0+0=0$$
$$0+1=1+0=1$$
$$1+1=0（进位为 1）$$
$$1+1+1=1（进位为 1）$$

例如，1110 和 1011 相加过程如下：

```
     1   1   1   0    被加数
+)   1   0   1   1    加数
-------------------------------
 1   1   0   0   1    和
```

2）二进制数的减法

根据"借一有二"的规则，二进制数减法的法则为

$$0-0=0$$
$$1-1=0$$
$$1-0=1$$
$$0-1=1（借位为 1）$$

例如，1101 减去 1011 的过程如下：

```
     1   1   0   1    被减数
-)   1   0   1   1    减数
-------------------------------
     0   0   1   0    差
```

3）二进制数的乘法

二进制数乘法过程可仿照十进制数乘法进行。但由于二进制数只有 0 或 1 两种可能的乘数位，导致二进制乘法更为简单。二进制数乘法的法则为：

$$0×0=0$$
$$0×1=1×0=0$$
$$1×1=1$$

例如，1001 和 1010 相乘的过程如下：

```
            1   0   0   1      被乘数
     ×）    1   0   1   0      乘数
   ─────────────────────────
            0   0   0   0
        1   0   0   1          部分积
    0   0   0   0
1   0   0   1
   ─────────────────────────
1   0   1   1   0   1   0      乘积
```

由低位到高位，用乘数的每一位去乘被乘数，若乘数的某一位为 1，则该次部分积为被乘数；若乘数的某一位为 0，则该次部分积为 0。某次部分积的最低位必须和本位乘数对齐，所有部分积相加的结果则为相乘得到的乘积。

4）二进制数的除法

二进制数除法与十进制数除法很类似。可先从被除数的最高位开始，将被除数（或中间余数）与除数相比较，若被除数（或中间余数）大于除数，则用被除数（或中间余数）减去除数，商为 1，并得相减之后的中间余数，否则商为 0。再将被除数的下一位移下补充到中间余数的末位，重复以上过程，就可得到所要求的各位商数和最终的余数。

例如，100110÷110 的过程如下：

```
            0   0   0   1   1   0      商
          ┌───────────────────────
  1   1   0│1   0   0   1   1   0
          │1   1   0
          ─────────────────────
            0   1   1   1
                1   1   0
          ─────────────────────
                1   0                  余数
```

所以，100110÷110＝110 余 10。

2．二进制数的逻辑运算

二进制数的逻辑运算包括逻辑加法（"或"运算）、逻辑乘法（"与"运算）、逻辑否定（"非"运算）和逻辑"异或"运算。

1）逻辑"或"运算

逻辑"或"又称逻辑加，可用符号"＋"或"∨"来表示。逻辑"或"运算的规则如下：

$$0+0=0 \text{ 或 } 0 \lor 0 = 0$$
$$0+1=1 \text{ 或 } 0 \lor 1 = 1$$
$$1+0=1 \text{ 或 } 1 \lor 0 = 1$$
$$1+1=1 \text{ 或 } 1 \lor 1 = 1$$

可见，两个相"或"的逻辑变量中，只要有一个为 1，"或"运算的结果就为 1。仅当两个变量都为 0 时，或运算的结果才为 0。计算时，要特别注意和算术运算的加法加以区别。

2）逻辑"与"运算

逻辑"与"又称逻辑乘，常用符号"×"或"·"或"∧"表示。"与"运算遵循如下运算规则：

$$0×1=0 \text{ 或 } 0·1=0 \text{ 或 } 0∧1=0$$
$$1×0=0 \text{ 或 } 1·0=0 \text{ 或 } 1∧0=0$$
$$1×1=1 \text{ 或 } 1·1=1 \text{ 或 } 1∧1=1$$

可见，两个相"与"的逻辑变量中，只要有一个为0，"与"运算的结果就为0。仅当两个变量都为1时，"与"运算的结果才为1。

3）逻辑"非"运算

逻辑"非"又称逻辑否定，实际上就是将原逻辑变量的状态求反，其运算规则如下：

$$\overline{0}=1$$
$$\overline{1}=0$$

可见，在变量的上方加一横线表示"非"。逻辑变量为0时，"非"运算的结果为1。逻辑变量为1时，"非"运算的结果为0。

4）逻辑"异或"运算

"异或"运算常用符号"⊕"或"∀"来表示，其运算规则为

$$0⊕0=0 \text{ 或 } 0∀0=0$$
$$0⊕1=1 \text{ 或 } 0∀1=1$$
$$1⊕0=1 \text{ 或 } 1∀0=1$$
$$1⊕1=0 \text{ 或 } 1∀1=0$$

可见，两个相"异或"的逻辑运算变量取值相同时，"异或"的结果为0。取值相异时，"异或"的结果为1。

以上仅就逻辑变量只有一位的情况得到了逻辑"与""或""非""异或"运算的运算规则。当逻辑变量为多位时，可在两个逻辑变量对应位之间按上述规则进行运算。特别注意，所有的逻辑运算都是按位进行的，位与位之间没有任何联系，即不存在算术运算过程中的进位或借位关系。下面举例说明。

【例3-6】如两变量的取值 $X=00FFH$，$Y=5555H$。求 $Z_1=X∧Y$；$Z_2=X∨Y$；$Z_3=\overline{X}$；$Z_4=X⊕Y$ 的值。

解：$X=0000000011111111$，$Y=0101010101010101$，则

$$Z_1=0000000001010101=0055H$$
$$Z_2=0101010111111111=55FFH$$
$$Z_3=1111111100000000=FF00H$$
$$Z_4=0101010110101010=55AAH$$

电子计算机算术运算及逻辑运算规则见表3-3。

表 3-3 二进制数据运算规则一览表

加　　法	减法	乘法	除法	"与"运算	"或"运算	"异或"运算
0+0=0	0−0=0	0×0=0	与十进制除法类似	按位进行"与"运算,两位均为1时,其结果为1,否则为0,"与"运算用符号"∧""×"或"."表示	按位进行"或"运算,两位中有一位为1时,其结果为1,两位均为0时,结果为0,"或"运算用符号"∨"或"+"表示	按位进行"异或"运算,两位不相同时,其结果为1.两位相同时,结果为0,"异或"运算用符号"⊕"或"∀"表示
0+1=1	1−0=1	0×1=0				
1+1=10有进位	1−1=0	1×0=0				
1+1+1=11有进位	0−1=1有借位	1×1=1				

3.3 计算机中字符数据的表示

3.3.1 ASCII 码

符号数据在计算机内是按照事先约定的编码形式存放的,"码"就是0和1的各种组合。所谓编码,就是用一连串二进制数码代表一位十进制数字或一个字符。编码工作由计算机在输入、输出时自动进行。一个编码就是一串二进制的0和1的组合。例如,可用0100101代表十进制数字1,用1000001代表大写英文字母A,用0100101代表百分号%等。

本来,不同公司生产的计算机,可以采用各自不同的编号表示数字和符号,但为了便于在不同类型的计算机中都能交换文档和信息,各种计算机对于相同的文字和数字符号就要采用相同的编码。否则,计算机不能互通信息。

目前,计算机中广泛使用的编码是ASCII码,即美国标准信息交换码(American Standard Code for Information Interchange),该编码被ISO采纳而成为一种国际通用的信息交换标准代码,即国际5号码。我国1980年颁布的国家标准《信息技术 信息交换用七位编码字符集》(GB/T 1988—1998)也是参照ASCII码制定的,它们之间只在极个别的地方存在差别。

标准ASCII码规定用7位来表示各种常用符号,即每个字符由7位二进制码组成,共有 2^7=128种不同编码,用来表示128个符号。ASCII的码值可用7位二进制代码或2位十六进制代码来表示,其排列次序为6543210,一个字符在计算机内实际是用1字节即8位二进制数表示,其最高位为0。

在计算机通信中,最高位常用作奇偶校验。以偶校验为例,选择最高位(第7位)为0或1,使得每个字符的编码中1的个数保持偶数个。例如,字符A的7位ASCII编码是1000001,则选最高位(第8位)为0,使得8位ASCII码为01000001,共有偶数个1;而字符*的ASCII编码为0101010,则选最高位(第8位)为1,其8位ASCII码变为10101010,共4个1,为偶数个1。具有偶校验的编码,只要发现该码中1的个数不是奇数,则说明该码有错误,可能是某位0变成了1,也有可能是某位1变成了0。奇校验同偶校验原理一样。在计算机通信中,常用奇校验或偶校验来判别信号在传送过程中是否发生了错误。表3-4是7位ASCII码字符集。

表 3-4　7 位 ASCII 码字符集

$b_6b_5b_4$ / $b_3b_2b_1b_0$	000	001	010	011	100	101	110	111
0000	NUL	DLE	SP	0	@	P	`	p
0001	SOH	DC1	!	1	A	Q	a	q
0010	STX	DC2	"	2	B	R	b	r
0011	ETX	DC3	#	3	C	S	c	s
0100	EOT	DC4	$	4	D	T	d	t
0101	ENQ	NAK	%	5	E	U	e	u
0110	ACK	SYN	&	6	F	V	f	v
0111	BEL	ETB	'	7	G	W	g	w
1000	BS	CAN	(	8	H	X	h	x
1001	HT	EM	)	9	I	Y	i	y
1010	LF	SUB	*	:	J	Z	j	z
1011	VT	ESC	+	;	K	[	k	{
1100	FF	FS	,	<	L	\	l		
1101	CR	GS	-	=	M	]	m	}
1110	SO	RS	.	>	N	^	n	~
1111	SI	US	/	?	O	-	o	DEL

常用字符的 ASCII 值可以从表 3-4 中查获, 每个字符的编码只需按位 6543210 排列, 然后译为十进制即可, 如:

字符 A 的 ASCII 码为 01000001, 其对应的十进制为 65。

字符 C 的 ASCII 码为 01000011, 其对应的十进制为 67。

字符 1 的 ASCII 码为 00110001, 其对应的十进制为 49。

从表 3-4 中可看出, 从 A～Z 的 26 个大写字母, 其编码是用从 01000001～01011010 (十进制的 65～90) 的 26 个连续代码来表示的。而 0～9 的数字, 则是用从 00110000～00111001 (十进制的 48～57) 的 10 个连续代码来表示。

在表 3-4 中, ASCII 为 0～31 和 127 (即 NUL～US 和 DEL) 的 33 个符号是不可显示的字符, 它们一般用于数据通信时的传输控制, 打印或显示时的格式控制, 对外围设备的操作控制或进行信息分隔等, 其余 95 个为直接显示/打印字符。

当使用键盘输入字符时, 计算机的编码电路自动将其转换成对应的二进制 ASCII 码, 并存放在存储器中。如要输出字符, 计算机则按 ASCII 码表与字符的对应关系, 将其转换成字符, 然后才输出到显示屏或打印机。例如, 从键盘上按键输入 CHINA 这几个字符, 传送进计算机的是 01000011、01001000、01001001、01001110、01000001 这 5 个二进制数字串。反之, 存储器内存储的二进制数字串 01010111、01010000、01010011 在显示器或打印机输出时, 人们看到的结果是 WPS 这 3 个字符组合。

ASCII 码虽然只用 7 位进行编码, 但由于计算机中存取信息的基本单位是 B, 1 B 为八位二进制数。为了便于计算机存取字符, ASCII 也就用 1 B 来表示, 只不过仅用了字节的 7 位，7 位二进制共有 128 个不同的编码，故 ASCII 码共有 128 个不同符号。而最高位（第 7 位）通常取 0，在数据传送时该位也常用来作为奇偶校验位。

3.3.2　扩展 ASCII 码

由 7 位二进制编码构成的 ASCII 基本字符集只有 128 个字符，不能满足信息处理的需要。人们对 ASCII 码字符集进行了扩充，采用 8 位二进制位数据表示一个字符，编码范围为 00000000～11111111，一共可表示 256 个字符和图形符号，称为扩展 ASCII 码字符集。这种编码是在原 ASCII 码 128 个符号的基础上，将它的最高位设置为 1 进行编码的，扩展 ASCII 码中的前 128 个符号的编码与标准 ASCII 码字符集相同。

3.3.3　中文字符在计算机中的表示

汉字是我国使用的主要文字符号，是表示信息的主要手段。汉字字形优美、生动、形象。但汉字实在太多，大约有 6 万多个字，给计算机处理带来了很大的困难。

我国从 20 世纪 60 年代起，就开始了对汉字信息处理技术的探索和研究，70 年代对各类汉字使用的频率曾进行过统计，发现有 3 755 个汉字是最常使用的，平均覆盖率高达 99.9%，这些汉字一般都知道读音，所以把它们按拼音进行排序，称为一级汉字；此外，还有 3 008 个汉字使用也较多，一级汉字再加上这 3 008 个汉字，就能覆盖汉字使用的 99.99%，这基本上就能满足各种场合的应用，所以把这 3 008 个汉字称为二级汉字，并按偏旁部首进行排序。1980 年我国公布的《信息交换用汉字编码字符集　基本集》（GB 2312—1980），其中所收集的汉字就是这 6 763 个常用汉字。现在各种常用的汉字系统（如 CCDOS、USDOS、SPDOS、中文之星）采用的都是 GB 2312—1980 中所收集的汉字。

汉字信息的处理涉及汉字的输入，汉字信息的加工，汉字信息在计算机内的存储、输出等方面。汉字信息的加工包括汉字的识别、编辑、检索、变换与西文字符混合编排等。汉字的输出则包括汉字的显示和打印两方面的问题。

汉字的输入、处理、输出都离不开汉字在计算机中的表示，即汉字的编码问题，这些编码涉及输入码、机内码、交换码等。

1）汉字输入码

汉字输入码是一种用计算机标准键盘上的按键的不同组合来输入汉字，这些按键的组合称为编码，也称汉字的外部码，简称外码。目前有几百种汉字输入法。衡量某种输入法好坏的标准应该是易学易记，便于学习和掌握，编码短，击键次数少，重码少，可以实现盲打。

目前各种输入法大致可以分为以下 4 类；

（1）数字编码：它是用一个数字串代码来输入一个汉字，如区位码、电报码等。其优点是无重码，该输入码与机器内部编码的转换比较方便。其缺点是每个汉字都用 4 个数字组成，很难记忆，输入困难，所以很难推广使用。

（2）字音编码：这种编码是根据汉字的读音进行编码。由于汉字同音字很多，输入重码率较高，输入时一般要对同音字进行选择，且对不知道读音的字无法输入；优点是简单易学。常见的有全拼、双拼、智能 ABC 等。这种输入方法因其简单，为大多数非专业打字员所采用。

（3）字形编码：根据汉字的字形进行编码。汉字都是由一笔一画组成，把汉字的笔画部件用字母或数字进行编码，按笔画的顺序依次输入就能表示一个汉字。常用的方法有五笔字型码、表形码、大众码等。

（4）音形编码：把汉字的读音和字形相结合进行编码，音形码吸收了字音和字形编码的优点，使编码规则化、简单化，且重码少。例如，全息码和自然码等。

2）汉字交换码

ASCII 编码，采用 1 个字节表示常用的西文字符和一些特殊的符号。如果汉字也采用一个字节进行编码，则只表示 128 个，最多 256 个字符，而且会与 ASCII 码发生冲突。但只能表示 128 个字符是显然不够的。因此，在汉字的编码中，采用连续的两个字节来表示汉字的编码。为了与西文字符的编码相区别，把两个字节的最高位都置为 1，余下的 7 位能表示的汉字为 $128 \times 128 = 16\,384$ 个，足够日常使用。这就是双字节汉字的表示方案。

国内外有许多人都在从事汉字的研究，这样就有了许多不同的汉字系统，导致了同一汉字在不同的系统或计算机内部采用的编码不一致。但是，当不同的汉字系统间要交换信息时，由于同一汉字在不同系统中的编码不一样，不能直接进行交换，而要采用汉字交换码进行交换。

汉字交换码是汉字信息处理系统之间或通信系统之间传输信息时所使用的汉字编码，它规定同一汉字在计算机内的编码是唯一的。

（1）国标码。

《信息交换用汉字编码字符集 基本集》（GB 2312—1980）称为国标码。这种编码采用两个字节对汉字进行编码，共收集了汉字和图形符号 7 445 个，其中汉字 6 763 个，各种图形符号共 682 个，它是我国现在的汉字交换码。

在国标码中，第一、二字节的高位 b_7 都设置为 0，把第 5 位（即 b_5 从低位向高位的第 6 位）设置为 1。例如，啊、雹的编码如表 3-5 所示。

表 3-5　国标码示意表

汉　　字	第一字节	第二字节	国标码
啊	0011 0000	00100001	3021H
雹	0011 0001	00100010	3122H

国标规定了 $94 \times 94 = 8\,836$ 个编码。

（2）区位码。

区位码是在国标码基础上改造而成的。在国标码中，全部汉字排列在 94×94 的矩阵中，每一行称为区，每一列称为位，这样在这个表中的汉字就由它在该表中的行号和列号唯一确定一个代码。把国标码高低两字节的 b_5 位设置为 0，就得到区位码。

汉字基本集由两部分组成，其中汉字共有 6 763 个，按其使用频率的大小分为两级：一级汉字 3 755 个，位于 16～55 区，按汉语拼音排序；二级汉字 3 008 个，位于56～87 区，按偏旁部首排序；汉语拼音符号 26 个；汉语注音符号共 37 个；数字 22

个，即 0～9、Ⅰ～Ⅻ；序号 60 个，即①～⑩、(1)～(m)、1.～20. 等。

一般符号 202 个，包括标点符号、运算符号以及制表符；英文字母大小写共 52 个；希腊字母大小写共 48 个；日文假名 169 个，其中平假名 83 个、片假名 86 个；俄文字母大小写共 66 个。

该字符集中的一些特殊区域为：

01～09 区：符号区。

10～15 区：自定义符号区。

88～94 区：自定义汉字区。

国标码和区位码的关系为：国标码=区位码+2020H。

例如，"啊"的区位码为 1601D，其十六进制数为 1001H，加上 2020 则为 3021H，这就是它的国标码。

注意：区位码转换为十六进制数时，区号和位号是分别转换的。

3）机内码

机内码又称内码，是设备和汉字信息处理系统内部存储、处理、传输汉字时使用的编码。在西文系统中没有交换码和内码之分，各公司均以 ASCII 码为内码来设计计算机系统。ASCII 码采用 1 字节表示字符，而汉字采用双字节表示信息，ASCII 的最高位为 0，为了能够把汉字字符和英文字符的"机内码"区别开，就把汉字机内码中两个字节的最高位均设置为 1。

例如，"啊"的国标码为 3021H（0110000 0100001），则其机内码为 1110000 1100001=B0AlH。又如，汉字"补"的国标码为 3239H（00110010 00111001B），则其机内码为 B2B9H（10110010 10111001B）。下面表示了区位码、国标码和内部码之间的关系。

"啊"的区位码，用十六进制表示为 1001。

"啊"的国标码，用十六进制表示为 1001+2020=3021（高、低两字节的第 5 位位置"1"）。

"啊"的内部码，用十六进制表示为 3021+8080=B0Al（高、低两字节的最高位置"1"）。

汉字的区位码、国标码、内部码 3 者之间的关系如下：

国标码=区位码+2020H（即把区位码的区码和位分别加上十进制数 32）

内部码=国标码+8080H（即把国标码的高位字节和低位字节分别加上十进制数 128）

内部码=区位码+A0A0H（即把区位码的区号与位号分别加上十进制数 160）

4）汉字字形码

计算机屏幕上显示的字符是由点构成的，英文字符由 8×8=64 个小点就可以显示出来（即横向和纵向都有 8 个小点），汉字是方块字，字形复杂，有的字由一笔组成，也有的字由几十笔组成，一般用 16×16 共 256 个小点来显示和打印汉字。把这些构成汉字的小点用二进制数据进行编码，就是汉字字形码。

汉字字形码也称输出码，用于显示或打印汉字时产生字形。这种编码是通过点阵形式产生的，不论汉字笔画多少，显示在屏幕上时，它们都占同样大的区域，把显示一个汉字的区域分割为许多小方块，每个小方块用黑点（小方块内有汉字笔画经过）或白色（小方块内无汉字笔画经过）表示，就可以显示出一个汉字来。如果把"黑"方块表示为 1，白方块表示为 0，这样构成一个汉字的所有小方块就被编码成了 0、1 组成的二进制编码，这个编码就是一个汉字的点阵字形码。

例如，16×16 点阵，就是把屏幕上显示一个汉字的区域横向和纵向都分为 16 格，一共有 256 个小方块。笔画经过的点为"黑"点，笔画未经过的小点为"白"色，这样就形成了显示屏上的白底黑字。图 3-1 所示为"次"字的 16×16 点阵字模的字形码。

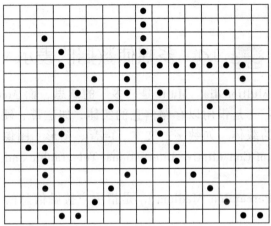

图 3-1 点阵字形

我们很容易用二进制数来表示点阵。如果用二进制 1 表示"黑点"，用 0 表示"白点"，那么一个 16×16 点阵的汉字就可以用 256 位二进制数来表示，存储时占用 32 字节（因为每个字节 8 位）。图 3-1 中"次"的 16×16 点阵的数字化信息可以用下列一串十六进制数来表示：00 80 00 80 20 80 10 80 11 FE 05 02 09 44 0A 48 10 40 10 40 60 A0 20 A0 21 10 22 08 04 04 18 03，这个编码就是"次"的字形码。

在一个汉字信息处理系统中，所有字形码的集合就是该系统的汉字库。汉字信息处理系统中必然要包括汉字字库，以便显示和打印时使用。汉字系统除了 16×16 外，还有 24×24、32×32 等点阵字库。很显然，点数越多，显示出来的字的笔画就越平滑，但其编码就越复杂，占据的内存空间就越多。

在计算机中所有汉字的字形码被存放在一系列连续的存储器中，每个汉字的字形码要占若干字节（如 16×16 点阵的汉字，每个汉字要占 32 个字节），每个字形码所占第一存储单元的地址称为该汉字字形码的地址码，简称汉字的地址码。

5）汉字库

我们知道，显示在屏幕上的汉字是由许多小点构成的，要显示所有的汉字，事先就需要把每个汉字的点阵设计出来存放在计算机的存储器中，在存储器中这些汉字的点阵编码是连续存放的，人们把计算机汉字字形码的集合称为字库，也就是说，把所有汉字的字形码集中在一起就是字库。一般的汉字系统只收集了国标码中的 6 763 个汉字，它们的汉字库就是这 6 763 个汉字字形码的集合。

字库与汉字的字体、点阵大小有关系，不同的字体，不同大小的点阵有不同的字库，如宋体字库、仿宋体字库、楷体字库、黑体字库、行书字库等。不同点阵的同种字体也有不同的字库。例如宋体字，就有 16 点阵（16×16）宋体字、24 点阵的宋体字、32 点阵的宋体字和 48 点阵的宋体字等。

不同点阵的字库所占存储空间是不同的，如 16×16 点阵的字库，每个汉字占 32 字节，则整个字库占用 7 445×32=238 240 字节，约 240 KB。

字库分为软字库和硬字库，存放在磁盘上的字库称为软字库，软字库以文件的形式存在磁盘上（硬盘）。硬字库是存放在 ROM 中的字库（如汉卡，打印机的自带字库等）。

3.4 多媒体数据的表示

多媒体的英文是 Multimedia。Multi 是"多"的意思，而 Medium（媒体）在计算机领域中有两种含义：一是指用以存储信息的实体，如磁带、硬盘、光盘和半导体存储器等；二是指信息的载体，如数字、文本、声音、图形、图像等。国际电报电话咨询委员会（Committee of Consultative International Telegraphic and Telephonic，CCITT）曾把媒体分作 5 类：

（1）感觉媒体（Perception Medium），是指用户接触信息的感觉形式，如视觉、听觉、触觉。

（2）表示媒体（Representation Medium），是指信息的表示和表现形式，如图形、图像、声音、视频等。

（3）显示媒体（Presentation Medium），是指用于输入和输出信息的媒体。输出媒体有纸、显示器、打印机、喇叭等；输入媒体有键盘、鼠标、摄像机、话筒等。

（4）存储媒体（Storage Medium），是用于存放数字化的感觉媒体的载体。计算机可以随时加工处理和调用存放在存储媒体中的信息编码。硬盘、光盘、微缩胶卷都属于这类媒体。

（5）传输媒体（Transmission Medium），用来将媒体从一处传送到另一处的物理载体。存储媒体不属于这类媒体，而双绞线、同轴电缆、光导纤维等都是传输媒体。

一般说来，如不特别强调，一般所说的媒体是指表示媒体。主要的表示媒体有以下几种：

1）视觉类媒体

（1）位图图像（Bitmap）：将所观察的图像按行列方式进行数字化，对图像的每一点都数字化为一个值，所有的这些值就组成了位图图像。位图图像是所有视觉表示方法的基础。

（2）图形（Graphics）：图形是图像的抽象。它反映了图像上的关键特征，例如，点、线、面等。图形的表示不直接描述图像的每一点，而是描述产生这些点的过程和方法，即用矢量来表示。

（3）符号（Signal）：符号中包括文字和文本。符号是人类创造出来的，表示某种含义，是比图形更高一级的抽象。必须具备特定的知识，才能解释特定的符号、特定的文本（如语言）。例如，ASCII 码、中文国标码等。

（4）视频（Video）：视频又称动态图像，是一组图像按时间的顺序连续表现。

（5）动画（Animation）：动画也是动态图像的一种，但动画采用的是计算机产生出来的图像或图形，而不像视频采用直接采集的真实图像。

另外还有其他类型的视觉媒体形式，如用符号表示的数值，用图形表示的某种数据曲线，数据库的关系数据等。

2）听觉类媒体

（1）波形声音（Wave）是自然界中声音的拷贝，是声音数字化的基础。

（2）语音（Voice）：语音也可以表示为波形声音，但波形声音表示不出语音的内在语言、语音学的内涵。语音是对讲话声音的一次抽象。

（3）音乐（Music）：音乐与语音相比更规范一些，是符号化了的声音。但音乐不能对所有的声音都进行符号化。乐谱是符号化声音的符号组，表示比单个符号更复杂的声音信息内容。

3）触觉类媒体

（1）指点：包括间接指点和直接指点。通过指点可以确定对象的位置、大小、方向和方位，执行特定的过程和相应的操作。

（2）位置跟踪：为了与系统交互，参与者的身体动作，包括头、眼、手、肢体等部位的位置与运动方向等数据被转变为特定的模式，对相应的动作进行表示。

（3）力反馈与运动反馈：在电子、机械的伺服机构帮助下，系统向参与者反馈运动及力的信息，如触觉刺激（如物体的表面纹理、吹风等）、反作用力（如推门的门重感觉）、运动感觉（如摇晃、振动等）及温度、湿度等环境信息。

3.4.1 图形

图形是指由外部轮廓线条构成的矢量图，即由计算机绘制的直线、圆、矩形、曲线、图表等。

图形用一组指令集合来描述图形的内容，如描述构成该图的各种图元位置维数、形状等。描述对象可任意缩放不会失真。在显示方面图形使用专门软件将描述图形的指令转换成屏幕上的形状和颜色。图形适用于描述轮廓不很复杂，色彩不是很丰富的对象，如几何图形、工程图纸、CAD、3D 造型软件等。

图形的编辑通常用 CorelDRAW 程序，可对矢量图形及图元独立进行移动、缩放、旋转和扭曲等变换。主要参数是描述图元的位置、维数和形状的指令和参数。

3.4.2 图像

图像是客观对象的一种相似性的、生动性的描述或写真，是人类社会活动中最常用的信息载体。或者说图像是客观对象的一种表示，它包含了被描述对象的有关信息。它是人们最主要的信息源。据统计，一个人获取的信息大约有 75%来自视觉。

广义上，图像就是所有具有视觉效果的画面，它包括纸介质上的，底片或照片上的，电视、投影仪或计算机屏幕上的。图像根据图像记录方式的不同可分为两大类：

模拟图像和数字图像。模拟图像可以通过某种物理量（如光、电等）的强弱变化来记录图像亮度信息，如模拟电视图像；而数字图像则是用计算机存储的数据来记录图像上各点的亮度信息。

数字图像是由扫描仪、摄像机等输入设备捕捉实际的画面产生的图像。它是由像素点阵构成的位图。

图像用数字任意描述像素点、强度和颜色。描述信息文件存储量较大，所描述对象在缩放过程中会损失细节或产生锯齿。在显示方面，它是将对象以一定的分辨率将每个点的色彩信息以数字化方式呈现，可直接快速在屏幕上显示。分辨率和灰度是影响显示的主要参数。图像适用于表现含有大量细节（如明暗变化、场景复杂、轮廓色彩丰富）的对象，如照片、绘图等，通过图像软件可进行复杂图像的处理以得到更清晰的图像或产生特殊效果。

图像的量化是用数值来表示像素点的颜色。表示像素点的颜色越丰富，所需要的数值范围就越大，表示该数值范围的二进制位数就越多。例如，对于黑白图像，每个像素可以用一个二进制位表示颜色，1 和 0 表示纯白或纯黑。要表示灰度图像，则每个像素需要用 8 个二进制位（一个字节）来表示颜色的黑白程度，从 $(11111111)_2$ 到 $(00000000)_2$ 表达 2^8 种从纯白到纯黑之间的灰度。对于彩色图像，每个像素点的颜色可视为红（R）、绿（G）、蓝（B）3 种基色按不同比率混合得到彩色。每种基色用一个字节表示其程度或比率。这样，一个像素点需要 24 个二进制位来表示，每个点的颜色种类可以达到 2^{24} 种，这就是通常所说的 24 位真彩色。

将采样量化后每一个像素点对应的整数值以二进制形式记录在文件中，即图像的编码。得到的数字图像文件的大小与采样的分辨率和每个像素点量化的位数相关，计算公式为

$$文件大小（字节数）=分辨率×量化位数÷8（单位：B）$$

一幅图像可以直接按上述方式存储，得到的文件称为 BMP 文件。一幅分辨率为 1024×768 像素的 24 位真彩色的 BMP 文件大小为 1024×768×32÷8 B=3 145 728 B=3 MB，存储代价太高。为减少存储代价，通常会对图像进行各种方式的压缩，如 GIF（ Graphics Interchange Format）、JPEG（ joint Photographic Experts Group）、PNG（ Portable Network Graphics）等，产生出扩展名为.gif、.jpeg、.png 等不同格式的图像文件。

数字图像文件存储方式：

（1）位映射图像。以点阵形式存取文件，读取时候按点排列顺序读取数据。

（2）光栅图像。也是以点阵形式存取文件，但读取时候以行为单位进行读取。

（3）矢量图像。用数学方法来描述图像。

图像格式即图像文件存放在记忆卡上的格式，通常有 JPEG、TIFF、RAW、MacPaint 格式等。由于数码照相机拍下的图像文件很大，存储容量却有限，因此图像通常都会经过压缩再存储。

（1）MacPaint 格式，也称 PNTG 格式：Apple 系列上通用的图像格式，Macitosh 的屏幕是以白色为底，而 PC 的屏幕是以黑色为底，所以在 Mac 和在 PC 上读取 MacPaint 格式的图像数据要互为反相。PNTG 文件图像的宽和高固定为 576×720 像素。PNTG

图像由三部分构成：Mac Binary Header、图案数据和压缩后的图像数据。在 PC 上，Mac Binary Header 和图案数据没有任何用处，所以可以直接读取图像数据。

（2）BMP 格式：Windows 采用的图像存储格式，由 4 部分组成：位图文件头、位图信息头、调色板和位图数据。位图文件头定义了位图的类型、文件大小等，位图信息头定义位图的高、宽、色彩位数、是否压缩、分辨率等信息。调色板是一个 4 B 的结构数组，前 3 个字节分别定义了 Blue、Green 和 Red 三个颜色的值，最后一个字节保留。BMP 每个像素点颜色组成的顺序是 BGR，与其他格式的 RGB 不同，因此进行格式转换的时候需要变换字节顺序。调色板并不是位图文件所必需的，当位图为单色、16 色或者 256 色的时候，位图数据存储的并不是真实的像素颜色值，而是该颜色在调色板的一个索引值。而对于 24 位或者 32 位真彩色的 BMP，其图像数据存储的就是每个像素点对应的 BGR 值，所以不需要调色板。位图数据里面，单色、16 色和 256 色存储的是调色板的颜色索引，所以单色位图用 1 位就能表示该像素的颜色，所以 1 字节可以存储 8 个像素。16 色位图，需要 4 位表示一个像素的颜色，所以 1 字节表示 2 个像素。256 色位图，1 字节刚好表示一个像素。真彩色位图，需要 1 字节表示 Blue，1 字节表示 Green，2 字节表示 Red，因此需要 3 个字节才能表示一个像素。对于 BMP 图像，宽度必须是 4 的倍数，如果不足需要补齐。图像数据是从下到上、从左到右，即第一个数据是左下角第一个像素，第二个是左下角第二个像素……因此用 BMP 进行格式转换的时候，需要对像素点进行倒置。

（3）GIF 图像格式：CompuSrve 公司版权的一种网络图像格式。目前有两个版本：GIF87a 和 GIF89a。GIF 能够存储多幅图像，调色板数据包括全局调色板和局部调色板，采用 LWZ 压缩算法，每个调色板只能存储 256 色，因此图像数据 1 字节表示一个像素的颜色，以光栅的方式显示图像数据。GIF 图像以数据块为单位存储图像的相关信息，一个 GIF 文件由表示图形的数据块、数据字块和显示图形的控制信息块组成。控制块包括逻辑屏幕描述块、全局彩色表等。逻辑屏幕块定义了图片的高度和宽度，图片文件内部任意一张图片的高宽均不能超过这个值。GIF 文件可以由多张彩色图像构成，所以文件有全局彩色表，每张图片也有局部彩色表，如果图片有局部彩色表，则有局部彩色表显示，如果没有，则调用全局彩色表。每幅图像由图像描述块、局部彩色表和图像数据组成，图像描述块定义图像相对图片逻辑屏幕的位置和高宽，还定义了两种存放方式：按图像行连续顺序存储和交叉方式存储。交叉显示的方法错开图像行的显示，使得图像打开的时候无须将图片全部解压缩就可以看到图像的概貌。此外还有图形控制扩展块、无格式文本扩展块和注释扩展块等。图形扩展块有个延迟时间，定义了一幅图片的等待时间，GIF 就是通过图片等待一个延迟时间后换成另外一幅图片的方式实现动画播放。此外，还可以定义是否保留上一幅图片、是否恢复背景图片等。

（4）RAW 格式：RAW 是一种无损压缩格式，它的数据是没有经过相机处理的原文件，因此它的大小要比 TIFF 格式略小。所以，当上传到计算机之后，要用图像软件的 Twain 界面直接导入成 TIFF 格式才能处理。

（5）PCX 格式：个人计算机交换（Personal Computer eXchange，PCX）的形成是

有一个发展过程的。最先的 PCX 雏形出现在 ZSOFT 公司推出的名叫 PC PAINBRUSH 的用于绘画的商业软件包中。以后，微软公司将其移植到 Windows 环境中，成为 Windows 系统中一个子功能。先在微软的 Windows 3.1 中广泛应用，随着 Windows 的流行、升级，加之其强大的图像处理能力，使 PCX 同 GIF、TIFF、BMP 图像文件格式一起，被越来越多的图形图像软件工具所支持，也越来越得到人们的重视。

PCX 是最早支持彩色图像的一种文件格式，现在最高可以支持 256 种彩色，显示 256 色的彩色图像。PCX 设计者超前引入了彩色图像文件格式，使之成为现在非常流行的图像文件格式。

PCX 图像文件由文件头和实际图像数据构成。文件头由 128 字节组成，描述版本信息和图像显示设备的横向、纵向分辨率，以及调色板等信息；在实际图像数据中，表示图像数据类型和彩色类型。PCX 图像文件中的数据都是用 PCXREL 技术压缩后的图像数据。

PCX 是 PC 画笔的图像文件格式。PCX 的图像深度可选为 1 bit、4 bit、8 bit。这种文件格式出现较早，它不支持真彩色。PCX 文件采用 RLE 行程编码，文件体中存放的是压缩后的图像数据。因此，将采集到的图像数据写成 PCX 文件格式时，要对其进行 RLE 编码；而读取一个 PCX 文件时首先要对其进行 RLE 解码，才能进一步显示和处理。

（6）TIFF 格式：标签图像文件格式（Tag Image File Format，TIFF）文件是由 Aldus 和 Microsoft 公司为桌上出版系统研制开发的一种较为通用的图像文件格式。TIFF 格式灵活易变，它又定义了 4 类不同的格式：TIFF-B 适用于二值图像；TIFF-G 适用于黑白灰度图像；TIFF-P 适用于带调色板的彩色图像；TIFF-R 适用于 RGB 真彩图像。

TIFF 支持多种编码方法，其中包括 RGB 无压缩、RLE 压缩及 JPEG 压缩等。

TIFF 是现存图像文件格式中最复杂的一种，它具有扩展性、方便性、可改性，可以提供给 IBMPC 等环境中运行、图像编辑程序。

TIFF 图像文件由 3 个数据结构组成，分别为文件头、一个或多个称为 IFD 的包含标记指针的目录以及数据本身。

TIFF 图像文件中的第一个数据结构称为图像文件头或 IFH。这个结构是一个 TIFF 文件中唯一的、有固定位置的部分；IFD 图像文件目录是一个字节长度可变的信息块，Tag 标记是 TIFF 文件的核心部分，在图像文件目录中定义了要用的所有图像参数，目录中的每一目录条目就包含图像的一个参数。

（7）JPEG 格式：联合照片专家组（Joint Photographic Expert Group）是最常用的图像文件格式，由一个软件开发联合会组织制定，是一种有损压缩格式，能够将图像压缩在很小的存储空间，图像中重复或不重要的资料会被丢失，因此容易造成图像数据的损伤。尤其是使用过高的压缩比例，将使最终解压缩后恢复的图像质量明显降低，如果追求高品质图像，不宜采用过高压缩比例。但是 JPEG 压缩技术十分先进，它用有损压缩方式去除冗余的图像数据，在获得极高的压缩率的同时能展现十分丰富生动的图像，换句话说，就是可以用最少的磁盘空间得到较好的图像品质。而且 JPEG 是一种很灵活的格式，具有调节图像质量的功能，允许用不同的压缩比例对文件进行压缩，支持多种压缩级别，压缩比率通常在 10∶1～40∶1 之间，压缩比越大，品质就越低；相反地，压缩比越小，品质就越好。例如，可以把 1.37 MB 的 BMP 位图文件压缩至 20.3 KB。当然，也可以在图像质量和文件尺寸之间找到平衡点。JPEG 格式压缩的主要是高频信息，对色彩的信息保留较好，适合应用于互联网，可减少图像的传输时间，可以支持 24 bit 真彩色，也普遍应用于需要连续色调的图像。

JPEG 格式是目前网络上最流行的图像格式，是可以把文件压缩到较小的格式，在 Photoshop 软件中以 JPEG 格式存储时，提供 11 级压缩级别，以 0～10 级表示。其中 0 级压缩比最高，图像品质最差。即使采用细节几乎无损的 10 级质量保存时，压缩比也可达 5∶1。以 BMP 格式保存时得到 4.28 MB 图像文件，在采用 JPG 格式保存时，其文件仅为 178 KB，压缩比达到 24∶1。经过多次比较，采用第 8 级压缩为存储空间与图像质量兼得的最佳比例。

JPEG 格式的应用非常广泛，特别是在网络和光盘读物上，都能找到它的身影。目前各类浏览器均支持 JPEG 这种图像格式，因为 JPEG 格式的文件尺寸较小，下载速度快。

JPEG 2000 作为 JPEG 的升级版，其压缩率比 JPEG 高约 30%，同时支持有损和无损压缩。JPEG 2000 格式能实现渐进传输，即先传输图像的轮廓，然后逐步传输数据，不断提高图像质量，让图像由朦胧到清晰显示。此外，JPEG 2000 还支持"感兴趣区域"特性，可以任意指定影像上感兴趣区域的压缩质量，还可以选择指定的部分先解压缩。

JPEG 2000 和 JPEG 相比优势明显，且向下兼容，因此可取代传统的 JPEG 格式。JPEG 2000 既可应用于传统的 JPEG 市场，如扫描仪、数码照相机等，又可应用于新兴领域，如网路传输、无线通信等。

3.4.3 声音

声音（Sound）是由物体振动产生的声波。它是通过介质（空气或固体、液体）传播并能被人的听觉器官所感知的波动现象。最初发出振动的物体叫声源。声音以波的形式振动传播。声音是声波通过任何物质传播形成的运动。

频率在 20 Hz～20 kHz 之间的声音是可以被人耳识别的。通过听神经传给大脑，于是人们就听到了声音。声波的振幅越大，听到的声音越响；声波振动的频率越高，听到的音高就越高。

声音是一种模拟信号，而计算机只能处理数字信息 0 和 1。因此，需要把模拟声音信号变成计算机能够识别和处理的数字信号，称为数字化。然后把数字信号转变成模拟声音信号，输出到扬声器，称为数模转换。

把声音数字化首先对模拟信号进行采样，每隔一个很短的时间对模拟信号取一个样本，获取模拟声音信号在此时的电压。每一秒内采样的次数叫做采样频率，在国际单位制中它的单位是赫兹。一般要达到比较好的数字化效果，采样频率要在 44 000 Hz 以上。然后，再对每个采样样本进行数字化处理。一般比较常用的是 8 位、16 位量化精度。8 位量化是把声音的音量从最小值到最大值之间分成 256 个等级，用一个字节来表示，每个采样样本的音量对应 256 个等级中的一个。16 位量化把音量分为 65 536

个等级。立体声是双声道的，声音分成左右两个独立的声道分别进行处理。

数字音频是指一个用来表示声音强弱的数据序列，由模拟声音经抽样、量化和编码后得到的。简单地说，数字音频的编码方式就是数字音频格式，人们所使用的不同的数字音频设备一般都对应着不同的音频文件格式。

声音有 3 个要素：响度、音高和音色。响度又称声强或音量，它表示的是声音能量的强弱程度，主要取决于声波振幅的大小。音高又称音调，表示人耳对声音调子高低的主观感受。客观上音高大小主要取决于声波基频的高低，频率高则音调高，反之则低，单位为赫兹。音色是指声音的感觉特性，不同物体材料具有不同特性，音色本身是一种抽象的东西。

计算机处理音频信息，先要将声音对应的波形经过采样、量化和编码转换成数字信号，如图 3-2 所示。

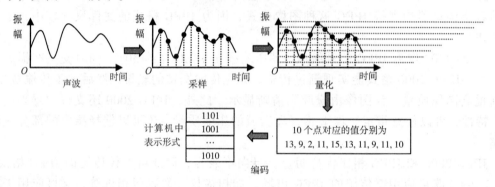

图 3-2 声音的编码

声音的"采样"是将连续的声波离散化，即每隔固定时间（采样周期）记录一次此刻声波的振幅。单位时间内采样的次数称为采样频率，采样频率越大，单位时间内记录的样本点越多，采样的结果越接近真实声波的波形，声音质量就越好，但存储这些样本点需要的存储空间也就越大。根据奈奎斯特（Harry Nyquist）采样定理，用两倍于一个正弦波的频率进行采样就能完全真实地还原该波形，因此一个数码录音波的采样频率直接关系到它的最高还原频率指标。例如，用 44.1 kHz 的采样频率进行采样，可还原最高为 22.05 kHz 的频率（略高于人耳的听觉极限）。

量化即是将每次采样得到的振幅强度映射成一个十进制或二进制值，该值越大说明此刻的振幅越大。如图 2-5 所示，如果将振幅划分为 16 个等级，则各个等级可以用一个 4 位二进制数表示；如果将振幅划分为 256 个等级，则每个等级可以用一个字节的二进制数表示。划分的等级越多，振幅被刻画得越精细，声音的质量就越高，因此称表示每个样本点振幅所用的二进制位数为量化精度。量化精度一般有 8 位、12位、16 位或 32 位。显然，量化精度越高，音质越好，但数据量也越大。

如果对多个声道进行采样，则每个声道都要进行上述处理过程。一个声道对应一个波形，声道数越多，声音的空间感、定位感、层次感越强，需要的存储空间越大。将各个声道采样、量化得到的各个样本点振幅强度直接转换成二进制存储下来，即得到 WAV 格式的文件。但这种格式的声音文件对存储空间是个较大的考验，为此，出现了多种对声音进行再编码或者压缩的方法，可以得到 MP3、RA、WMA 等格式的声音文件。

常见的数字音频格式有：

（1）WAV 格式，是微软公司开发的一种声音文件格式，也称波形声音文件，是最早的数字音频格式，被 Windows 平台及其应用程序广泛支持。WAV 格式支持许多压缩算法，支持多种音频位数、采样频率和声道，采用 44.1 kHz 的采样频率，16 位量化位数，对存储空间需求太大不便于交流和传播。

（2）MIDI 是 Musical Instrument Digital Interface 的缩写，又称乐器数字接口，是数字音乐/电子合成乐器的统一国际标准。它定义了计算机音乐程序、数字合成器及其他电子设备交换音乐信号的方式，规定了不同厂家的电子乐器与计算机连接的电缆和硬件及设备间数据传输的协议，可以模拟多种乐器的声音。MIDI 文件中存储的是一些指令。把这些指令发送给声卡，由声卡按照指令将声音合成出来。

（3）CD 格式的扩展名为 CDA，其取样频率为 44.1 kHz，16 位量化位数。CD 存储采用了音轨的形式，记录的是波形流，是一种近似无损的格式。

（4）MP3 全称是 MPEG–1 Audio Layer 3，它在 1992 年合并至 MPEG 规范中。MP3 能够以高音质、低采样率对数字音频文件进行压缩。换句话说，音频文件（主要是大型文件，比如 WAV 文件）能够在音质丢失很小的情况下（人耳根本无法察觉这种音质损失）把文件压缩到更小的程度。

（5）MP3 Pro 是由瑞典 Coding 科技公司开发的，其中包含了两大技术：一是来自于 Coding 科技公司所特有的解码技术，二是由 MP3 的专利持有者法国汤姆森多媒体公司和德国 Fraunhofer 集成电路协会共同研究的一项译码技术。MP3 Pro 可以在基本不改变文件大小的情况下改善原先的 MP3 音乐音质。它能够在用较低的比特率压缩音频文件的情况下，最大程度地保持压缩前的音质。

（6）WMA（Windows Media Audio）是微软在互联网音频、视频领域的力作。WMA 格式是以减少数据流量但保持音质的方法来达到更高的压缩率目的，其压缩率一般可以达到 1∶18。此外，WMA 还可以通过 DRM（Digital Rights Management）方案加入防止复制，或者加入限制播放时间和播放次数，甚至是播放机器的限制，可有力地防止盗版。

（7）MP4 采用的是美国电话电报公司（AT&T）所研发的以"知觉编码"为关键技术的 a2b 音乐压缩技术，是由美国网络技术公司（GMO）及 RIAA 联合公布的一种音乐格式。MP4 在文件中采用了保护版权的编码技术，有效地保证了音乐版权的合法性。MP4 的压缩比达到了 1∶15，体积较 MP3 更小，但音质却没有下降。

3.4.4 视频

视频是现在计算机中多媒体系统中的重要一环，是连续记录图像运动的结果。为了适应存储视频的需要，人们设定了不同的视频文件格式来把视频和音频放在一个文件中，以方便同时回放。

视频文件格式有不同的分类，如微软视频（wmv、asf、asx）、Real Player（rm、

rmvb）、MPEG 视频（mpg、mpeg、mpe）、手机视频（3gp）、Apple 视频（mov）、Sony 视频（mp4、m4v）、其他常见视频（avi、dat、mkv、flv、vob）等。

（1）AVI：比较早的 AVI 是 Microsoft 开发的。其含义是 Audio Video Interactive，就是把视频和音频编码混合在一起存储。AVI 格式上限制比较多，只能有一个视频轨道和一个音频轨道（现在有非标准插件可加入最多两个音频轨道），还可以有一些附加轨道，如文字等。AVI 格式不提供任何控制功能。

（2）WMV（Windows Media Video）是微软公司开发的一组数位视频编解码格式的通称，ASF（Advanced Systems Format）是其封装格式。ASF 封装的 WMV 档具有"数位版权保护"功能。

（3）MPEG 格式：MPEG（Moving Picture Experts Group）是 ISO 认可的媒体封装形式，受到大部分机器的支持。其存储方式多样，可以适应不同的应用环境。MPEG 的控制功能丰富，可以有多个视频（即角度）、音轨、字幕（位图字幕）等。MPEG 的一个简化版本 3GP 还广泛用于准 3G 手机上。

MPEG1 是一种 MPEG（运动图像专家组）多媒体格式，用于压缩和存储音频和视频。用于计算机和游戏，MPEG1 的分辨率为 352×240 像素，帧速率为每秒 25 帧（PAL）。MPEG1 可以提供和租赁录像带一样的视频质量。

MPEG2 是一种 MPEG（运动图像专家组）多媒体格式，用于压缩和存储音频及视频。供广播质量的应用程序使用，MPEG2 定义了支持添加封闭式字幕和各种语言通道功能的协议。

（4）DivX/xvid。DivX 是一项由 DivXNetworks 公司发明的，类似于 MP3 的数字多媒体压缩技术。DivX 基于 MPEG-4，可以把 MPEG-2 格式的多媒体文件压缩至原来的 10%，更可把 VHS 格式录像带格式的文件压至原来的 1%。通过 DSL 或 CableModen 等宽带设备，可以让用户欣赏全屏的高质量数字电影。同时它还允许在其他设备（如数字电视、蓝光播放器、PocketPC、数码相框、手机）上观看对机器的要求不高，这种编码的视频 CPU 只要是 300 MHz 以上、64 MB 内存和一个 8 MB 显存的显卡就可以流畅地播放。采用 DivX 的文件小，图像质量更好，一张 CD 盘可容纳 120 min 的质量接近 DVD 的电影。

（5）DV（数字视频）通常用于指用数字格式捕获和存储视频的设备（诸如便携式摄像机）。有 DV 类型 I 和 DV 类型 II 两种 AVI 文件。

DV 类型 I：数字视频 AVI 文件包含原始的视频和音频信息。DV 类型 I 文件通常小于 DV 类型 II 文件，并且与大多数 A/V 设备兼容，诸如 DV 便携式摄像机和录音机。

DV 类型 II：数字视频 AVI 文件包含原始的视频和音频信息，同时包含作为 DV 音频副本的单独音轨。DV 类型 II 比 DV 类型 I 兼容的软件更加广泛，因为大多数使用 AVI 文件的程序都希望使用单独的音轨。

（6）MKV：Matroska 是一种新的多媒体封装格式，这个封装格式可把多种不同编码的视频及 16 条或以上不同格式的音频和语言不同的字幕封装到一个 Matroska Media 档内。它也是其中一种开放源代码的多媒体封装格式。Matroska 还可以提供非常好的交互功能，而且比 MPEG 的方便、强大。

（7）RM / RMVB：Real Media 由 RealNetworks 开发。它通常只能容纳 Real Video 和 Real Audio 编码的媒体。该文件带有一定的交互功能，允许编写脚本以控制播放。RM 尤其是可变比特率的 RMVB 格式，体积很小，非常受到网络下载者的欢迎。

（8）MOV：QuickTime Movie 由苹果公司开发，由于苹果计算机在专业图形领域的统治地位，QuickTime 格式格式基本上成为电影制作行业的通用格式。1998 年 2 月 11 日，ISO 认可 QuickTime 档案格式作为 MPEG-4 标准的基础。QT 可存储的内容相当丰富，除了视频、音频以外还可支援图片、文字（文本字幕）等。

（9）OGG：Ogg Media 是一个完全开放性的多媒体系统计划，OGM（Ogg Media File）是其文件格式。OGM 可以支援多视频、音频、字幕（文本字幕）等多种轨道。

（10）MOD：MOD 是 JVC 生产的硬盘摄录机所采用的存储格式。

小　结

数字系统或计算机系统其实质是对二进制信息的存储和处理，然而科学计算和日常事务处理的主要是十进制数据和各种字符、汉字等信息。本章主要介绍利用二进制代码来有效地表示各种信息。

进位计数制中，常用的有十、二、八、十六等几种。它们之间的转换方法是学习进制的基本要求。对于数值数据的小数点表示，数字系统一般采用整数、小数和浮点数的表示方法；对于数值数据中的正、负号，数字系统采用真值和机器数来表示；为了完成减法由加法来实现的机制，数字系统通常采用补码表示方法。

非数值数据主要包括英文字符、汉字等。英文字符的存储与表示比较简单，ASCII 码可以很方便地解决问题，而对于汉字，则要采用输入码、机内码以及输出码等形式分别处理。

习　题

一、填空题

1. 数制转换填空：

（1）10101111111.111 B=＿＿＿＿＿Q=＿＿＿＿＿H。

（2）4F78.3H=＿＿＿＿＿B。

（3）765.3Q=＿＿＿＿＿B。

（4）1111111111111B=＿＿＿＿＿H。

2. 填空：

（1）45D=＿＿＿＿＿BCD。　　　　（2）10010101B=＿＿＿＿＿BCD。

（3）10011000BCD=＿＿＿＿＿D。　　（4）00100101BCD=＿＿＿＿＿B。

二、计算题

1. 把下列二进制、八进制、十六进制数转换为十进制数。

（1）1010100B；　（2）11111111.01B；　　（3）145Q；　　（4）126.7Q；

（5）FFFFH；　（6）1245BH。

2. 把下列十进制数分别转换为二进制、八进制和十六进制数。

（1）255.625；　　　　（2）1876.5。

3. 写出下列二进制数的原码、反码和补码。

（1）-0.1000；　　（2）0.1010；　　（3）0.1111；　　（4）-0.1111；

（5）0.1000；　　（6）-0.1010；　　（7）1010111；　　（8）-1111111。

4. 求下列整数补码的真值。

（1）11111111；　　（2）11110000；　　（3）01010111；　　（4）01111111。

5. 已知 $x=(128.75) \times 2^{-10}$，$y=(-128.75) \times 2^{10}$，设阶码为 5 位，其中一位为符号位；尾数为 16 位，其中一位为符号位。试求 x、y 的浮点数表示形式（阶码、尾数都用补码表示）。

6. 已知浮点数运算的中间结果如下：阶码 1010（补码形式，其中一位为符号位），尾数 10011101（其中一位为符号位）。

（1）如果尾数是 8 位原码，求其规格化的浮点数的形式。

（2）如果尾数是 8 位补码，求其规格化的浮点数的形式。

7. 设机器字长为 16 位，定点整数表示时，数值 15 位，符号位为一位；浮点表示时，阶码为 6 位，其中一位为符号位；尾数为 10 位，其中一位为符号位；阶码底为 2。

（1）定点补码表示整数表示时，最大正数、最小负数各是多少？

（2）浮点表示时，如阶码、尾数均用补码，在尾数规格化的情况下，它能表示的最大正数，最小负数各是多少？

三、思考题

1. 试计算采用 16×16 点阵的一个汉字占多少字节？存储 4096 个 32×32 点阵的汉字占用多少字节？

2. 已知 61H、55H 是 ASCII 码，最高位加上偶校验后，其二进制代码分别是多少？

3. 汉字在计算机中有哪几种编码？

计算机硬件 ‹‹‹

第 4 章

内容介绍：

计算机硬件是学习计算机知识经常遇到的术语。硬件是指计算机系统中实际设备的总称。它可以是电子的、电的、磁的、机械的、光的元件或设备，或由它们组成的计算机部件或整个计算机系统。计算机系统包括大型机、中小型机以及微机等多种结构形式，其硬件主要包括运算器、控制器、存储器、输入设备和输出设备等部件。计算机体系结构是指构成计算机系统主要部件的总体布局、部件的主要性能以及这些部件之间的连接方式。

本章重点：

* 硬件结构。
* 硬件组成。
* 微机系统的硬件配置。

4.1 计算机系统的硬件结构

计算机系统包括大型计算机、中小型计算机、微型计算机等各种不同的硬件结构，不同种类的计算机硬件结构具有不同的硬件体系和结构特点。本节简要介绍不同计算机的硬件结构。

4.1.1 现代计算机结构的特点

现代计算机转向以存储器为中心，其基本组成框图如图 4-1 所示。

图 4-1 所示结构的计算机，其工作步骤为：首先输入器在控制器的控制下将原始数据和计算步骤输入存储器，其次控制器从存储器读出计算步骤（指令系列），然后控制器控制运算器和存储器依次执行每一个计算步骤（指令），最后，控制器控制输出器以各种方式从存储器输出计算结果。

与冯·诺依曼计算机结构一样，图 4-1 所示结构的计算机也由 5 大部件组成。其中，控制器（CU）和运算器（又称算术逻辑单元，ALU）在计算机中直接完成信息处理的任务，合称中央处理器（CPU），输入设备和输出设备合称输入/输出设备（I/O 设备），加上主存储器（M·M）构成现代计算机 3 大部分。中央处理器和主存储器构成计算机主体，称为主机或处理器，相对地又把 I/O 设备称为外围设备或外部设备，简称外设。于是,计算机又被看作由主机和外设两大部分组成。但无论怎样划分,计算机的 5 大部件始终是相对独立的子系统,缺一不可。

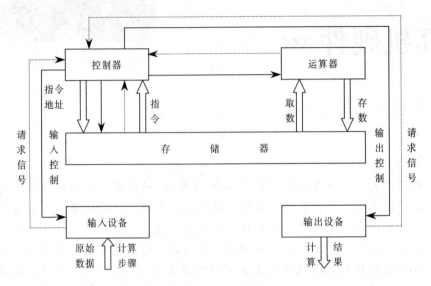

图 4-1　以存储器为中心的计算机基本组成框图

4.1.2　计算机硬件的典型结构

计算机系统的硬件结构包括各种形式的总线结构和通道结构,它们是各种大、中、小、微型计算机的典型结构体系。

1. 小型机的总线结构

1)CPU 为中心的双总线结构

图 4-2 是以 CPU 为中心的双总线组成结构。连接 CPU 和主存储器的是存储总线,CPU 通过该总线从主存储器中取出指令和数据,并把处理结果经该总线送回主存储器。CPU 与 I/O 设备交换信息的通路称为输入/输出总线(I/O 总线),各种 I/O 设备通过 I/O 接口挂在 I/O 总线上。

这种结构的优点是控制线路简单,对 I/O 总线的传输速率相对地可降低一些要求。缺点是 I/O 设备与主存储器之间交换信息一律要经过 CPU,将耗费 CPU 大量时间,降低 CPU 的工作效率。

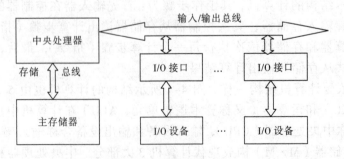

图 4-2　以 CPU 为中心的双总线组成结构

2）单总线结构

图 4-3 是单总线计算机组成结构。中央处理器、主存储器和 I/O 设备（通过 I/O 接口）以同等地位挂在系统总线上。CPU 与主存储器、主存储器与 I/O 设备、CPU 与 I/O 设备、I/O 之间均可以通过系统总线交换信息。

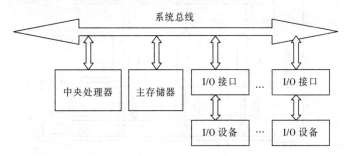

图 4-3　单总线计算机组成结构

这种结构的优点是各种 I/O 设备的寄存器和主存储器的存储单元可以统一编址，CPU 可以通过统一的传送指令像访问主存储单元一样地访问 I/O 设备，既便于控制，又易于扩充系统需要添置的 I/O 设备。当 I/O 设备与主存储器交换信息时，CPU 还可以继续处理默认不需要访问主存储器或 I/O 设备的工作。缺点是同一时刻只允许挂在单总线上的某一对设备之间相互传递信息，限制了信息传送的吞吐量（或称速率）。此外，单总线控制逻辑比专用的存储总线控制逻辑更为复杂，CPU 通过单总线向主存储器存取信息要比通过存储总线存取稍慢一些。这种结构广泛用在小型计算机和微型计算机中。

3）以存储器为中心的双总线结构

图 4-4 是以存储器为中心的双总线计算机组成结构。这种结构既保持了单总线结构的优点，又在 CPU 和主存储器之间设置了一组高速存储总线，供 CPU 与主存储器交换信息。当主存储器通过存储总线和 CPU 交换信息时，主存储器还可以通过系统总线和 I/O 设备交换信息，而不必经过 CPU 控制，既减轻了系统总线的负担，又提高了传输速率。缺点是需要增加硬件。

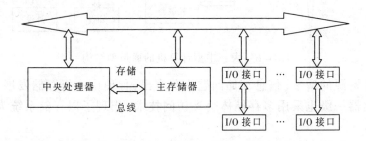

图 4-4　以存储器为中心的双总线计算机组成结构

2. 微型机的一般结构

图 4-5 是微型机的一般结构图，尽管把总线按信息类型分成了地址总线（AB）、数据总线（DB）和控制总线（CB），但仍然属于单总线结构。图中将存储器分成两类

芯片，只读存储器（ROM）中固定存放一些系统程序（如监控程序等），随机存储器（RAM）用于存储用户程序和一些需要调入/调出的系统程序。I/O 接口芯片可以是若干块，各种 I/O 设备要通过 I/O 接口与总线相连。

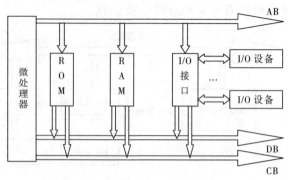

图 4-5　微型机的一般结构

3．大、中型计算机的通道型结构

图 4-6 是大、中型计算机的通道型结构，分主机、通道、I/O 控制器和 I/O 设备 4 级。组成大、中型计算机的目的是扩大系统的功能和提高系统的效率。扩大系统的功能要求配备日益增多的硬件和软件资源，提高系统的效率则强调合理地管理和调度资源。

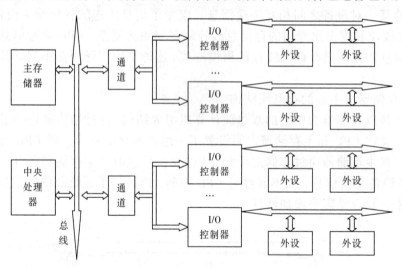

图 4-6　大、中型计算机的通道型结构

随着软件资源的增多，信息存储问题十分突出，促使由一级存储发展到多级存储，甚至在主存储器一级也采用多存储体交叉访问技术，出现了以存储系统为核心的计算机系统结构。

I/O 设备的增多，信息的输入和输出是另一个突出的问题。众多属于机械运动的慢速 I/O 设备，其工作速度远远低于快速工作的 CPU。为了解决速度匹配问题，在大、中型计算机系统中设计了通道，利用通道来对 I/O 设备进行管理和控制。

由图 4-6 可见，一台主机可以连接多个通道，一个通道可以管理一台或多台 I/O 控制器，一台 I/O 控制器又可以控制一台或多台 I/O 设备，因此，整个系统就是一台主机连接了一个庞大的外设群,这样的系统结构具有较大的扩展余地。对较小的系统来说,I/O 控制器与 I/O 设备可以合并在一起,再将通道与 CPU 合并成一级,使之成为结合型通道。对较大的系统而言,则可以单独设置通道部件。对更大的系统而言,通道则发展成为具有更强处理功能的外围处理器 PPU,甚至演变成多处理器系统。

4.2 计算机系统的硬件组成

计算机系统中的硬件是由不同的硬件部件组成的,根据冯·诺依曼理论,计算机由 5 大部件组成,本节就对这 5 大部件的结构组成和基本的工作原理进行较详细的分析。

4.2.1 运算器

运算器是一个对数据信息进行加工处理的部件,主要执行算术运算和逻辑运算。

算术运算是按照算术运算规则进行的运算,如加、减、乘、除及其复合运算,但最终都可以归结为加法和移位两个基本操作,因此,通常把加法器看作运算器的核心部件。逻辑运算一般泛指非算术运算,如逻辑加、逻辑乘、逻辑取反及异或操作等。

寄存器用于存放运算操作数,其中累加器除存放运算操作数外,还用于存放中间结果及最后运算结果。

运算器一次运算二进制数的位数称为字长,它是计算机的重要性能指标。常用的计算机字长有 8 位、16 位、32 位及 64 位。寄存器、累加器及存储单元的长度应与运算器的字长一致或是它的整数倍。现代计算机的运算器中有多个寄存器,称为通用寄存器组。设置通用寄存器组可以减少访问存储器的次数,提高运算器的速度。

图 4-7 是由加法器、移位输出门、多路输出选择器和通用寄存器组构成的一种小型机运算器基本结构框图。多路输入选择器可以按控制条件选择参与运算的操作数,移位输出门则用来实现直接传送或移位传送。功能较强的计算机还配置有专门的乘法部件、除法部件和浮点运算部件等。

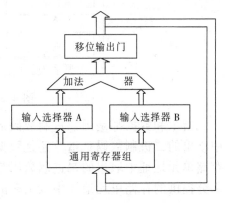

图 4-7 运算器基本结构框图

4.2.2 控制器

控制器是计算机的指挥中心,它使计算机各部件自动协调工作。控制器工作的实质就是解释程序,它每次从存储器读取一条指令,经过分析译码产生一串操作命令发给各个部件,控制各部件动作,使整个机器连续地、有条不紊地运行。

计算机中有两股信息在流动:一股是控制信息,即操作命令,它分散流向各个部件;另一股是数据信息,它受控制信息的控制从一个部件流向另一个部件,边流动边加工处理。

控制信息的发源地是控制器。控制器产生控制信息的依据来自 3 个方面:一是指令，它存放在指令寄存器中，是计算机操作的主要依据；二是各部件的状态触发器，其中存放反映机器运行状态的有关信息，机器在运行过程中，根据各部件的即时状态决定下一步操作是按顺序执行下一条指令，还是转移执行其他指令，或者转向其他操作；三是时序电路，能产生各种时序信号，使控制器的操作命令被有序地发送出去，以保证整个机器协调地工作，不至于造成操作指令间的冲突或先后次序上的错误。

图4-8是控制器的基本框图。程序的指令一般按顺序执行，控制器采用一个程序计数器来依次提供指令在存储器中的地址。程序计数器有自动加1功能，总是指向下一条将要执行的指令地址。指令取出后，暂时存放到指令寄存器中，以便控制器识别操作的种类和决定操作数的地址，即指令寄存器中指令的操作码部分送指令译码器译码，确定操作码的性质，地址码部分表明操作数的地址。

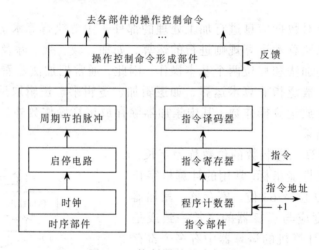

图 4-8   控制器的基本框图

指令和数据都是用二进制数码形式分区域存放在存储器中，为了能区分从存储器中读出的二进制数码是指令还是数据，可以用下列方法判断：凡由程序计数器提供的存储单元地址中取出的二进制数码是指令，应送到指令寄存器中；凡由指令中地址码部分提供的存储单元地址中取出来的二进制数码是操作数，一般应送到运算器中。

4.2.3 存储器

存储器是用来存储程序和各种数据信息的记忆部件。存储器可分为主存储器（简称主存或内存）和辅助存储器（简称辅存或外存）两大类。和 CPU 直接交换信息的是主存，其基本结构如图4-9所示。

主存的工作方式是按存储单元的地址存放或读取各类信息，统称访问存储器。主存中汇集存储单元的载体称为存储体，存储体中每个单元能够存放一串二进制码表示的信息，该信息的总位数称为一个存储单元的字长。存储单元的地址与存储在其中的信息是一一对应的，单元地址只有一个，固定不变，而存储在其中的信息是可以更换的。

指示每个单元的二进制编码称为地址码。寻找某个单元时，先要给出它的地址码。暂存这个地址码的寄存器叫存储器地址寄存器（MAR）。为可存放从主存的存储单元内取出的信息或准备存入某存储单元的信息，还要设置一个存储器数据寄存器（MDR）。

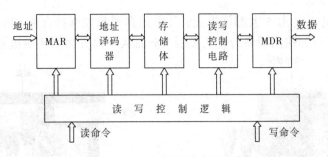

图 4-9 主存储器基本结构图

4.2.4 输入设备

输入设备是变换输入形式的部件。它将人们熟悉的信息形式变换成计算机能接收并识别的信息形式。输入的信息有数字、字母、文字、图形、图像、声音等多种形式，送入计算机的只有一种形式，即二进制数据。一般的输入设备只用于原始数据和程序的输入。

常用的输入设备有键盘、电传打字机、纸带输入机、卡片输入机、光笔、鼠标及模/数转换器等。

输入设备与主机之间通过接口连接，设置接口主要有以下几个方面的原因：一是输入设备大多数是机电设备，传送数据的速度远远低于主机，因而需用接口作数据缓冲；二是输入设备表示的信息格式与主机不同，需要用接口进行数据格式转换；三是接口还可以向主机报告设备运行的状态，传达主机的命令等。

4.2.5 输出设备

输出设备是变化计算机输出信息的部件。它将计算机运算结果的二进制信息转换成人类或其他设备所能接收和识别的形式，如字符、文字、图形、图像、声音等。输出设备和输入设备一样，需要通过接口与主机连接。

常用的输出设备有打印机、显示器、纸带穿孔机、数/模转换器等。

外存储器也是计算机中重要的外围设备，它既可以作为输入设备，也可以作为输出设备，此外，它还有存储信息的功能，因此，它常常作为辅助存储器使用。人们常将暂时还未使用或等待使用的数据存放其中。计算机的存储管理软件将它与输入/输出设备一样通过接口与主机相连。

总之，计算机硬件系统是运行程序的基本组成部分，人们通过输入设备将程序与数据存入存储器，运行时，控制器从存储器中逐条取出指令，将其解释成控制命令去控制各部件的动作。数据在运算器中加工处理，处理后的结果通过输出设备输出。

4.3 微型计算机系统的硬件配置

自从 1971 年美国生产出世界上第一台微机以来，已从第一代 4 位机演变到 64 位机。微机系统小巧、灵活、方便和廉价的优点为计算机普及开辟了极为广阔的天地。微型计算机作为计算机体系结构中的一种，具有很高的性能价格比，目前已广泛应用于日常工作与生活之中。图 4-10 是典型的微型计算机系统外观图，同一般的计算机一样，微型计算机也是由 5 大部件组成，其中运算器和控制器合称 CPU，CPU 与内存合称为主机，输入设备和输出设备合称为外设。下面从 6 大方面阐述微机系统的硬件组成。

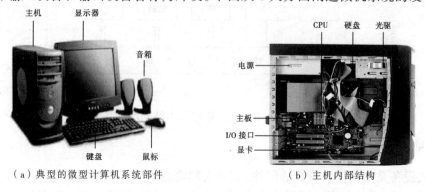

（a）典型的微型计算机系统部件　　　　（b）主机内部结构

图 4-10　典型的微型计算机系统外观图

4.3.1　中央处理器

CPU（Central Processing Unit）是微型计算机的核心，它的主要功能是执行程序指令，完成各种运算和控制功能。CPU 的类型标志着微型计算机类型。就 Intel CPU 而言，已从 8088 发展到 Core i3/5/7、Sandy Bridge、ivy Bridge。除 Intel 公司的 CPU 外，还有 AMD、Cyrix、TI 等公司的 CPU。目前较为流行的是 Core i3/5/7 CPU。

主频、总线宽度、内部缓存、外部缓存、协处理器、总线速度等参数是 CPU 的主要性能指标。CPU 的内部结构可分为控制单元、逻辑单元和存储单元 3 大部分。

个人计算机的 CPU 发展历史一般以 Intel CPU 为各个时期的代表，下面以 Intel CPU 为例，简单介绍 CPU 的特点和性能，其发展过程如表 4-1 所示。

表 4-1　CPU 发展简史

产品名称	生产公司	发布时间	产品名称	生产公司	发布时间
Intel 8086	Intel	1978 年	K7 Athlon	AMD	1999 年
Intel 8088	Intel	1979 年	Celeron Ⅱ	Intel	2000 年
Intel 80286	Intel	1982 年	K7 Duron	AMD	2000 年
Intel 80386	Intel	1985 年	Pentium 4	Intel	2002 年
Intel 80486	Intel	1989 年	Pentium M	Intel	2003 年
Pentium（奔腾）	Intel	1993 年	Pentium D	Intel	2005 年
K5	AMD	1996 年	Core 2 Duo	Intel	2006 年
Pentium Pro	Intel	1996 年	Intel Atom	Intel	2008 年
Pentium MMX	Intel	1996 年	Core i7	Intel	2008 年
K6	AMD	1997 年	Core i5	Intel	2009 年
Pentium Ⅱ	Intel	1997 年	Core i3	Intel	2010 年
Pentium Ⅱ Xeon	Intel	1998 年	Sandy Bridge	Intel	2011 年
K6-Ⅱ	AMD	1998 年	ivy Bridge	Intel	2012 年
Celeron（赛扬）	Intel	1998 年	i7-5960X	Intel	2014 年
K6-Ⅲ	AMD	1999 年	Broadwell-u	Intel	2015 年
Pentium Ⅲ	Intel	1999 年			

1．8086/8088

8088 是一种具有 8 位和 16 位处理器属性的微处理器，它的内部结构虽然支持 16 位，但只有 8 位数据总线。这样，它的内部数据寄存器即可以用作单个的 16 位寄存器，又可以作为独立的 8 位寄存器来使用。8088 可以用来使用二进制或十进制来执行 8 位或 16 位有符号或无符号的算术运算，包括乘法和除法。8088 支持 20 位地址总线，可以直接访问 1 MB 存储器 I/O 地址。8086 的数据总线和内存总线宽度均为 16 位，时钟频率为 5～10 MHz，每片集成晶体管 30 000 个。

2．80286

IBM PC/XT 系统主机板的关键部件之一是 16 位的 80286 微处理器。80286 同初期的 PC 和 XT 系统主机板的 8088 微处理器向上兼容。这意味着 8088 上运行的软件也可以在 80286 上运行，但后者运行速度更快。80286 比 8088 的功能要强大得多。80286 处理器在设计上支持多用户和多任务操作。80286 集成了 125 000 个晶体管，时钟频率为 16～25 MHz。

3．80386

80386 微处理器是 80286 的 32 位继承者。这种微处理器在 80x86 结构的基础上提供 32 位寄存器和 32 位地址、数据总线，因而使性能得以提高，其时钟频率为 40 MHz。80386 有 DX 和 SX 之分，SX 是 16/32 的混合体，DX 是真正的 32 位微处理器。

4．80486

80486 微处理器是 80386DX 的发展，它把高性能的 80387 协处理器和 80385 高速缓存控制器集成到单一的芯片中，这些附加的部件极大地提高了微处理器处理数据的速度。80486 有 8 KB 内存高速缓存和内部平行产生、检查电路，这些电路集成到单一的、168 引脚的陶瓷针格阵列部件中。80486 能操作 4 GB 的物理地址和 64 TB 的虚拟空间，相对于 80386DX 而言，80486 微处理器极大地提高了内存访问和指令执行速度。由于板内协处理器的存在，也大大地加快了浮点运算速度。80486 的 ALU 和协处理器单元以 64 位的形式传输数据。80486 集成了 1 200 000 个晶体管，采用 1mm 制造工艺，频率为 133 MHz。

5．Pentium

Pentium 微处理器是 80486 微处理器的后续产品，又保持了与其他 80x86 微处理器的兼容性。Pentium 是一个 32/64 位的微处理器，包装在一个 273 针的 PGA 封装套中。Pentium 有一条 64 位的数据总线，允许处理 8 字节数据传输。Pentium 微处理器的频率有 60/66/75/90/100/120/133/150/166/200 MHz，内部集成了 3 100 000 个晶体管。

6．Pentium Pro

Pentium Pro 微处理器利用动态执行技术来操纵流经它的数据流，动态执行操作分为 3 类，即多重分支指令预测（Multiple Branch Prediction）、数据流分析（Data Flow Analysis）、推测执行（Superlative Execution）。

多重分支预测运算法允许 Pentium Pro 在指令序列预测分支指令，通过预测指令的队列来预测下一条指令的地址将位于存储器中何处。当处理器对指令译码时，它的数据流分析电路将决定该指令是立即执行，还是依赖于其他结果而定。这一技术允许微处理器以最有效的方式执行指令流。除此以外，Pentium Pro 处理器利用预测功能，在推测分析的基础上来处理流水线里多达 5 条的指令。当指令序列的最后阶段到来之时，指令被恢复到正常次序并且可以输出最终结果。

7. Pentium MMX

Pentium MMX 微处理器中增加了 57 条多媒体指令和通信指令，把高速缓存的容量增加到了 32 KB。MMX 微处理器在整数流水线中加入了一个附加的多媒体特别阶段，这一综合阶段可以快速地处理 MMX 和整数指令。

8. Pentium II

Pentium II 是 Pentium MMX+Pro 的产品。Intel 公司革命性地改变了奔腾处理器的外形，把 Pentium II 处理器安装在一个新的单边接触桥卡（Single Edge Contact，SEC）封筒中。这个封筒利用制作在主板上的严格机械保持设备把器件固定到位。该封筒有一个固定的散热片和风扇，起到帮助 CPU 散热的作用。在封筒内部有一层衬底材料，微处理器和相关部件安装在其上面。

Pentium 微处理器采用了双重独立总线结构，即其中一条总线连通二级缓存，另一条负责主要内存。Pentium 使用了一种脱离芯片的外部高速 L2 Cache，容量为 512 KB，并以 CPU 主频的一半速度运行。作为一种补偿，英特尔将 Pentium Ⅱ 的 L1 Cache 从 16 KB 增至 32 KB。另外，英特尔第一次在 Pentium II 中采用了具有专利权保护的 Slot 1 接口标准和 SECC（单边接触盒）封装技术。

9. Pentium III

以 Pentium II 相比，Pentium III 微处理器增加了 70 多条多媒体指令，时钟频率进一步提高。该微处理器除采用 0.25 μm 工艺制造，内部集成 950 万个晶体管，Slot 1 架构之外，它还具有以下新特点：系统总线频率为 100 MHz；采用第六代 CPU 核心——P6 微架构，针对 32 位应用程序进行优化，双重独立总线；一级缓存为 32 KB（16 KB 指令缓存加 16 KB 数据缓存），二级缓存大小为 512 KB，以 CPU 核心速度的一半运行；采用 SECC2 封装形式；新增加了能够增强音频、视频和 3D 图形效果的 SSE（Streaming SIMD Extensions，数据流单指令多数据扩展）指令集。Pentium Ⅲ 的起始主频速度为 450 MHz。

10. Pentium 4

2001 年 6 月，Intel 公司发布了 Pentium 4 处理器，采用 0.18 μm 技术，423 针脚，主频为 1.4 GHz。不久，Intel 公司推出了 478 针的 Pentium 4 处理器，它仍然采用 0.18 μm 技术。Pentium 4 的工作电压为 1.7 V，外部频率为 400 MHz，8 KB 一级高速缓存，256 KB 二级缓存，在处理器核心和 L2 Cache 之间有着更大的数据传输通道，数据传输率达到 44.8 GB/s。在 0.18 μm 的 Pentium 4 发布后的短短几个月内，0.13 μm 的 Pentium 4 也开始出现。采用 0.13 μm 的 Pentium 4 外频同样为 400 MHz 的前端总线，其 L1 缓存为 20 KB，L2 缓存提高到 512 KB，内部电压降低到 1.475 V。

11. Pentium 4 HT 处理器

Intel 公司推出的 Pentium 4 处理器内含创新的 Hyper-Threading（HT）超线程技术。超线程技术打造出新等级的高性能桌上型计算机，能同时快速执行多项运算应用，或针对支持多重线程的软件带来更高的性能。超线程技术让计算机性能增加 25%。除了为桌上型计算机使用者提供超线程技术外，Intel 也达成另一项计算机里程碑，就是推出运作频率达 3.06 GHz 的 Pentium 4 处理器，这是首款每秒执行 30 亿个运算周期的商业微处理器，如此优异的性能要归功于当时业界最先进的 0.13 μm 制程技术，翌年，内建超线程技术的 Intel Pentium 4 处理器频率达到 3.2 GHz。

12. Pentium M

由以色列小组专门设计的新型移动 CPU，Pentium M 是 Intel 公司的 x86 架构微处理器，供笔记本式计算机使用，亦被作为 Centrino 的一部分，于 2003 年 3 月推出。公布有以下主频：标准 1.6 GHz、1.5 GHz、1.4 GHz、1.3 GHz、低电压 1.1 GHz，超低电压 900 MHz。为了在低主频得到高效能，Banias 作出了优化，使每个时钟所能执行的指令数目更多，并通过高级分支预测来降低错误预测率。另外最突出的改进就 L2 高速缓存增至 1 MB（P3-M 和 P4-M 都只有 512 KB）。此外还有一系列与减少功耗有关的设计：增强型 Speedstep 技术，拥有多个供电电压和计算频率，从而使性能可以更好地满足应用需求。智能供电分布可将系统电量集中分布到处理器需要的地方，并关闭空闲的应用；移动电压定位（MVPIV）技术可根据处理器活动动态降低电压，从而支持更低的散热设计功率和更小巧的外形设计；经优化功率的 400 MHz 系统总线；Micro-opsfusion 微操作指令融合技术，在存在多个可同时执行的指令的情况下，将这些指令合成为一个指令，以提高性能与电力使用效率。专用的堆栈管理器，使用记录内部运行情况的专用硬件，处理器可无中断执行程序。Banias 所对应的芯片组为 855 系列，855 芯片组由北桥芯片 855 和南桥芯片 ICH4-M 组成，北桥芯片分为不带内置显卡的 855PM（代号 Odem）和带内置显卡的 855GM（代号 Montara-GM），支持高达 2 GB 的 DDR266/200 内存，AGP4X，USB 2.0，两组 ATA-100、AC97 音效及 Modem。其中，855GM 为三维及显示引擎优化 InternalClockGating，它可以在需要时才进行三维显示引擎供电，从而降低芯片组的功率。

13. Pentium D

内含两个处理核心的 Intel Pentium D 处理器正式揭开了 x86 处理器多核心时代。

14. Core 2 Duo

Core 微架构桌面处理器，核心代号 Conroe 命名为 Core 2 Duo/Extreme 家族，其 E6700 2.6 GHz 型号比先前推出的 Intel Pentium D 960（3.6 GHz）处理器在性能方面提升了 40%，省电效率也增加了 40%。Core 2 Duo 处理器内含 2.91 亿个晶体管。

15. Intel Atom

2008 年 6 月 3 日，英特尔在北京向媒体介绍了他们与台北电脑展上同步推出的凌动处理器 Atom。英特尔凌动处理采用 45 nm 制造工艺，2.5 W 超低功耗，价格低廉且性能满足基本需求，主要为上网本（Netbook）和上网机（Nettop）使用。作为具有简单易用、经济实惠的新型上网设备——上网本和上网机，它们主要具有较好的互联网功能，还可以进行学习、娱乐、图片、视频等应用，是经济与便携相结合的新型计算机产品。其最具代表性的产品为华硕率先推出的 Eee PC，戴尔、宏基、惠普等众多厂商也纷纷推出同类产品。英特尔凌动处理器分为两款，为上网本设计的凌动 N270

与为上网机设计的凌动 230，搭配 945GM 芯片组，可以满足基本的视频、图形、浏览需求，并且体积小巧，同时价格能控制在低于当时主流计算机的价位。

16. Core i7

基于全新 Nehalem 架构的新一代桌面处理器沿用了 Core 名称，命名为 Intel Core i7 系列，至尊版的名称是 Intel Core i7 Extreme 系列。Core i7（中文名称为酷睿 i7，核心代号为 Bloomfield）处理器是英特尔于 2008 年推出的 64 位 4 核心 CPU，沿用 x86-64 指令集，并以 Intel Nehalem 微架构为基础，取代 Intel Core 2 系列处理器。Nehalem 曾经是 Pentium 4 10 GHz 版本的代号。Core i7 的名称并没有特别的含义，Intel 表示取 i7 此名的原因只是听起来悦耳，i 的意思是智能（intelligence 的首字母），而 7 则没有特别的意思，更不是指第 7 代产品。

17. Core i5

酷睿 i5 处理器是英特尔的一款产品，同样建基于 Intel Nehalem 微架构。与 Core i7 支持三通道存储器不同，Core i5 只会集成双通道 DDR3 存储器控制器。另外，Core i5 会集成一些北桥的功能，将集成 PCI-Express 控制器。接口亦与 Core i7 的 LGA 1366 不同，Core i5 采用全新的 LGA 1156。处理器核心方面，代号 Lynnfiled，采用 45 nm 制程的 Core i5 会有 4 个核心，不支持超线程技术，总共仅提供 4 个线程。L2 缓冲存储器方面，每一个核心拥有各自独立的 256 KB，并且共享一个达 8 MB 的 L3 缓冲存储器。芯片组方面，会采用 Intel P55（代号为 IbexPeak）。它除了支持 Lynnfield 外，还支持 Havendale 处理器。后者虽然只有两个处理器核心，但却集成了显示核心。P55 采用单芯片设计，功能与传统的南桥相似，支持 SLI 和 Crossfire 技术。但是，与高端的 X58 芯片组不同，P55 不会采用较新的 QPI 连接，而会使用传统的 DMI 技术。接口方面，可以与其他的 5 系列芯片组兼容。它会取代 P45 芯片组。

18. Core i3

酷睿 i3 作为酷睿 i5 的进一步精简版，是面向主流用户的 CPU 家族标识。拥有 Clarkdale（2010 年）、Arrandale（2010 年）、Sandy Bridge（2011 年）等多款子系列。

19. Sandy Bridge

SNB（Sandy Bridge）是英特尔在 2011 年初发布的新一代处理器微架构，这一构架的最大意义是重新定义了"整合平台"的概念，与处理器"无缝融合"的"核芯显卡"终结了"集成显卡"的时代。这一创举得益于全新的 32 nm 制造工艺。由于 Sandy Bridge 构架下的处理器采用了比之前的 45 nm 工艺更加先进的 32 nm 制造工艺，理论上实现了 CPU 功率的进一步降低，及其电路尺寸和性能的显著优化，这就为将整合图形核心（核芯显卡）与 CPU 封装在同一块基板上创造了有利条件。此外，第二代酷睿还加入了全新的高清视频处理单元。视频转解码速度的高与低跟处理器是有直接关系的，由于高清视频处理单元的加入，新一代酷睿处理器的视频处理时间比老款处理器至少提升了 30%。

20. ivy Bridge 处理器

在 2012 年 4 月 24 日下午北京天文馆，Intel 正式发布了 Ivy Bridge（IVB）处理器。22 nm ivy Bridge 会将执行单元的数量翻一番，达到最多 24 个，会带来性能上的进一步跃进。ivy Bridge 会加入支持 DX11 的集成显卡。另外，新加入的 XHCI USB 3.0 控制器则共享其中 4 条通道，从而提供最多 4 个 USB 3.0，从而支持原生 USB 3.0。CPU 的制作采用 3D 晶体管技术的 CPU 耗电量会减少一半。

21．i7-5960X

2014 年 9 月上市的 i7-5960X 处理器是第一款基于 22 nm 工艺的 8 核心桌面级处理器，拥有高达 20 MB 的三级缓存，主频达到 3.5 GHz，热功率为 140 W。此处理器的处理能力可谓超群，浮点数计算能力是普通办公计算机的 10 倍以上。

22．Broadwell-U

2015 年 1 月，Intel 发布的处理器共计 17 款，全部为 Broadwell-U 处理器，低至赛扬，高至 i7，覆盖高中低端产品线。功率方面，除了配备 Iris 6100 核显的 4 款处理器 TDP 为 28 W，其他全部产品均为 15 W。核显中，Iris 6100 和 HD 6000 具备 48 个 EU，HD 5500 具备 24 个 EU（i3 为 23 个），而奔腾、赛扬的 HD Graphics 则只有 12 个 EU。这些处理器将会应用于传统的笔记本、超级本、Chromebook、一体式 PC 和迷你 PC 等设备中，最低功率仅有 15 W，将明显提升移动设备的待机时间和用户体验。

4.3.2 存储器系统

存储器（Memory）是计算机系统中的记忆设备，用来存放程序和数据。存储器系统是指计算机中由存放程序和数据的各种存储设备、控制部件及管理信息调度的设备（硬件）和算法（软件）所组成的系统。

计算机中的全部信息，包括输入的原始数据、计算机程序、中间运行结果和最终运行结果都保存在存储器中。它根据控制器指定的位置存入和取出信息。有了存储器，计算机才有记忆功能，才能保证正常工作。按用途存储器可分为主存储器（内存）和辅助存储器（外存），也有分为外部存储器和内部存储器的分类方法。外存通常是磁性介质或光盘等，能长期保存信息。内存指主板上的存储部件，用来存放当前正在执行的数据和程序，但仅用于暂时存放程序和数据，关闭电源或断电，内存中的数据会丢失。

内存又常称为主存储器（简称主存），属于主机的组成部分；外存又常称为辅助存储器（简称辅存），属于外围设备。CPU 不能像访问内存那样，直接访问外存，外存要与 CPU 或 I/O 设备进行数据传输，必须通过内存进行。在 80386 以上的微机中，还配置了高速缓冲存储器（Cache），这时内存包括主存与高速缓存两部分。

构成存储器的存储介质，目前主要采用半导体器件和磁性材料。存储器中最小的存储单位是一个双稳态半导体电路或一个 CMOS 晶体管或磁性材料的存储元，它可存储一个二进制代码。由若干存储元组成一个存储单元，再由许多存储单元组成一个存储器。一个存储器包含许多存储单元，每个存储单元可存放一个字节（按字节编址）。每个存储单元的位置都有一个编号，即地址，一般用十六进制表示。一个存储器中所有存储单元可存放数据的总和称为它的存储容量。假设一个存储器的地址码由 20 位二进制数（即 5 位十六进制数）组成，则可表示 2 的 20 次方，即 1M 个存储单元地址。每个存储单元存放一个字节，则该存储器的存储容量为 1 MB。

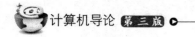

1. 随机存储器

随机存储器（Random Access Memory，RAM）是用来存储通常数据的存储器。存储单元的内容可按需随意取出或存入，且存取的速度与存储单元的位置无关。这种存储器在断电时将丢失其存储内容，故主要用于存储短时间使用的程序。按照存储信息的不同，随机存储器又分为静态随机存储器（Static RAM，SRAM）和动态随机存储器（Dynamic RAM，DRAM）。

（1）动态 RAM。动态 RAM（Dynamic Random Access Memory，DRAM）含有成千上万个小型电容单位，因为电容不能长久保持电荷，所以 DRAM 必须定期刷新，否则就会丢失数据。内存刷新占用系统时间，就是一个缺点，但制造 DRAM 便宜。人们常说的内存条就是 DRAM。

（2）静态 RAM。静态 RAM（Static Random Access Memory，SRAM）制造工艺与DRAM 相似，只是不需要定期刷新。SRAM 比 DRAM 要快得多，但 SRAM 也比较贵。

随着 CPU 的不断升级，对与它匹配的 RAM 的要求也越来越高，因此也出现了许多特殊用途的 RAM，如视频 RAM、高速缓存、EDO、SDRAM 等。

（3）视频 RAM。视频适配器使用一种特殊 RAM，即为 VRAM。VRAM 是双端口的，可以允许两个资源同时从中存取数据。PC 通过 CPU 写入 VRAM 把字符显示到屏幕上；同时，视频适配器上的显示电路以一定的间隔读取 VRAM 中的数据，从而决定何时布置屏幕。

（4）Cache 存储器。Cache 存储器即高速缓存，这种存储器位于 CPU 和主存储器DRAM 之间，规模较小，但速度快。Cache 存储器由一组 SRAM 芯片和 Cache 存储器控制电路组成。Cache 一般分为一级和二级。一级 Cache 一般集成在 CPU 内部。由于高档 CPU 的时钟频率很高，一旦出现一级 Cache 未命中的情况，就使用二级。二级Cache 在 CPU 外部，通常认为 Cache 是内存 CPU 的真正缓冲。一级 Cache 容量比较小，如 16 KB、32 KB，而二级 Cache 可达 512 KB。所以 Cache 容量大小将直接影响到 CPU的执行速度。因此，Cache 通常可作为衡量 CPU 的重要指标。

（5）EDO。EDO（Extended Data Out）即扩展的数据输出随机存储器。通常在一个 DRAM（或 SRAM、VRAM）阵列中读取一个存储器单元数据时，首先对数据所在的行进行充电，再对数据所在的列进行充电，这些需要一定的时间，制约了 RAM 的读写速度。EDO 存储器假设下一个要读写的单元地址和当前读写的单元地址是连续的（一般情况确实如此），在读写周期内便启动下一个读写周期，EDO 存储器取消了主板与内存两个周期之间的时间间隔，它每隔 2 个时钟脉冲周期传输一次数据，大大地缩短了存取时间，从而将 RAM 的速度提高了 30%，达到 60 ns。

EDO 技术只需要在普通 DRAM 外部增加 EDO 逻辑控制电路，几乎没有增加成本。

（6）SDRAM。同步动态随机存储器 SDRAM（Synchronous DRAM）技术是将 CPU和 RAM 通过一个相同的时钟信号锁在一起，使 RAM 和 CPU 能够共享一个时钟周期，以相同的速度同步工作，每一个时钟脉冲的上升沿便开始传递数据，速度比 EDO 内存提高 50%，从而彻底解决 CPU 和 RAM 之间的速度匹配问题。通常 SDRAM 比一般DRAM 要贵许多。

（7）CMOS 存储器。CMOS 是一种耗电极省的存储器，它是集成在主板上的一块可读写的 RAM 芯片，用来存储日期、时间、硬盘规格等参数。

CMOS 通常有一个 SETUP 程序，可以设置和修改系统的日期、时间、系统参数等。CMOS 中的内容如果丢失，就不能启动机器。CMOS 一般靠一个电池供电。

2. 只读存储器

只读存储器（Read Only Memory）的特点是只能读数据，不能写。其刷新原理与 SRAM 类似，但消耗能量少，所以通常关闭计算机电源之后，其中的数据还能保留。常见的 ROM 存储器有 ROM BIOS、键盘 BIOS 和影子 ROM 等。

（1）ROM BIOS。ROM BIOS（Basic Input-Output System，基本输入/输出系统）是集成在主板上的一块 ROM 芯片，用来存储机器的基本输入/输出程序。这些程序包括上电自检 POST（Power On System Test）程序、装入引导程序、外围设备（如键盘、显示器、磁盘驱动器、打印机和异步通信接口等）驱动程序和时钟控制程序。这些程序永久地保留在 ROM 芯片中，不会因掉电而丢失。ROM BIOS 又称 System BIOS，在主板上的 ROM BIOS 芯片印有 BIOS 字样。

（2）键盘 BIOS。PC 本身除了 System BIOS 外，键盘也有专用的 Keyboard BIOS。不过该 BIOS 并不是 ROM，而是一块芯片，有自己的 CPU 在内。Keyboard BIOS 除了接收来自键盘的信息外，还负责 A20 地址线的切换。CPU 从实模式到保护模式便是通过 A20 地址线的切换来实现的。平常 A20 为 0，CPU 工作在 DOS 的实模式，当 A20 切换为 1 时，便可进入保护模式。

（3）影子内存。影子内存（Shadow ROM）是为了提高系统效率而采用的一种专门技术。影子内存占用系统内存中的 786 KB～1 MB 区域（地址范围为 C000～C7FFF），这个区域称为内存保留区，16 KB 大小的尺寸分为块，由用户设定是否使用。C000～C7FFF 这两个 16 KB 块用作显卡 ROM BIOS 的影子区。C8000～EFFFF 这 10 个 16 KB 可作为其他适配器的 ROM BIOS 影子区。F000～FFFFF 共 64 KB 规定为系统 ROM BIOS 的影子区。

影子内存的主要用途是将一些频繁使用的程序（如 ROM　BIOS 复制到该区域，系统要用到这些程序时，直接到该区域中调用，从而提高速度。访问 ROM BIOS 代码的速度约为 200 ns，而访问影子内存的速度为 50～100 ns。

4.3.3　主机板

打开计算机的外壳，往往能发现一块最大的印制电路板，这一块印制电路板被称为主机板。主机板（简称主板，Main Board）又称系统板或母板，是 PC 的核心部件。

主机板上的重要部件有中央处理器插槽、内存储器芯片条插槽、高速缓冲芯片或插槽、BIOS 芯片、CMOS 芯片、键盘与鼠标的插槽、插扩充板用的扩充槽、电池、固定在主板上的一些端口插槽、管理主板系统的核心逻辑芯片组等。

主机板发生根本性改变有 3 个因素：新的微处理器、新的类型以及日渐减少的芯片数量，也就是通常所说的 CPU、芯片组与总线。这些因素也构成了主机板分类的基础。

主板采用了开放式结构。主板上大都有 6～15 个扩展插槽，供 PC 外围设备的控制卡（适配器）插接。通过更换这些插卡，可以对微机的相应子系统进行局部升级，使厂家和用户在配置机型方面有更大的灵活性。主板在整个微机系统中扮演着举足轻重的角色。可以说，主板的类型和档次决定着整个微机系统的类型和档次，主板的性能影响着整个微机系统的性能。

1. 芯片

（1）BIOS 芯片是一块方块状的存储器，里面存有与该主板搭配的基本输入/输出系统程序。能够让主板识别各种硬件，还可以设置引导系统的设备，调整 CPU 外频等。BIOS 芯片是可以写入的，这方便用户更新 BIOS 的版本，以获取更好的性能及对计算机最新硬件的支持，不利的一面是会让主板遭受诸如 CIH 病毒的袭击。

（2）南北桥芯片：横跨 AGP 插槽左右两边的两块芯片就是南北桥芯片。南桥多位于 PCI 插槽的上面；而 CPU 插槽旁边，被散热片盖住的就是北桥芯片。芯片组以北桥芯片为核心，一般情况，主板的命名都是以北桥的核心名称命名的（如 P45 的主板就是用的 P45 的北桥芯片）。北桥芯片主要负责处理 CPU、内存、显卡三者间的"交通"，由于发热量较大，因而需要散热片散热。南桥芯片则负责硬盘等存储设备和 PCI 之间的数据流通。南桥和北桥合称芯片组。芯片组在很大程度上决定了主板的功能和性能。需要注意的是，AMD 平台中部分芯片组因 AMD CPU 内置内存控制器，可采取单芯片的方式，如 nVIDIA nForce 4 便采用无北桥的设计。从 AMD 的 K58 开始，主板内置了内存控制器，因此北桥便不必集成内存控制器，这样不但减少了芯片组的制作难度，同样也减少了制作成本。一些主板上将南北桥芯片封装到一起，只有一个芯片，这样大大提高了芯片组的功能。

（3）RAID 控制芯片：相当于一块 RAID 卡的作用，可支持多个硬盘组成各种 RAID 模式。主板上集成的 RAID 控制芯片主要有两种：HPT372 RAID 控制芯片和 Promise RAID 控制芯片。

2. 扩展槽

所谓的"插拔部分"是指这部分的配件可以用"插"来安装，用"拔"来反安装。

（1）内存插槽：内存插槽一般位于 CPU 插座下方。

（2）AGP 插槽：颜色多为深棕色，位于北桥芯片和 PCI 插槽之间。AGP 插槽有 1×、2×、4× 和 8× 之分。AGP4× 的插槽中间没有间隔，AGP2× 则有。在 PCI Express 出现之前，AGP 显卡较为流行，其传输速度最高可达到 2133MB/s（AGP8×）。

（3）PCI Express 插槽：随着 3D 性能要求的不断提高，AGP 已越来越不能满足视频处理带宽的要求，显卡接口多转向 PCI Exprss。PCI Exprss 插槽有 1×、2×、4×、8× 和 16× 之分。

（4）PCI 插槽：PCI 插槽多为乳白色，可以插上软 Modem、声卡、股票接受卡、网卡、检测卡、多功能卡等设备。

（5）CNR 插槽：多为淡棕色，长度只有 PCI 插槽的一半，可以接 CNR 的软 Modem 或网卡。这种插槽的前身是 AMR 插槽。CNR 和 AMR 不同之处在于：CNR 增加了对网络的支持性，并且占用的是 ISA 插槽的位置。共同点是它们都是把软 Modem 或是软声卡的一部分功能交由 CPU 来完成。这种插槽的功能可在主板的 BIOS 中开启或禁止。

　　3．对外接口

　　（1）硬盘接口：硬盘接口可分为 IDE 接口和 SATA 接口。在型号老些的主板上，多集成 2 个 IDE 口，通常 IDE 接口位于 PCI 插槽下方，从空间上则垂直于内存插槽（也有横着的）。而新型主板上，IDE 接口大多缩减，甚至没有，代之以 SATA 接口。

　　（2）COM 接口（串口）：目前大多数主板都提供了两个 COM 接口，分别为 COM1 和 COM2，作用是连接串行鼠标和外置 Modem 等设备。COM1 接口的 I/O 地址是 03F8h～03FFh，中断号是 IRQ4；COM2 接口的 I/O 地址是 02F8h～02FFh，中断号是 IRQ3。由此可见 COM2 接口比 COM1 接口的响应具有优先权，现在市面上已很难找到基于该接口的产品。

　　（3）PS/2 接口：PS/2 接口的功能比较单一，仅能用于连接键盘和鼠标。一般情况下，鼠标的接口为绿色、键盘的接口为紫色。PS/2 接口的传输速率比 COM 接口稍快一些，但这么多年使用之后，虽然现在绝大多数主板依然配备该接口，但支持该接口的鼠标和键盘越来越少，大部分外设厂商也不再推出基于该接口的外设产品，更多的是推出 USB 接口的外设产品。不过值得一提的是，虽然该接口现在依然使用，但在不久的将来，被 USB 接口所完全取代的可能性极高。

　　（4）USB 接口：USB 接口是现在最为流行的接口，最大可以支持 127 个外设，并且可以独立供电，其应用非常广泛。USB 接口可以从主板上获得 500 mA 的电流，支持热拔插，真正做到了即插即用。一个 USB 接口可同时支持高速和低速 USB 外设的访问，由一条 4 芯电缆连接，其中两条是正负电源，另外两条是数据传输线。高速外设的传输速率为 12 Mbit/s，低速外设的传输速率为 1.5 Mbit/s。此外，USB 2.0 标准最高传输速率可达 480 Mbit/s。

　　随着人们工作生活中产生和需要的数据量越来越大，USB 2.0 的 480 Mbit/s 早已不能满足快速数据传输和存储的要求，因此更高速率的 USB 3.0 应运而生。USB 3.0 的理论速度为 5.0 Gbit/s，是 USB 2.0 的 10 倍，且它的对外电流输出能力由 USB 2.0 定义的 500 mA 上升为 900 mA。USB 3.0 现已广泛用于 PC 外围设备和消费电子产品。对应此前的 USB 1.1 FullSpeed 和 USB 2.0 HighSpeed，USB 3.0 在实际设备应用中也被称为 USB SuperSpeed。

　　USB 3.1 是最新的 USB 规范，该规范由 Intel 等大公司发起。与现有的 USB 技术相比，新 USB 技术使用一个更高效的数据编码系统，并提供高达 10 Gbit/s 的数据吞吐率。它完全向下兼容现有的 USB 连接器与线缆。USB 3.1 作为下一代的 USB 传输规格，通常被称为 SuperSpeed+，已于 2015 年秋季逐步出现在旗舰型 PC 中，并逐步替代 USB 3.0。

　　（5）LPT 接口（并口）：一般用来连接打印机或扫描仪。其默认的中断号是 IRQ7，采用 25 脚的 DB-25 接头。并口的工作模式主要有 3 种：① SPP 标准工作模式。SPP 数据是半双工单向传输，传输速率较慢，仅为 15 kbit/s，但应用较为广泛，一般设为默认的工作模式。② EPP 增强型工作模式。EPP 采用双向半双工数据传输，其传输速率比 SPP 高很多，可达 2 Mbit/s，目前已有不少外设使用此工作模式。③ ECP 扩充型工作模式。ECP 采用双向全双工数据传输，传输速率比 EPP 还要高一些，但支持的设备不多。现在使用 LPT 接口的打印机与扫描仪已经基本很少了，多为使用 USB 接口的打印机与扫描仪。

（6）MIDI 接口：声卡的 MIDI 接口和游戏杆接口是共用的。接口中的两个针脚用来传送 MIDI 信号，可连接各种 MIDI 设备，例如电子键盘等，现在市面上已很难找到基于该接口的产品。

（7）SATA 接口：SATA 的全称是 Serial Advanced Technology Attachment（串行高级技术附件，一种基于行业标准的串行硬件驱动器接口），是由 Intel、IBM、Dell、APT、Maxtor 和 Seagate 公司共同提出的硬盘接口规范。在 IDF Fall 2001 大会上，Seagate 宣布了 Serial ATA 1.0 标准，正式宣告了 SATA 规范的确立。SATA 规范将硬盘的外部传输速率理论值提高到了 150 MB/s，比 PATA 标准 ATA/100 高出 50%，比 ATA/133 也要高出约 13%，随着后续版本的发展，SATA 接口的速率可扩展到 2X 和 4X（300 MB/s 和 600 MB/s）。从其发展计划来看，SATA 通过提升时钟频率来提高接口传输速率，让硬盘也能够超频。

4.3.4　输入/输出设备

主机板、CPU 和存储器是一台微机的核心，但是，如果没有配备相应的外围设备，这台微机就没有什么实质用途。

1．输入设备

输入设备（Input Device）是向计算机输入数据和信息的设备。是计算机与用户或其他设备通信的桥梁。输入设备是用户和计算机系统之间进行信息交换的主要装置之一。键盘、鼠标、摄像头、扫描仪、光笔、手写输入板、游戏杆、语音输入装置等都属于输入设备。

现在的计算机能够接收各种各样的数据，既可以是数值型的数据，也可以是各种非数值型的数据，如图形、图像、声音等都可以通过不同类型的输入设备输入到计算机中，进行存储、处理和输出。计算机的输入设备按功能可分为下列几类：

（1）字符输入设备：键盘。

（2）光学阅读设备：光学标记阅读机，光学字符阅读机。

（3）图形输入设备：鼠标、操纵杆、光笔。

（4）图像输入设备：摄像机、扫描仪、传真机。

（5）模拟输入设备：语言模数转换识别系统。

2．输出设备

输出设备（Output Device）是人与计算机交互的一种部件，用于数据的输出。它把各种计算结果数据或信息以数字、字符、图像、声音等形式表示出来。常见的有显示器、打印机、绘图仪、影像输出系统、语音输出系统、磁记录设备等。

控制台打字机、键盘、光笔、显示器等既可作为输入设备，也可作为输出设备。

输入/输出设备起着人和计算机、设备和计算机、计算机和计算机的联系作用。

4.3.5 外存储设备

外存储设备一般可分为硬磁盘，光盘、U 盘等。

1. 硬盘系统

硬盘系统由硬盘片、硬盘驱动器和适配器组成，通过硬盘适配器与主机相连。这个子系统有相对独立的功能。硬盘驱动器、适配器都带有各自的 CPU，它们本身就是一台专用的微处理机。硬盘封装在硬盘驱动器中，不可以将盘片随时插入或取出。

硬盘驱动器按盘径、接口类型和容量进行分类。按盘径分为 5.25 英寸、3.5 英寸、2.5 英寸以及 1.8 英寸等数种。按接口类型分为 ST506 接口、AT-BUS 接口（又称 IDE 接口）、ESDI 接口以及 SCSI 接口等数种。

硬盘的容量是以 MB、GB、TB 为单位。早期的硬盘容量低下，大多以 MB 为单位，1956 年 9 月 IBM 公司制造的世界上第一台磁盘存储系统只有区区的 5 MB，而现今硬盘技术飞速的发展，数百 GB 乃至 TB 级容量的硬盘也已进入家庭用户。硬盘的容量有 40 GB、60 GB、80 GB、100 GB、120 GB、160 GB、200 GB、250 GB、300 GB、320 GB、500 GB、640 GB、750 GB、1 TB、1.5 TB、2 TB、3 TB、4 TB 等。硬盘技术还在继续向前发展，更大容量的硬盘还将不断推出。

2. 光存储设备

光盘是近年来飞速发展起来的一种数据存储设备。开始是作为多媒体计算机的关键部件之一而被使用的。目前，它不仅是多媒体数据的存储设备，也是各种程序和各种计算机文档的存储设备。光盘一般分为 3 种：

（1）只读光盘（CD-ROM）：数据只能读取、不能写入。

（2）一次性写光盘（WORM）：只能写入一次，然后可以多次读取数据。

（3）可读写光盘（E-R/W）：在光盘未损坏的情况下，可任意次实行读写操作。

CD-ROM 的全称是 Compact Disc Read Only Memory，容量一般为 650 MB。使用光盘必须有相应的光盘驱动器，光盘驱动器的接口类型主要有 IDE 接口和 SCSI 接口。按速度可分为 16 倍速、24 倍速、32 倍速等。32 倍速光盘驱动器的数据存取速度达到 4.8 Mbit/s，与硬盘对数据的存取速度十分接近。

DVD 数据存储设备的全称是 Digital Versatile Disk。它的容量可达到 4.5～17 GB，比 CD-ROM 容量大 8～25 倍，速度快 9 倍以上。因此，CD-ROM 有被 DVD 替代的趋势。

3. U 盘

U 盘，全称"USB 接口移动硬盘"，英文名 USB removable（mobile） hard disk。U 盘的称呼最早来源于朗科公司生产的一种新型存储设备，名曰"优盘"，使用 USB 接口进行连接。USB 接口就连到计算机的主机后，U 盘的资料就可放到计算机上了。计算机上的数据也可以放到 U 盘上，很方便。而之后生产的类似技术的设备由于朗科已进行专利注册，而不能再称之为"优盘"，而改称谐音的"U 盘"或形象地称之为"闪存""闪盘"等。后来 U 盘这个称呼因其简单易记而广为人知，而直到现在这两者也已经通用，并对它们不再区分。其最大的特点就是：小巧便于携带、存储容量大、价格便宜。是移动存储设备之一。U 盘刚问世时，存储容量在目前看来并不大，而且价格也相当昂贵，但随着技术的革新和普及，U 盘的容量和价格很快就发生了翻天覆

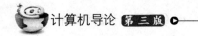

地的变化。

U 盘的特性可以基本归纳如下：

（1）热插拔，即插即用。

（2）无须外接电源。有 LED 灯显示。

（3）容量为 128 MB（已淘汰）、256 MB（已淘汰）、512 MB（已淘汰）、1 GB、2 GB、4 GB、8 GB、16 GB、32 GB、64 GB、128 GB、256 GB、512 GB、1 TB 等。

（4）可使用于多种操作平台，如 Windows XP/7/8/10、Mac OS 8.6&Higher、UNIX、Linux 2.4 或更新版本。

（5）电子存储介质。无机械部件，抗震动，抗电磁干扰。

（6）支持软件加密，支持双启动功能。

（7）保存数据安全、长久（10 年以上）。

4.3.6　网络与多媒体设备

计算机正朝着网络化、多媒体化方向发展。微机系统要具备多媒体功能，必须配置音频处理系统；要具备联网功能，必须配置网卡或调制解调器等设备。

1．声卡

音频处理系统是由声卡、话筒、音箱等设备组成的，其中声卡是必不可少的。声卡可以将声音信号转换为数字存储在计算机中，如录音过程；也可以将数字信号还原为声音信号，如播音过程。由于声卡的录音和播音功能，因此，它带有与扬声器和话筒的插口。

声卡的技术指标有以下几点：

（1）声音采样的位数：分为 8 位、16 位、32 位，位数越多，分辨率越高，失真度越小。

（2）采样频率：从 4～44.1 kHz，采样频率越高，其音质还原越逼真。采样分辨率和采样频率可决定音频卡音质是否清晰、悦耳，噪声的程度如何。

（3）声道数：声卡的声道数是指产生一个波形还是两个波形，这决定声卡是单声道还是立体声。

2．调制解调器

如果微机要通过电话线上网，则必须配置调制解调器（Modem）。Modem 是由调制器（Modulator）和解调器（Demodulator）两个单词组合而成的复合词。电话线是传输声音信号的，计算机产生的数字信号必须由调制解调器调成声音信号才能通过电话线进行传输（这就是调制器部分），调制解调器还要把来自电话线的声音信号转换为数字信号（这就是解调器部分）。

一般的 PC 上用的调制解调器有内置式和外置式两种，在便携式计算机内使用的是 PCMCIA 接口的内置式调制解调器。内置式插在计算机的扩展槽内，对外只要一根电话线相连；外置式为台式小设备，除电话线外，还要单独接至电源和通过串行口与计算机相连。

调制解调器的技术指标一般有：

（1）速率：有 14.4 kbit/s、28.8 kbit/s、33.6 kbit/s、56 kbit/s 等几种。

（2）差错控制标准：按先进程度依次是 MNP4、V.32、V.32bis 和 V.42 等。

（3）数据压缩标准：按先进程度依次为 MNP5、V.42、V.FC 和 V.34 等。

（4）是否带有传真（FAX）功能，兼容性是否好等。

3. 网卡

随着计算机网络时代的到来，机关、校园、企业都相应地建立起了计算机网络系统，以满足各种各样的需求。单台计算机如果要与其他计算机互联，构成一个网络环境，必须配置网卡。网卡是微机与计算机网络连接的部件。目前通常使用的是以太网卡。在选择网卡时要考虑下列因素：

（1）与操作系统的兼容性：首先必须保证安装的网卡与所使用的操作系统兼容。每一个网卡有一个驱动程序。针对不同的操作系统，安装相应的驱动程序。

（2）与计算机的兼容：计算机上提供的插槽一般有 ISA（工业标准体系结构）插槽、EISA（扩展工业标准体系结构）插槽、MCA（微通道体系结构）插槽、PCI（外围组件互联）插槽、VLB（VESA 局部总线）插槽、PCMCIA 或 PC 卡插槽。不同的插槽对应不同的总线结构。另外，还要区分 8 位插槽和 16 位插槽。

（3）与网络电缆连接器的兼容性：不同类型的网络电缆传送数据的方法不同，连接到网卡的物理接头也不同。网卡的连接器主要有 BNC、AUI（用于加接外部收发器）和 RJ45，分别用于 50 Ω细缆、50 Ω粗缆和 UIP 双绞线。有的网卡同时提供两种以上的连接器。

网卡主要生产厂家有 3Com、Intel、D-Link、Microdyne 和 Eagle 等。

小 结

计算机体系结构指的是构成计算机系统主要部件的总体布局、部件的主要性能以及这些部件之间的连接方式。计算机系统从以 CPU 为中心发展到了现在以存储器为中心的时代。从体系结构来看，计算机可分为通道型结构的大中型计算机、各种总线型结构的小型计算机以及一般三总线结构的微型计算机。

5 大部件的内部结构和基本工作原理，是理解计算机体系结构的基础。对这些部件的基本认识，可以从各部件的结构框图、内部数据传输、工作方式控制以及主要性能等方面入手。

对微型计算机基本配置和有关性能参数的认识，是计算机体系结构的具体应用。一台微型计算机的主要配置包括：CPU、主板、内部存储器、输入输出设备、外存储设备、网络与多媒体设备等。

习 题

一、填空题

1. 运算器的完整功能是进行_____运算和_____运算。

2. CPU 主要技术性能指标有_____、_____和_____。

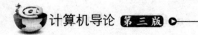

3. 计算机的系统总线是计算机各部件间传递信息的公共通道，它分为_____、_____和_____。

二、简答题

1. 简述现代计算机的结构特点。

2. 简述大型计算机、小型计算机、微型计算机的硬件结构及其特点。

3. 计算机硬件系统由哪些部件组成，它们的功能和特点是什么？

三、思考题

1. 做一份市场调查，写出相关的计算机市场各配件的调查报告，要求包括部件品牌、性能指标、价格等参数。

2. 为自己配置一台计算机，试列出各部件的型号、厂家以及价格等数据。

第 5 章

操作系统基础 <<<

内容介绍：

操作系统是一组控制和管理计算机软硬件资源，为用户提供便捷使用计算机的程序集合。操作系统在计算机中具有极其重要的地位，它不仅是硬件与其他软件的接口，也是用户和计算机之间进行"交流"的界面。

本章介绍了操作系统的工作原理、操作系统的分类、操作系统的基本功能，并重点介绍了常见微机操作系统及其应用。

本章重点：

- 操作系统的基本概念。
- 操作系统的基本功能。
- 常见操作系统及其基本应用。

5.1 操作系统概述

操作系统是最重要的计算机系统软件，计算机发展到今天，从微型机到高性能计算机，无一例外都配置了一种或多种操作系统，操作系统已经成为现代计算机系统软件不可分割的重要组成部分。而其他的诸如汇编程序、编译程序、数据库管理系统等系统软件，以及大量的应用软件，将都依赖于操作系统的支持，取得它的服务。它在整个计算机系统中具有特殊重要的地位，它不仅是用户和硬件的接口（界面），而且是控制和管理计算机硬件和软件资源、合理地组织计算机工作流程以及方便用户的程序的集合。图 5-1 所示为计算机系统层次图。

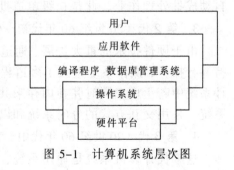

图 5-1 计算机系统层次图

5.1.1 操作系统的目标

操作系统的目标包括：

（1）方便性：计算机硬件只能识别 0 或 1，即只能识别机器代码，因此没有配置操作系统的计算机是难以使用的；如果配置了操作系统，则可以使用 OS 提供的各种命令来使用计算机系统，从而方便了用户，也使计算机变得易学易用。

（2）有效性：操作系统可以管理 CPU、I/O 设备等系统资源，从而避免各种资源使用无序而引起的资源浪费现象。配置了 OS 的计算机可有效改善系统的资源利用率和提高系统吞吐量。

（3）可扩充性：OS 采用模块化设计，可适应计算机硬件和体系结构的迅速发展，可方便增加新的功能模块和修改旧的功能模块。

（4）开放性：为了适应不同的硬件系统和软件系统，实现硬件设备正确、有效地协同工作，以及实现应用程序地可移植性和互操作性，要求 OS 具有开放性。

方便性和有效性是 OS 最重要的两个目标。当前更重视 OS 使用上的方便性。

5.1.2　操作系统的历史

为了提高计算机资源的利用率和方便用户的需要，随着计算机元件的不断更新换代和体系结构的不断发展，操作系统经历了一系列革命性的变迁，一般认为操作系统发展已经经历了如下历程。

1．第 0 代（20 世纪 40 年代末～50 年代初）**无操作系统**

这时的计算机操作是由程序员采用人工操作方式直接使用计算机硬件系统来完成的，即由程序员将事先已穿孔的纸带（或卡片）装入纸带输入机（或卡片读入机），再通过控制台开关按键启动程序运行，程序运行完毕打印结果输出，卸下纸带（或卡片）后才能让另一用户上机。此种方式效率很低。

2．第 1 代（20 世纪 50 年代中～50 年代末）**初级单道操作系统**

它是为了减少人工操作时间和作业转换时间，以提高 CPU 利用率而设计的。由于有了较高速和大容量的磁带机和外围机，通过脱机 I/O 方式，将许多作业一个个地由低速输入设备(如纸带机)通过与主机脱机的外围处理机输入到较高速的磁带机上，这样在主机系统上的作业以成批组合，可以依次调入系统运行，实现自动转换作业和自动成批处理作业，此是初级单道批处理系统。

3．第 2 代（20 世纪 60 年代初～60 年代中）**多道程序设计共享系统**

由于硬件技术的重大进展、通道技术的引进和中断技术的发展，计算机系统能支持并行操作，操作系统进入了多道程序设计和设计共享系统阶段，通过在多道程序设计系统中若干用户同时驻在内存来共享 CPU 和 I/O 设备。这一阶段包含了多道批处理系统、采用交互方式的分时系统和以缩短瞬时响应时间为特征的实时系统。

4．第 3 代（20 世纪 60 年代中～70 年代中）**多模式系统**

这一代计算机系统是通用系统，像 IBM/360 号称为 360 度面向各方面的用户，为多模式系统，即一个系统同时支持批处理、分时处理、实时处理和多重处理。在多重处理系统中，一个计算机系统使用多个处理机以增强计算机的处理能力。

5．第 4 代（20 世纪 70 年代中至今）**网络操作系统和分布式操作系统**

网络操作系统实现在计算机网络上实现信息交换、资源共享和互操作等功能。分布式操作系统将地域上分散的各系统互连成一个具有整体功能的系统，并可将一个任务分布地在各系统上运行，实现分布式处理。

5.1.3 操作系统的工作原理

操作系统的基本特征是并发和共享。并发的意思是存在许多同时的活动（或并行的活动）：输入/输出操作和处理器并行活动，在主存中同时驻留几道用户程序等都是并发的例子。并发活动要求共享资源和信息，这就能提高资源的利用率。多道程序可以并发而共享资源。一个用户的任务也可以组织成几个子任务并发工作而提高运行效率。一个程序的顺序执行演算模型如图 5-2（a）所示，进一步描述成如图 5-2（b）所示。

程序这样运行时，不能使输入设备、处理器和打印机并行工作。若忽略处理器加工数据的处理时间，则完成一批数据加工的时间为输入/输出设备耗时的总和。若将这个计算任务分成 3 个子任务，并引入缓冲技术：输入子任务从输入设备读一批数据到输入缓冲区，处理子任务则把输入缓冲区中的数据处理后放入输入缓冲区，打印子任务则打印输出缓冲区中的内容，从而输入子任务可以与打印子任务并发工作，使完成一批数据加工的时间近似于系统中较慢的设备的速度。程序的并发执行过程如图 5-3所示。

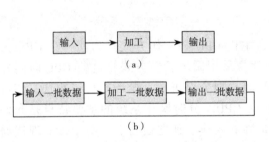

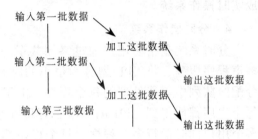

图 5-2　程序的顺序执行　　　　　　图 5-3　程序的并发执行

程序的并发执行，发挥了处理器与输入/输出设备并发工作的能力，提高了系统的效率。多个计算程序同时驻留在主存储器中并发执行，这种程序设计方法称为"多道程序设计"，这种系统称为多道程序系统。多道程序系统能充分发挥处理器的利用效率，提高系统资源的利用效率。当然它们同处在一个系统中，一个任务（或子任务）的执行就会受到其他任务（或子任务）的影响（又称制约）。

5.1.4 操作系统的分类

对操作系统进行严格的分类是困难的。早期的操作系统，按用户使用的操作环境和功能特征的不同，可分为 3 种基本类型：单用户系统、批处理系统、分时系统和实时系统。随着计算机体系结构的发展，又出现了嵌入式操作系统、分布式操作系统和网络操作系统。操作系统的分类，可根据处理方式、运行环境、服务对象和功能的不同，分为单用户、批处理、实时、分时、网络以及分布式操作系统。

1. 单用户操作系统

这种操作系统的主要特征是在一个计算机系统内依次只能运行一个用户程序。此用户独占计算机系统的全部硬件、软件资源。多数微型机操作系统都属于此类。

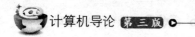

2．批处理操作系统

批处理操作系统的突出特征是"批量"处理，它把提高系统处理能力作为主要设计目标。它的主要特点是：用户脱机使用计算机，操作方便；成批处理，提高了 CPU 利用率。它的缺点是无交互性，即用户一旦将程序提交给系统后就失去了对它的控制能力，使用户感到不方便。例如，VAX/VMS 是一种多用户、实时、分时和批处理的多道程序操作系统。目前这种早期的操作系统已经被淘汰。

3．实时操作系统

实时操作系统是指当外界事件或数据产生时，能够快速接收并以足够快的速度予以处理，处理结果能在规定时间之内完成，并且控制所有实时设备和实时任务协调一致地运行的操作系统。实时操作系统通常是具有特殊用途的专用系统。实时控制系统实质上是过程控制系统。例如，通过计算机对飞行器、导弹发射过程的自动控制，计算机应及时将测量系统测得的数据进行加工，并输出结果，对目标进行跟踪或向操作人员显示运行情况。在工业控制领域，早期常用的实时操作系统主要有 VxWorks、QNX 等，目前的操作系统（如 Linux、Windows 等）经过一定改变后（定制），都可以改造成实时操作系统。

4．分时操作系统

分时系统是指多用户通过终端共享一台主机 CPU 的工作方式。为使一个 CPU 为多道程序服务，将 CPU 划分为很小的时间片，采用循环轮转方式将这些 CPU 时间片分配给队列中等待处理的每个程序，由于时间片划分得很短，循环执行得很快，使得每个程序都能得到 CPU 的响应，好像在独享 CPU。分时操作系统的主要特点是允许多个用户同时运行多个程序；每个程序都是独立操作、独立运行、互不干涉。现代通用操作系统中都采用了分时处理技术，Windows、Linux、Mac OS X 等都是分时操作系统。

5、嵌入式操作系统

近年来各种掌上型数码产品（如数码照相机、智能手机、平板微机等）成为一种日常应用潮流。除以上电子产品外，还有更多的嵌入式系统隐身在不为人知的角落，从家庭用品的电子钟表、电子体温计、电子翻译词典、电冰箱、电视机等，到办公自动化的复印机、打印机、空调、门禁系统等，甚至是公路上的红绿灯控制器、飞机中的飞行控制系统、卫星自动定位和导航设备、汽车燃油控制系统、医院中的医疗器材、工厂中的自动化机械等、嵌入式系统已经成为人们日常生活中不可缺少的一部分。

根据 IEEE（国际电气和电子工程师协会）的定义，嵌入式系统是"控制、监视或者辅助装置、机器和设备运行的装置"。从中可看出嵌入式系统是软件和硬件的综合体，与应用结合紧密，具有很强的专用性。

绝大部分智能电子产品都必须安装嵌入式操作系统。嵌入式操作系统运行在嵌入式环境中，它对电子设备的各种软硬件资源进行统一协调、调度和控制。嵌入式操作系统从应用角度可分为通用型和专用型。常见的通用型嵌入式操作系统有 Linux、VxWorks、Windows CE、QNX、Nucleus Plus 等；常用的专用型嵌入式操作系统有 Android（安卓）、Symbian（塞班）等，如图 5-4 所示。

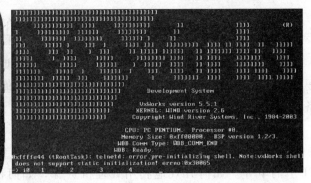

（a）Android 操作系统　　（b）Symbian 操作系统　　　（c）VxWorks 操作系统

图 5-4　常见嵌入式操作系统工作界面

嵌入式操作系统具有以下特点：

（1）系统内核小。嵌入式操作系统一般应用于小型电子设备，系统资源相对有限，所以系统内核比其他操作系统要小得多。例如，Enea 公司的 OSE 嵌入式操作系统内核只有 5 KB。

（2）专用性强。嵌入式操作系统与硬件的结合非常紧密，一般要针对硬件进行系统移植，即使在同一品牌、同一系列的产品中，也需要根据硬件的变化对系统进行修改。

（3）系统精简。嵌入式操作系统一般没有系统软件和应用软件的明显区分，要求功能设计及实现上不要过于复杂，这样一方面利于控制成本，同时也利于实现系统安全。

（4）高实时性。嵌入式操作系统的软件一般采用固态存储（集成电路芯片），以提高运行速度。

6. 网络操作系统

网络操作系统是基于计算机网络的操作系统，它的功能包括网络管理、通信、安全、资源共享和各种网络应用。网络操作系统的目标是用户可以突破地理条件的限制，方便地使用远程计算机资源，实现网络环境下计算机之间的通信和资源共享。例如，Windows Server、Linux、FreeBSD 等都是网络操作系统。

7. 分布式操作系统

分布式操作系统是指通过网络将大量计算机连接在一起，以获取极高的运算能力、广泛的数据共享以及实现分散资源管理等功能为目的的一种操作系统。

目前还没有一个成功的商业化分布式操作系统软件，学术研究的分布式操作系统有 Amoeba、Mach、Chorus 和 DCE 等。Amoeba 是一个高性能的微内核分布式操作系统，可在因特网上免费下载，它可以用于教学和研究。

分布式操作系统与个人计算机操作系统有以下不同点：数据共享（允许多个用户访问一个公共数据库）、设备共享（允许多个用户共享昂贵的计算机设备）、通信（计算机之间通信更加容易）、灵活性（用最有效的方式将工作分配到可用的机器中）。

分布式操作系统也存在以下缺点：目前为分布式操作系统而开发的软件还极少；分布式操作系统的大量数据需要通过网络进行传输，这会导致网络可能因为饱和而引起拥塞；分布式操作系统容易造成对保密数据的访问。

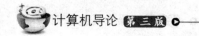

5.2 操作系统的功能

操作系统的主要任务是有效管理系统资源、提供友好便捷的用户接口。为实现其主要任务，操作系统具有以下 5 大功能：处理机管理、存储器管理、文件系统管理、设备管理、接口管理。

1．处理机管理

在多道程序系统中，由于存在多个程序共享系统资源，就必然会引发对处理机（CPU）的争夺。如何有效地利用处理机资源，如何在多个请求处理机的进程中选择取舍，就是进程调度要解决的问题。处理机是计算机中宝贵的资源，能否提高处理机的利用率，改善系统性能，在很大程度上取决于调度算法的好坏。因此，进程调度成为操作系统的核心。在操作系统中负责进程调度的程序称为进程调度程序。

2．存储器管理

存储器（内存）管理的主要工作是：为每个用户程序分配内存，以保证系统及各用户程序的存储区互不冲突；内存中有多个系统或用户程序在运行，但要保证这些程序的运行不会有意或无意地破坏别的程序的运行；当某个用户程序的运行导致系统提供的内存不足时，如何把内存与外存结合起来使用、管理，给用户提供一个比实际内存大得多的虚拟内存，而使程序能顺利地执行，这便是内存扩充要完成的任务。为此，存储的管理应包括内存分配、地址映射、内存保护和扩充。

3．文件系统管理

在操作系统中，负责管理和存取文件信息的部分称为文件系统或信息管理系统。在文件系统的管理下，用户可以按照文件名访问文件，而不必考虑各种外存储器的差异，不必了解文件在外存储器上的具体物理位置以及如何存放。文件系统为用户提供了一个简单、统一的访问文件的方法，因此它也称为用户与外存储器的接口。

4．设备管理

每台计算机都配置了很多外围设备，它们的性能和操作方式都不一样，操作系统的设备管理就是负责对设备进行有效的管理。设备管理的主要任务是方便用户使用外部设备，提高 CPU 和设备的利用率。

5．接口管理

为了方便用户使用操作系统，操作系统又向用户提供了"用户与操作系统的接口"。该接口通常是以命令或系统调用的形式呈现在用户面前的，前者提供给用户在键盘终端上使用；后者提供给用户在编程时使用。

5.3 微机操作系统

5.3.1 DOS 操作系统

1．DOS 的基本概念

DOS 是英文 Disk Operation System 的缩写，其含义为"磁盘操作系统"，是一个单用户、单任务操作系统（此操作系统原是 IBM 公司从 Microsoft 软件公司开发的操作系统软件产品移植过来的，因而又常把它称为 MS-DOS。IBM 公司把 DOS 主要作为 IBM-PC 微机系统及其兼容机上使用的操作系统）。由于它通常存放在磁盘上，而且主要功能又是针对磁盘存储文件进行管理，所以称它为磁盘操作系统。DOS 软件称为 PC DOS。

DOS 操作系统软件从 1981 年诞生起，经历了一个不断改进、不断完善的发展过程。它的版本也从最初的 1.0，逐渐发展到 5.0、6.0、6.22 等。DOS 6.x 大量增加图形界面程序（如 SCANDISK、DEFRAG、MSBACKUP 等），增加了对磁盘压缩等功能的支持，增强了对 Windows 的支持。DOS 7.0 和 Windows 95 合在一起发行，增加了长文件名等功能并增强了一些命令。DOS 7.1 全面支持 FAT32，更新了一些功能，如 4 位年份的支持等。DOS 8.0 随 Windows Me 一起发行，新增功能不多。

尽管许多人由于种种原因而使用了其他操作系统或操作环境，如 Windows 等，但是，由于 DOS 确实非常方便实用，操作起来效率非常高、简单快捷，而且功能也非常强大，从文件和磁盘操作到网络和多媒体操作等样样都能方便地做到，而且能做到许多在 Windows 等系统或环境下做不到或做不好的事情，所以它深受人们的喜爱。直到现在，它一直被人们广泛使用并得到不断的发展。下面介绍一些 DOS 的组成和使用方法。

2．DOS 的组成

DOS 系统的核心由 3 个模块和一个引导程序构成，如图 5-5 所示。这 3 个模块分别是输入/输出系统、文件系统和命令处理系统。

1）引导程序（Boot Record）

引导程序存放在硬磁盘的 0 柱 0 面第 1 扇区。每当 DOS 启动时自动装入内存，并检测当前盘上是否存在用于启动的两个系统文件，然后，由它负责把 DOS 的其余部分装入，并把控制交给系统的引导程序。引导程序是在磁盘初始化时由 FORMAT 命令写在磁盘上的。

2）命令处理程序（command.com）

该模块主要是负责分析和解释用户输入的 DOS 命令和批命令文件，加载和运行程序，并显示系统提示，它是用户与 DOS 之间的直接界面，是 DOS 的最外层。

3）文件管理系统

该模块是 DOS 的核心，主要用来管理磁盘上的文件和提供其他服务功能，是计算机系统和用户间的高层接口。它向用户提供一系列的功能调用命令和相应的各种子程序，如文件和记录管理、内存管理、字符设备的输入/输出、提取实时时钟和日期等，完成对文件的各种操作，使外层模块和用户程序方便地使用系统资源。该模块的文件名为 msdos.sys，在 PC DOS 中称为 ibmdos.com。

4）输入/输出系统（io.sys）

该模块是 DOS 与微机主板上的基本输入/输出系统 ROM BIOS 的接口，也是它的扩充，主要负责输入/输出时驱动、管理和调度外围设备等。

MS DOS 的启动过程如图 5-6 所示。从图中可以看出，系统启动分为加电热启动、按 Reset 键和热启动（Alt+Ctrl+Del）。系统经过初始化硬件后，然后根据引导程序的位置将操作系统调入内存，以后操作系统掌握控制权。

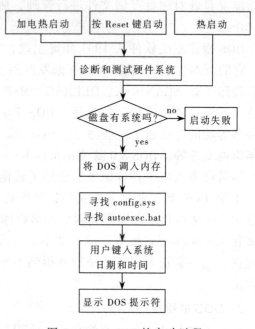

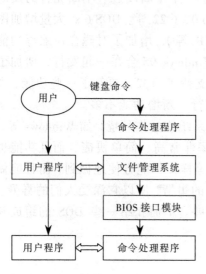

图 5-5　DOS 的系统结构　　　图 5-6　MS DOS 的启动过程

3．文件、目录和路径

1）文件

文件是指记录在存储介质（如磁盘）上的一组相关信息的集合，它可以是程序、数据或其他信息。每个文件都有自己唯一的名字，当需要时，用户只要指出文件名，DOS 就可以快速、准确地找到所需的程序或数据。在 DOS 下，所有的程序或数据都是以文件的形式存储的，并由 DOS 操作系统统一管理。

DOS 操作系统规定文件名由主文件名和扩展名组成。文件主名可以由 1～8 个字符组成；扩展名是可选的，可以有也可以没有。扩展名可以由 1～3 个字符组成。主文件名与扩展名之间用小圆点分隔。例如 S576.DBF，这里 S576 是主文件名，DBF 是扩展名。主文件名超过 8 个字符的部分或扩展名超过 3 个字符的部分，会被 DOS 截掉而忽略不管。另外，主文件名和扩展名不可包含下列字符：。、，、；、：、、<、>、[、]、\、/、?、+，这些字符有其特定的用途，同时不可夹杂空格。

以上文件名都是用来表示磁盘上某一个文件。在使用文件时，有时需要同时指定一批同类文件，这些可在文件名中引入通配符"?"和"*"组成一个多义文件名。"?"表示它所在的位置上是一个任意字符，"*"表示它所在的位置开始的任意字符串。

常用文件扩展名及其特定含义如表 5-1 所示。

表 5-1　常用文件扩展名及其特定含义

扩 展 名	特 定 含 义	扩 展 名	特 定 含 义
COM 或 EXE	可执行文件	OBJ	目标程序文件
SYS	DOS 专用文件	PAS	Pascal 源程序文件
BAT	批处理文件	FOR	FORTRAN 源程序文件
BAK	后备文件	BAS	BASIC 源程序文件
PRG	数据库中程序文件	C	C 语言源程序文件
DBF	数据库中数据文件	LIB	库文件
OVI	覆盖文件	TXT	文本文件
WPS	WPS 中建立的文件	ASM	汇编文件

　　DOS 除磁盘文件外，还把常用标准外围设备也看作一个文件，称为设备文件，以便把它们和磁盘文件统一进行操作和处理。常用的标准外围设备及其设备文件名如表 5-2 所示。

表 5-2　常用标准外围设备及其设备文件名

设备文件名	设 备
CON	控制台键盘/显示器，输入设备是键盘，输出是显示器
AUX 或 COM1	第一个异步通信适配器端口
COM2、COM3、COM4	第二、三、四个异步通信适配器端口
LPT1 或 PRN	第一台行式或并行打印机（作为输出设备）
LPT2 或 LPT3	第二、三台并行打印机
NUL	虚拟设备

2）目录和路径

　　为了便于查找和管理磁盘上的文件，DOS 系统在每张磁盘上设立了文件目录。DOS 采用树状的多级目录结构组织和管理磁盘文件。树状目录结构有利于组织磁盘文件。目录有根目录和子目录之分，像一棵倒着画的树，目录名的命名规则与文件标识符相同。所谓树状结构的目录方式指的是文件组织是按层次划分的。底层的根目录是树根，根目录的子目录是树干，树干上面的分岔是更下一层的子目录，直到相当于树叶的文件。树状结构的好处是文件按层次组织，文件可以分门别类存储在不同的文件夹中，在每一个文件夹中不至于有太多的文件，不同的文件在不同的文件夹中可以同名，更利于对文件的管理。

　　在用 DOS 的 MD 命令建立子目录时，会在该子目录的登记表中首先建立两个登记项，一个的名字为"."，它代表该子目录自己；另一个的名字为".."，它代表该子目录的父目录。

　　为了查找在某级子目录下的文件，要使用目录路径。指定路径有两种方法：绝对路径和相对路径。绝对路径是从根目录开始到所在文件目录的路径，相对路径从当前目录开始到文件所在目录的路径。当树形目录结构的层次较多时，每次都从根目录检索很不方便，因此指定从当前目录查找，可大大提高检索速度。

4．DOS 的基本命令

DOS 操作系统采用命令行方式与用户打交道。DOS 系统是由一组重要的程序组成的。用户通过使用 DOS 命令来使用这些程序，完成各种 DOS 操作。DOS 的任何命令都是一个程序块，执行 DOS 命令就是执行一段程序。

按照 DOS 命令的存放形式，DOS 常用命令可分为两类：内部命令和外部命令。内部命令往往是一些最常用命令，相应的程序包含在 DOS 的命令处理模块 command.com 中。当 DOS 启动时将这个模块调入内存，因而 DOS 系统能直接执行这些内部命令。外部命令是以程序文件的形式驻留在磁盘上的命令。每一个外部命令对应于一个扩展名为 COM 或 EXE 的程序文件。该程序文件的主文件名就是 DOS 的外部命令。在执行外部命令时，DOS 先将磁盘上的文件读入内存，再由 CPU 执行。如 format.com、edit.com 就是外部命令。

当内部命令与外部命令同名时，DOS 优先执行内部命令。当外部命令同名时，DOS 按照 COM、EXE、BAT 文件顺序执行。常用的 DOS 命令及使用方法见附录 A 的实验 1。

5．文件分配表

在说明 FAT 文件系统之前，必须清楚 FAT 是什么。FAT（File Allocation Table）是"文件分配表"的意思。顾名思义，就是用来记录文件所在位置的表格，它对于硬盘的使用是非常重要的，假若丢失文件分配表，那么硬盘上的数据就会因无法定位而不能使用。不同的操作系统所使用的文件系统不尽相同，在个人计算机上常用的操作系统中，DOS 及 Windows 使用 FAT16；OS/2 使用 HPFS；Windows NT 则使用 NTFS；而 Windows 95 及更高版本同时提供了 FAT16 及 FAT32 供用户选用。其中常见的是 FAT16 和 FAT32 文件系统。

1）FAT16 文件系统

FAT16 使用了 16 位的空间来表示每个扇区（Sector）配置文件的情形，故称之为 FAT16。FAT16 由于受到先天的限制，因此每超过一定容量的分区之后，它所使用的 簇（Cluster）大小就必须扩增，以适应更大的磁盘空间。所谓簇就是磁盘空间的配置单位，就像图书馆内一格一格的书架一样。每个要存到磁盘的文件都必须配置足够数量的簇，才能存放到磁盘中。FAT16 各分区与簇大小的关系如表 5-3 所示。

表 5-3　FAT16 分区与簇大小

分　区　大　小	FAT16 簇大小
16～127 MB	2 KB
128～255 MB	4 KB
256～511 MB	8 KB
512～1 023 MB	16 KB
1 024～2 047 MB	32 KB

如果在一个 1 000 MB 的分区中存放 50 KB 的文件，由于该分区簇的大小为 16 KB，因此它要用到 4 个簇。而如果是一个 1 KB 的文件，它也必须使用一个簇来存放。那

么每个簇中剩下的空间可否拿来使用呢？答案是不行的，所以在使用磁盘时，会或多或少损失一些磁盘空间。

由上可知，FAT16 文件系统有两个最大的缺点：

（1）磁盘分区最大只能到 2 GB。FAT16 文件系统已不能适应当前大容量的硬盘，必须被迫分区成几个磁盘空间。而分区磁盘的大小又牵扯出簇的问题，可谓影响颇大。

（2）使用簇的大小不恰当。试想，如果一个只有 1 KB 大小的文件放置在一个 1 000 MB 的磁盘分区中，它所占的空间并不是 1 KB，而是 16 KB，足足浪费了 15 KB。当前流行的 HTML 文件，其大小几乎多为 1 KB、2 KB，而制作一个网站往往用到数十个 HTML 文件。如果硬盘中有 100 个这种小文件，那么浪费的磁盘空间可从 700 KB（511 MB 的分区）到 3.1 MB（2047 MB 的分区）。

以上这两个问题常常使得用户在"分多大的分区，才能节省空间，同时又可使硬盘的使用更加方便有效"的抉择中徘徊不定。

2）FAT32 文件系统

为了解决 FAT16 存在的问题，开发出 FAT32 系统。FAT32 使用了 32 位的空间来表示每个扇区（Sector）配置文件的情形。利用 FAT32 所能使用的单个分区，最大可达到 2 TB（2 048 GB），而且各种大小的分区所能用到的簇的大小，也是恰如其分，上述两大优点，造就了硬盘使用上更有效率。分区与簇大小的关系如表 5-4 所示。

表 5-4　分区与簇大小的关系

分 区 大 小	FAT16 簇大小	FAT32 簇大小
16～32 MB	2 KB	不支持
32～127 MB	2 KB	512 B
128～255 MB	4 KB	512 B
256～259 MB	8 KB	512 B
260～511 MB	8 KB	4 KB
512～1023 MB	16 KB	4 KB
1024～2047 MB	32 KB	4 KB
2048 MB～8 GB	不支持	4 KB
8～16 GB	不支持	8 KB
16～32 GB	不支持	16 KB
32 GB 以上	不支持	32 KB

5.3.2　Windows 操作系统

在一台计算机上同时运行多个应用程序的能力，原先还只是大、中、小型计算机操作系统才具备的。随着 Pentium、core、core X–Series 处理器的出现，多任务的微机操作系统发展很快，并得到广泛的应用。图形用户界面（GUI）、多任务能力已是当今操作系统的主流。Windows 作为一种新型的单用户多任务的操作系统，近年来发展迅猛。绝大多数的计算机都配置了不同版本的 Windows 操作系统，单机或连网运行。

1. Windows 的历史

下面通过回顾 Windows 的进化史介绍 Windows 家族。

自微软 1985 年底发布 Windows 1.0 以来，Windows 操作系统已经走过 32 年的历史，经历了多个主要版本的蜕变。

1985 年，微软发布 Windows 1.0，其界面如图 5-7 所示。Windows 最早只是 16 位操作系统 MS-DOS 的图形用户界面，并不是一个操作系统。Windows 这个名字来自于施乐给图形用户界面设计的基本单位——窗口。

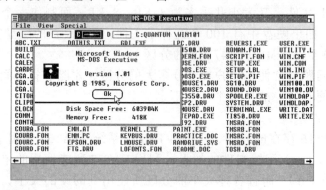

图 5-7　Windows 1.0 界面

1987 年，微软发布 Windows 2.0，其界面如图 5-8 所示。

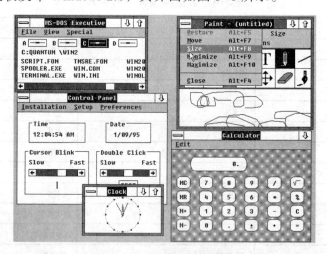

图 5-8　Windows 2.0 界面

1990 年，微软发布 Windows 3.0，其界面如图 5-9 所示。这是微软第一个真正在世界上获得巨大成功的图形用户界面版本。

1995 年，微软发布 Windows 95，其界面如图 5-10 所示。这一版本的图形用户界面首次拥有了后来成为 Windows 经典元素的"开始"菜单。这一版本的图形用户界面也首次和 16 位操作系统 MS-DOS 集成，并且引入了部分 32 位操作系统的特性。

1998 年，微软发布 Windows 98，其界面如图 5-11 所示。这一版本的图形用户界面是在 Windows 95 的基础上编写的。

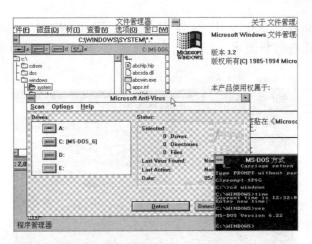

图 5-9　Windows 3.0 界面

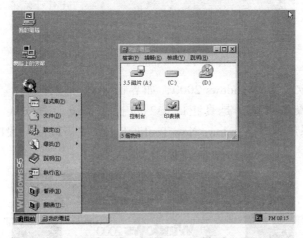

图 5-10　Windows 95 界面

图 5-11　Windows 98 界面

2000 年，微软发布 Windows Me，其界面如图 5-12 所示。Me 是 Millennium Edition（千禧年特别版）的缩写。这一版本的图形用户界面是在 Windows 98 的基础上编写的，但是具有和 Windows 2000 一致的界面外观。因此 Windows Me 也被认为是对 Windows 2000 的低端仿制版本，以适应当时想享受 Windows 2000 但苦于硬件性能不足的用户。

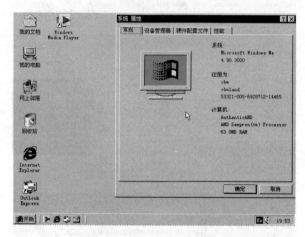

图 5-12　Windows Me 界面

　　2000 年，微软发布 Windows 2000，如界面如图 5-13 所示。Windows 2000 是 Windows NT 架构操作系统，是真正的 32 位操作系统。微软从 1988 年开始开发 Windows NT 操作系统，即 Windows New Technology，成为以后一段时间内 Windows 操作系统的核心。

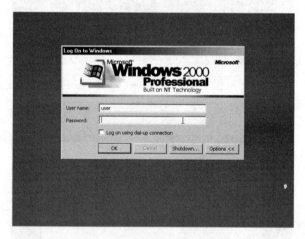

图 5-13　Windows 2000 界面

　　2001 年，微软发布 Windows XP，其界面如图 5-14 所示。Windows XP 拥有全新的图形用户界面，成为有史以来销量最高、占有率最高的操作系统，也是微软历史上最成功的 Windows 版本。

　　2005 年，微软发布 Windows Vista，其界面如图 5-15 所示。Windows Vista 使用 Aero 磨砂玻璃界面，使用.NET 开发平台。Windows Vista 存在硬件兼容的问题，最终成为微软历史上比较失败的 Windows 版本。

图 5-14　Windows XP 界面

图 5-15　Windows Vista 界面

2009 年,微软发布 Windows 7,其界面如图 5-16 所示。Windows 7 和 Windows Vista 的开发几乎是同步进行的, Windows 7 除了对 Windows Vista 进行了改良, 还移除了 Windows Vista 一些尚不成熟的功能。

图 5-16　Windows 7 界面

2012 年, 微软发布 Windows 8, 其界面如图 5-17 所示。Windows 8 抛弃了 Aero 磨砂玻璃界面和"开始"菜单。为了适应触摸屏, Windows 8 使用了扁平化的 Metro 界面, 使用了 WinRT 开发平台。由于 Windows 8 在界面上的进化幅度过大, 造成了

Windows 传统用户的不适应，导致 Windows 8 的市场占有率长期不高。微软随后在 2013 年发布 Windows 8.1 试图解决这一问题，但是成效并不明显。

图 5-17　Windows 8 界面

2015 年 7 月 29 日 12 点起，Windows 10 推送全面开启，其界面如图 5-18 所示。2015 年 9 月 24 日，百度与微软正式宣布战略合作，百度成为中国市场上 Windows 10 Microsoft Edge 浏览器的默认主页和搜索引擎。

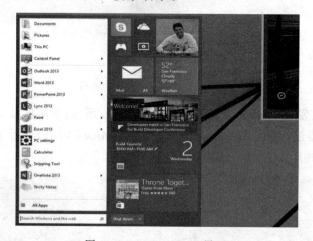

图 5-18　Windows 10 界面

2．Windows 的特点

Windows 之所以取得成功，主要在于它具有以下优点：

（1）直观、高效的面向对象的图形用户界面，易学易用。从某种意义上说，Windows 用户界面和开发环境都是面向对象的。用户采用"选择对象-操作对象"这种方式进行工作。例如，要打开一个文档，首先用鼠标或键盘选择该文档，然后从右键快捷菜单中选择"打开"操作，打开该文档。这种操作方式模拟了现实世界的行为，易于理解、学习和使用。

（2）用户界面统一，友好、漂亮。Windows 应用程序大多符合 IBM 公司提出的 CUA（Common User Access）标准，所有的程序拥有相同的或相似的基本外观，包括窗口、菜单、工具条等。用户只要掌握其中一个，就不难学会其他软件，从而降低了用户培训学习的费用。

（3）丰富的设备无关的图形操作。Windows 的图形设备接口（GDI）提供了丰富的图形操作函数，可以绘制出诸如线、圆、框等的几何图形，并支持各种输出设备。设备无关意味着在针式打印机上和高分辨率的显示器上都能显示出相同效果的图形。

（4）多任务。Windows 是一个多任务的操作环境，它允许用户同时运行多个应用程序，或在一个程序中同时做几件事情。每个程序在屏幕上占据一块矩形区域，这个区域称为窗口，窗口是可以重叠的。用户可以移动这些窗口，或在不同的应用程序之间进行切换，并可以在程序之间进行手工和自动的数据交换和通信。虽然同一时刻计算机可以运行多个应用程序，但仅有一个是处于活动状态的，其标题栏呈现高亮颜色。一个活动的程序是指当前能够接收用户键盘输入的程序。

3. Windows 基本概念

1）图形用户界面基本元素

Windows 使用图形化的命令接口，它有如下一些基本要素。

（1）窗口。

窗口是指屏幕上的一块包含软件、应用程序或文本文件的矩形区域，应用程序（包括文档）可通过窗口向用户展示系统所能提供的各种服务及其需要用户输入的信息，用户可通过窗口去查看和操纵应用程序和文档。窗口由标题栏、垂直滚动条、水平滚动条、控制按钮、最大化按钮、最小化按钮、还原按钮、关闭按钮等组成。不是所有的程序运行后都显示为窗口的形式，有些程序是在后台运行，并没有窗口，只有在特殊控制状态下才会显示出来，如剪贴板。

（2）"开始"菜单。

"开始"按钮是运行 Windows 7 应用程序的入口，这是执行程序最常用的方式。若要运行程序、打开文档、改变系统设置、搜索特定信息等，都可以单击"开始"按钮，然后选择相应的具体命令。

（3）图标。

图标的外观是图形在上、文字在下的组件。它是代表一个应用程序或文件的一个小图像，通过对图标的操作可激活相应的程序（选择它在前台运行）和启动应用程序。图标分为系统图标和应用程序图标。系统图标是在 Windows 安装时建立的，包括"我的电脑"（或"计算机""此电脑"）图标，其中包含计算机的全部资源，文件管理、存储设备的管理、软硬件的配置等；"我的文档"图标，主要用于存储文件；"回收站"图标，用于保存删除对象的特殊磁盘目录。而应用程序图标是在用户安装软件时或用户创建快捷方式时生成的。快捷方式是指向某个程序或文档的指针，以便用户快速定位并使用程序或文档。

（4）菜单。

用户在窗口中对应用程序所能执行的各种操作都是以菜单的形式提供的。菜单一般由菜单名和若干菜单项所组成。每一菜单通常都对应于相关的命令或功能。用户可用鼠标或键盘在菜单中选择某一菜单项来向系统提出相应的服务请求，当用户选择菜单项时，有时会出现弹出菜单和下拉式菜单。

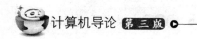

（5）桌面。

用户所能看到的屏幕空间称为桌面（Desktop），相当于办公室的工作桌面。充当操作系统与用户进行交互的媒介，并把计算机中的硬件资源和软件资源有机联系在一个屏幕上，操作方便、归类清晰。桌面由图标、"开始"按钮、任务栏组成。

（6）任务栏。

任务栏用于启动和切换应用程序。如果要切换窗口，只需单击代表该窗口的图标按钮即可。在关闭一个窗口之后，其相应图标按钮从任务栏上消失。

（7）对话框。

对话框实际上是一个具有特殊行为的窗口，它是在桌面上的带有标题栏和控制菜单的一个临时窗口，又称对话窗口。不能最小化对话框，不能改变对话框的大小，只能移动和关闭对话框。其主要用途是系统可通过对话框提示用户输入与任务有关的信息，或向用户提供可能需要的信息。对话框由文本框、列表框、命令按钮、单选按钮和复选框组成。

2）文件管理

（1）文件和文件夹。

文件是操作系统中用于组织和存储各种信息的基本单位。用户所编制的程序、写的文章、画的图画或制作的表格等，在计算机中都是以文件的形式进行存储的。

从 Windows 95 开始，Windows 摒弃了传统的 DOS 的 8.3 的命名方式。8.3 的命名方式指文件最多不能超过 8 个合法字符以及扩展名最多不能超过 3 个合法字符。在Windows 中，支持长文件名，所以就可以起一个和文件内容相关的名字，文件的名称必须以字母或数字开头，最多可以由 255 个字符构成，扩展名最多有 3 个字符并且允许使用空格、加（+）、逗号（,）、分号（;）、左右方括号（[]）和等号（=），不允许使用尖括号（〈〉）、正反斜杠（/\）、冒号（:）、问号（?）、垂直线（|）、星号（*）。

在 Windows 环境中的文件具有 4 种属性，分别是只读、存档、隐藏和系统。利用资源管理器，可以改变一个文件的属性。其中只读是指文件只允许读，不允许写；存档是指普通的文件；隐藏是指将文件隐藏起来，这样在一般的文件操作中就不显示这些文件的信息；系统是指该文件为系统文件。

（2）应用程序和文件的关联。

关联是 Windows 7 文件管理中非常重要的概念。利用关联的特征可以直接在资源管理下双击（即启动）相应的文件，而不必先进入一个应用程序，然后再执行一系列的命令来打开文件。为文件和程序建立关联后，就可以打开文件和启动应用程序。首先是设置 Windows 7 文件关联。打开控制面板，选择"默认程序"，单击"将文件类型或协议与程序关联"，即可手动修改文件关联。方法是双击选中项，或是选中之后单击"更改程序"，如图 5-19 所示。

关联是指将某种类型的文件同某个相应的应用程序通过文件扩展名联系起来，以便在打开任何具有此类扩展名的文件时自动启动该应用程序。例如，把具有扩展名为.inf 的文件同写字板关联后，打开任意一个扩展名为.inf 的文件时，都会自动启动写字板。通常在安装新的应用软件时，应用软件会自动建立与文档之间的关联。

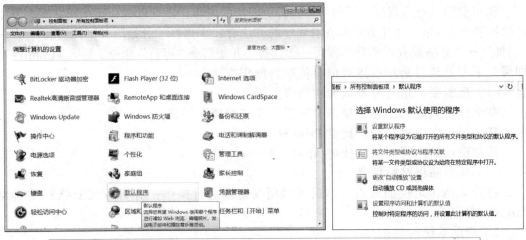

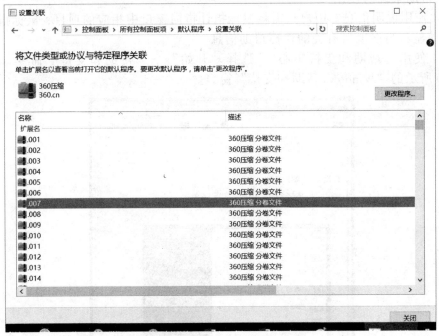

图 5-19　建立文件关联

4．Windows 的重要操作

一般的操作，例如文件的重命名、设置屏幕保护程序、删除文件、用鼠标操作窗口、用资源管理器来管理文件等都是比较简单和基本的操作，不再赘述。这里主要讲述几个需要特别注意的操作方法和技巧。

1）剪贴板的使用

剪贴板是内存中的一部分，是在 Windows 程序之间、文件之间传递信息时临时存放的区域，用于临时存放所复制的信息。需要注意的是，剪贴板只能存放最近一次复制的内容。也就是说，前一次的内容将自动被覆盖。

剪贴板最大的优点是文件格式不同的应用程序也可以使用它来交换信息。因为剪贴板的内部格式是图元，所有应用程序都可以通过这个中间格式进行转换。

利用剪贴板查看程序，不仅可以查看所剪切的内容，还可以将其保存到文件中，文件的扩展名为.clp。打开剪贴板查看程序的方法有：①选择"开始"→"所有程序"→"附件"→"剪贴板查看程序"即可；②选择"开始"→"运行"命令，输入 clipbrd.exe 即可。下面是通过剪贴板进行信息传递的操作方法。

（1）把需要的信息复制或剪切到剪贴板。

在文件中选定的信息：单击"复制"或"剪切"按钮。

整个屏幕的内容：按快捷键 Print Screen。

活动窗口的内容：按快捷键 Alt+Print Screen。

（2）从剪贴板粘贴信息。

打开文档，定位插入点，然后可以用快捷键进行操作：剪切为 Ctrl+X；复制为 Ctrl+C；粘贴为 Ctrl+V。

2）帮助系统的使用

（1）使用说明信息。用户只需将鼠标指针指向窗口中相应的项目，鼠标指针旁边就会自动显示与该项目有关的快捷帮助信息

（2）使用"帮助和支持中心"。选择"开始"→"帮助和支持"命令，进入如图 5-20 所示的"Windows 帮助和支持"窗口。

图 5-20 "Windows 帮助和支持"窗口

3）应用程序的退出

退出应用程序也就是终止应用程序的运行，进行如下操作之一可退出应用程序：

（1）双击标题栏的控制菜单框。

（2）按 Alt + F4 组合键。

（3）选择"文件"→"退出"命令。

（4）单击"关闭"按钮。

（5）按 Ctrl+Alt+Del 组合键，在任务列表中选择"程序"→"任务结束"。

4）DOS 环境

Windows 7 本身已是一个完整的操作系统，但鉴于某些应用软件只有 DOS 版，为此 Windows 7 保留了 DOS 环境，以方便在 DOS 与 Windows 7 之间切换使用。

（1）启动 MS-DOS 方式。

单击"开始"按钮，在搜索框里输入 cmd 搜索，双击搜索到的 CMD 程序文件就可以进入 DOS 界面了。另外一种方式是按 Win+R 组合键，在"运行"对话框中输入 cmd，打开 DOS 界面（见图 5-21）。

（2）退出 MS-DOS 方式。

在命令行输入 exit 并按 Enter 即可。

图 5-21　DOS 界面

5. Windows 应用程序的开发工具

编写 Windows 应用程序时，除了用到常规编程语言的库函数和数据结构外，还需要使用由 Windows SDK 提供的适用于 Windows 应用程序的特殊的库函数及各种数据结构、语句、文件结构，所有这些内容构成了 Windows 应用程序接口（API）。可以把 API 视为一个各类工具的集合，如果使用得当，用这些工具开发出来的 Windows 应用程序可适用于各种类型的计算机。

由于 Windows 是 Microsoft 的产品，因而在早期阶段，开发工具只有 Microsoft C 和 SDK（Software Developer Kit，软件开发工具包）可供使用。利用 SDK 进行 Windows 程序的设计开发非常烦琐、复杂，代码可重用性差，工作量大，即便一个简单的窗口也需要几百行程序，令开发人员望而生畏。

随着 Windows 的逐渐普及，各大软件公司纷纷推出自己的 Windows 软件开发工具。国内用户比较熟悉的有 Borland C++ 以及用于数据库开发的 FoxPro 等。其中 Borland C++ 支持面向对象的开发，具有广大的用户群。

可视化技术和 CASE 技术研究的深入带来了支持可视化编程特性的第三代开发工具，这一代开发工具有 Visual Basic、Visual C++、Borland C++、Delphi，以及用于数据库开发的 PowerBuilder、Visual FoxPro 等。

5.3.3　UNIX 及 Linux

1. UNIX

20 世纪 60 年代，当时许多工作都致力于开发一种新的操作系统。1968 年，一组来自于通用电气公司（General Electronic）、AT&T Bell 实验室和麻省理工学院（Massachusetts Institute of Technology）的研究人员进行一项被称之为多路存取计算机系统（MULTiplexed Information Computing System，MULTICS）的特殊操作系统研究项目。多路存取计算机系统结合了许多有关多任务、文件管理以及用户操作方面的新概念。1969 年，AT&T Bell 实验室的 Ken Thompson、Dennis Ritchie 以及其他研究人员结合了多路存取计算机系统研究项目的特点，开发了 UNIX 操作系统。他们定制系统以满足研究环境的需要。从一开始，UNIX 就是一种可负担得起的、有效的、多用户、多任务的操作系统。

随着越来越多的研究人员开始使用 UNIX 操作系统，它在 Bell 实验室更加流行。在 1973 年，Dennis Ritchie 和 Ken Thompson 合作用 C 语言为 UNIX 重写了程序代码。Dennis Ritchie 是 Bell 实验室的一个研究人员，他将 C 语言开发成一种用于程序开发的灵活工具。C 程序语言的一个优点就是在于它能够通过一组通用的编程命令直接访问一台计算机的硬件体系结构。在这之前，对于每类计算机，操作系统都不得不使用一种硬件指定的集成语言进行指定编写。C 语言使得 Dennis Ritchie 和 Ken Thompson 只需写出 UNIX 操作系统的一个版本，就可以在不同的计算机上由 C 编译器进行编译。实际上，UNIX 操作系统是可传输的，只需进行很少的重编程甚至无须重新编程即可运行在许多不同的计算机上。

UNIX 逐渐从一种个人定制的设计发展成由许多不同的经销商（如 Novell 和 IBM）发行的一种标准软件产品。最初，UNIX 被认为是一种研究产品。UNIX 的最初版本被免费发行给许多著名大学的计算机科学系。直到 20 世纪 70 年代，Bell 实验室开始发行 UNIX 的"官方"版本并将系统授权给不同的用户。其中的一个用户就是加利福尼亚大学计算机科学系，即 Berkeley 分校。Berkeley 分校对系统添加了许多新的特点，这些功能在后来也成为标准。在 1975 年，Berkeley 分校发行了它自己的 UNIX 版本，被称为加州大学 Berkeley 分校软件版本（Berkeley Software Distribution，BSD）。UNIX 的 BSD 版本成为 AT&T Bell 实验室版本的一个主要竞争对手。其他独立开发的 UNIX 版本也相继出现。在 1980 年，Microsoft 开发了一种称之为 Xenix 的 UNIX 的 PC 版本。紧接着出现了 System 5，它是一种被支持的商业软件产品。

同时，UNIX 的 BSD 版本也开发了几种不同的版本。20 世纪 70 年代后期，BSD UNIX 成为国防部高级研究计划局（DARPA）的一个研究项目的基础。因此，在 1983 年，Berkeley 发行了一个称为 BSD release 2 的 UNIX 版本，它的功能更加强大。这个版本包括了复杂的文件管理、基于 TCP/IP 网络协议的连网特性。

随着 UNIX 不同版本的出现，就要求对 UNIX 进行标准化。软件开发人员无法了解他们的程序实际运行在 UNIX 的什么版本之上。20 世纪 80 年代中期，两个具有竞争性的标准出现，一个是基于 UNIX 的 AT&T 版本，另一个是基于 UNIX 的 BSD 版本。

AT&T 将 UNIX 研究人员组成一个新的小组，该组被称为 UNIX 系统实验室，主要工作集中于通过结合 UNIX 的主要的不同版本以开发一个标准系统。1991 年，UNIX 系统实验室开发出 System V release 4。这个版本结合了几乎在 System V release 3、BSD release 4.3、Sun 操作系统和 Xenix 中可以发现的所有特征。对应于 System V release 4，许多其他公司（如 IBM 和 Hewlett-Packard）建立了开放软件基金会（OSF）以创建他们自己的 UNIX 标准版本。在 1993 年，AT&T Bell 实验室将 UNIX 的股份全部廉价卖给了 Novell 公司。UNIX 系统实验室成为 Novell 的 UNIX 系统组的一部分。Novell 在 System V release 4 的基础上发行了一个自己的 UNIX 版本，称为 UNIXWare，该版本被设计成为可与 Novell 的 NetWare 系统一起工作。

纵观 UNIX 的开发，UNIX 仍然是一种大型的操作系统，它要求工作在一台工作站或者小型计算机之上才能显示出效率。许多 UNIX 版本主要是设计用于工作站环境中。Sun 操作系统被开发用于 Sun 工作站，AIX 操作系统则被设计成用于 IBM 工作站。

然而，随着个人计算机的日益普及，开始致力于开发一种 UNIX 的 PC 版本。Xenix 和 System V/386 是 UNIX 的商业版本，也被设计成为用于 IBM 兼容的个人计算机。AUX 是运行在 Macintosh 上的一种 UNIX 版本。UNIX 本身固有的可移植性在于它能够用于任何类型的计算机：工作站、小型计算机甚至于巨型计算机。这种固有的可移植性也使得开发一种有效的 UNIX 的个人计算机版本成为可能。

UNIX 变体有 Solaris、AIX、HP–UX、SCO、BSD、IRIX。

2. Linux

大型的商业应用，如电信、银行、证券、邮政等大都采用 UNIX，而 Linux 是学习 UNIX 的最好入门工具。

1）Linux 的历史与发展

Linux 最初是由芬兰赫尔辛基大学计算机科学系的一个名叫 Linus Benedict Torvalds 的学生进行的个人课题开始的。Minix 是由 Andrew Tannebaum 教授开发的，并且通过互联网发送给世界各地的学生。Linus 的课题目的在于为 Minix 用户创建一个有效的 UNIX 的个人计算机版本。他把它称为 Linux，并在 1991 年发行了版本 0.11。Linux 通过互联网被广泛发行，在随后的几年内，其他编程人员对它进行了修订和添加，并结合了当时在标准的 UNIX 系统中发现的大部分应用程序和特性。他将源代码放在芬兰网上最大的 FTP 站点上。他认为这套系统为 Linus 的 Minix，因此就建了一个为 Linux 的子目录存放源代码，于是 Linux 的名字就这样定下来了。由于 Linux 是属于 GNU 软件，所以使用时必须注意一些事项：任何人都可以复制该产品，但不可以涉及商业行为，同时发布软件的人必须将源代码一起交给别人。简言之，任何人可以复制、传播、发展这个系统，它是一个集体创作的结果，并且在不断的发展之中。

作为一个具备所有特性的类 POSIX 操作系统，Linux 并非仅有 Linus 一个人开发，而是由全世界无数程序员共同开发的。不断完善，并且免费供用户使用。

Linux 为广大用户提供了一个在家里学习和使用 UNIX 操作系统的机会。尽管 Linux 是计算机爱好者们开发的，但是它在很多方面是相当稳定的，从而为用户学习和使用目前世界上最流行的 UNIX 操作系统提供了廉价的机会。现在有许多 CD-ROM 供应商和软件公司（如 Red Hat）支持 Linux 操作系统。Linux 成为 UNIX 系统在个人计算机上的一个代用品，并能用于替代那些较为昂贵的系统。正是由于其开放性、高性能和实用性使得越来越多的人转向 Linux 操作系统。

2）Linux 的特色

Linux 操作系统在短短几年内得到了非常迅猛的发展，这与 Linux 具有良好的特性分不开的。Linux 包含了 UNIX 的全部功能和特性。另外，Linux 具有以下特性：

（1）开放性。

开放性是指系统遵循世界标准规范，特别是遵循开放系统互连（OSI）国际标准。凡遵循国际标准所开发的硬件和软件都能彼此兼容，可方便地实现互连。

（2）多用户。

多用户是指系统资源可以被不同用户各自拥有使用，即每个用户对自己的资源（如文件、设备）有特定权限，互不影响。Linux 和 UNIX 都具有多用户特性。

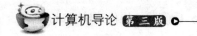

（3）多任务。

多任务是现代计算机的最主要一个特点。它是指计算机同时执行多个程序，而且各个程序的运行互相独立。Linux 系统调度每一个进程，平等地访问微处理器。由于 CPU 的速度非常快，其结果是启动的应用程序看起来在并行运行。事实上，从处理器执行一个应用程序中的一组指令到 Linux 调度微处理器再次运行这个程序之间只有很短的时间延迟。用户是感觉不出来的。

（4）良好的用户界面。

Linux 向用户提供了两种界面：用户界面和系统调用。Linux 的传统用户界面是基于文本的命令行界面，即 Shell。它既可以联机使用，也可以脱机使用。Shell 有很强的程序设计能力，用户可方便地使用它编制程序，从而为用户扩充系统功能提供了更高级的手段。可编程 Shell 是指将多条命令组合在一起，形成一个 Shell 程序，这个程序可单独运行，也可以与其他程序同时运行。

系统调用给用户提供了编程使用的界面。用户可以在编程时直接使用系统提供的系统调用指令。系统通过这个界面为用户程序提供高效率的服务。

Linux 还为用户提供了图形用户界面。它利用鼠标、菜单、窗口、滚动条等给用户呈现出一个直观、易操作、交互性强的图形化界面。

（5）设备独立性。

设备独立性是指操作系统把所有外围设统一当作文件来看待，只要安装它们的驱动程序，任何用户都可以像使用文件一样操作、使用这些设备，而不必知道它们的具体存在形式。

（6）提供了丰富的网络功能。

完善的内置网络是 Linux 的一大特点。Linux 在通信和网络功能方面优于其他操作系统。其他操作系统不包含如此紧密地和内核结合在一起的连接网络功能，也没有内置这些联网特性的灵活性。而 Linux 为用户提供了完善、强大的网络功能。

支持 Internet 是其网络功能之一。Linux 免费提供了大量支持 Internet 的软件。Internet 是在 UNIX 领域内建立并繁荣起来的，在这个方面使用 Linux 是相当方便的，用户能用 Linux 与世界上的其他人通过 Internet 网络进行通信。

文件传输是其网络功能之二。用户能通过一些 Linux 命令完成内部信息或文件传输。

远程访问是其网络功能之三。Linux 不仅允许进行文件和程序的传输，它还为系统管理员和技术人员提供了访问其他系统的窗口。通过这种远程访问的功能，一位技术人员能够有效地访问多个系统服务，即使那些系统位于相距很远的地方。

（7）可靠的系统安全性。

Linux 采取了许多安全技术措施，包括对读写进行权限控制、带保护的子系统、审计跟踪、核心授权。这些都为网络多用户提供了必要的安全保障。

（8）良好的可移植性。

可移植性是指操作系统从一个平台转移到另一个平台，使它仍然能按其自身方式运行的能力。

Linux 是一种可移植性的操作系统，能够从微型计算机到大型计算机的任何环境中和任何平台上运行。可移植性为运行 Linux 的不同计算机平台与其他任何机器进行准确而有效的通信提供了手段，不需要另外增加特殊的和昂贵的通信接口。

3）Linux 的用途

（1）个人 UNIX 工作站。

无论在家中，还是在办公室里，Linux 与基于 Intel 芯片 PC 的结合都会创造出一台功能强大的 UNIX 机器。Linux 对于那些负担不起 Sun 或是 HP 工作站的公司，对于每一个工程师和所有在 X 终端上遇到困难的人来说都是很好的产品。它同时也是希望保留一些旧格式文件和继续使用原有程序的 DOS 和 Windows 混合环境下用户的最佳选择。

（2）X 终端用户。

任何作为 X 终端的机器都能体会到 Linux 支持 X 应用的宽广范围。使用 Linux 作为应用服务器去加快 RISC 工作站与使用 Linux 作为工作站一样，都是非常合理的选择。如果把 Linux 配置成应用服务器，就能通过运行 DOS X 服务器把低档次的机器作为哑终端重新利用起来。这也说明了 Linux 是低预算的网络的选择。

（3）UNIX 开发平台。

Linux 能够支持 UNIX 开发。它不但支持主流语言，也支持其他跨平台环境的语言。还可以为其他 UNIX 操作系统平台产生二进制代码，并附带详细的工作代码库。所有这些，再加上灵活的 Shell 语言编译器（大小写敏感）、源代码包和详细文档都给了编程者一个充分的可定制环境。另外，它也能作为一个理想的计算机学习系统，在不打扰用户共享设施的环境中，尽情控制这个复杂系统。

（4）商业开发。

在商业开发系统中，执行 Ca/Clipper（基于 Base 和 Fox 超集的面向对象编译器含义）的开发者只需对软件做很少的改动就能适应 Linux 的运行。其结果是功能相同，而性能提高了。

（5）网络服务器。

与商业组织类似，教育结构也热衷于将 Linux 用作企业服务器。用于文件及打印共享时，可将 Linux 配置为使用 NFS、Apple Talk 及 Net BIOS 协议，其性优价廉的特性使其颇具吸引力。由 LAN 和 SMP（对称处理器）硬件系统时，它可为严谨的后台处理带来便利及易用性。

（6）Internet 服务器。

Linux 是 Internet 的产物，而且擅长提供 Internet 服务。Linux 默认提供 WWW、USENET 新闻、电子邮件、FTP 等许多功能。可以访问网络内部的用户，也可以通过整个 Internet 发布消息。如果与拨号的调制解调器相连（使用多个串行口），Linux 就可以变成强大的 Internet 访问接入点。许多的 ISP（互联网服务提供商）因为 Linux 的可靠性和性能而选择了它。

（7）终端服务器，传真服务器，Modem 服务器。

Linux 也能很好地支持串行设备和电话。Linux 不但能提供上述功能，还可以提供定制的安全性、身份验证和登录过程。一个 ISP 的中等系统可以连接 200 多个调制解调器，提供并维护可靠的拨号服务。

4）学习 Linux 的特殊意义

Linux 对于 IT 行业来说，是一个前所未有的机遇。使用自己的操作系统不仅对中国的民族软件发展有好处，甚至对于中国的国家安全和国防事业至关重要。Linux 的出现正符合我们的所有要求，因为源代码公开，我们可以立即加入开发，开发速度不仅大大快于任何商业操作系统，并且可以保证操作系统中不存在任何人为的黑洞和隐藏的问题，不会受制于人。因为 Linux 是国际化的，也不必考虑兼容性问题，并且不会同国际脱轨。

5）Linux 的版本

Linux 有一个基本内核，一些组织和厂商将内核与应用程序、文档包装起来，再加上安装、设置和管理工具，就构成了直接供一般用户使用的套件。Linux 版本分为两部分：内核版本和发行套件版本。内核版本指的是在 Linus 领导下开发的系统内核的版本号，1999.6 Linux 的稳定内核版本号为 2.2.6，而测试内核版本号为 2.3.6。发行套件常见的是 Caldera OpenLinux、Debian GNU/Linux、Red Hat Linux、Slackware Linux、SuSE Linux、TurboLinux。中文版有中科红旗软件公司的红旗 Linux（见图 5-22）、蓝点 Linux、冲浪平台（XteamLinux）、中软 （COSIX Linux）、TomLinux、联想幸福 Linux、美商网虎 xlinux 和 TurboLinux。Red Hat Linux 具有支持多种硬件平台（如 Intel、Sparc 和 Alpha 平台），软件安装、配置、升级、维护简单，系统管理工具方便等优点，是初学者的最佳选择。

图 5-22　红旗 Linux 桌面

6）Linux 的文件系统

对于使用双系统甚至多系统的用户来说，最关心的问题莫过于使用 Linux 是否能看到同一计算机上的其他操作系统中的文件及数据。目前，Linux 主要使用的文件系统为 ext2、ext3、ext4，同时 Linux 系统又可支持众多的文件格式，如 MS-DOS、NTFS、VFAT、FAT、FAT32、HPFS 等。不统一的文件系统类型常常给用户的使用带来无形的困难。Linux 系统能够支持大多数的文件系统，而且由于 Linux 是一种开放源代码的系统，这就使得它能够支持的文件系统的数量在不断增加，日趋完善。

在 Linux 中是统一使用目录方式来管理文件系统的，目录的结构呈现为树状，最底层的目录是所有目录的发源，是这棵树的根部，因此称为"根目录（/）"。图 5-23 即为树状结构图。

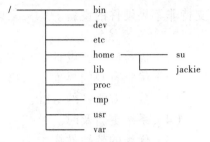

5.3.4 Mac OS

Mac OS 是一套运行于苹果 Macintosh 系列计算机上的操作系统。Mac OS 是首个在商用领域成功的图形用户界面。

图 5-23 根文件系统树状结构图

1. Mac 简介

Mac 系统是苹果机专用系统，是基于 UNIX 内核的图形化操作系统；一般情况下在普通 PC 上无法安装的操作系统。由苹果公司自行开发。

由于 Mac 的架构与 Windows 不同，所以很少受到病毒的袭击。Mac OS 操作系统界面非常独特，突出了形象的图标和人机对话。

2. Mac 发展史

1984 年，苹果发布了 System 1，这是一个黑白界面的，也是世界上第一款成功的图形化用户界面操作系统。System 1 含有桌面、窗口、图标、光标、菜单和卷动栏等项目。当时的苹果操作系统没有今天的 AppleTalk 网络协议、桌面图像、颜色、QuickTime 等丰富多彩的应用程序，同时，文件夹中也不能嵌套文件夹。苹果操作系统历经了 System 1 到 6，到 7.5.3 的巨大变化，从单调的黑白界面变成 8 色、16 色、真彩色，在稳定性、应用程序数量、界面效果等各方面，苹果都在向人们展示着自己日益成熟和长大。从 7.6 版开始，苹果操作系统更名为 Mac OS，此后的 Mac OS 8 和 Mac OS 9，直至 Mac OS 9.2.2 以及 Mac OS 10.3，采用的都是这种命名方式。

2000 年 1 月，Mac OS X 正式发布，之后则是 10.1 和 10.2。苹果为 Mac OS X 投入了大量的热情和精力，而且也取得了初步的成功。2003 年 10 月 24 日，Mac OS X 10.3 正式上市；11 月 11 日，苹果又迅速发布了 Mac OS X 10.3 的升级版本 Mac OS X 10.3.1。

Mac OS X 10.10 是苹果公司在 WWDC 2014 开发者大会上发布的操作系统，全称为 Mac OS X 10.10 Yosemite 操作系统。2011 年 7 月 20 日，Mac OS X 已经正式被苹果改名为 OS X。最新版本为 10.12，于 2016 年 6 月发布。2017 年 6 月 6 日凌晨 1 点，苹果在 WWDC 开发者大会上发布了新 Mac OS 系统，取名 High Sierra。该系统于 2017 年正式推向市场，并在 6 月末首先推出开发者版本。

5.4 其他类型的操作系统

5.4.1 移动终端操作系统

移动终端包括手机、手持设备（Touch、Pad）、车载移动设备等，移动终端操作系统主要包括 palmOS、Symbian、Windows Phone、Linux、Andriod、iPhoneOS、Meego。

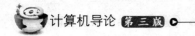

1．iOS

1）iOS 概述

iOS（原名 iPhone OS）是由苹果公司为移动设备所开发的操作系统，支持的设备包括 iPhone、iPod touch、iPad、Apple TV。与 Android 及 Windows Phone 不同，iOS 不支持非苹果硬件的设备。

2）iOS 系统特性

（1）优秀的工业设计，提供了优秀的用户体验。

（2）优雅直观的界面，人机交互合理高效、用户体验好。

（3）数十万级别的 APP。

（4）系统更新及时。

（5）优秀的软硬件搭配。

（6）内置功能强大。

（7）封闭的体系保证了 App 较高的质量。

3）iOS 系统发展状况

iOS 系统发布于 2007 年，目前最新版本是 iOS 10，伴随着 iOS 的发布，苹果公司也发布了一系列 iPhone 手机，可以说，iPhone 手机就是 iOS 的代言。

2．Android

1）Android 概述

Android 是一个以 Linux 为基础的半开源操作系统，主要用于移动设备，由 Google 成立的 Open Handset Alliance（OHA，开放手持设备联盟）持续领导与技术开发，中文名称为安卓。

Android 系统最初由安迪·鲁宾（Andy Rubin）开发制作，最初主要支持手机，于 2005 年 8 月被美国科技企业 Google 收购。2007 年 11 月，Google 与 84 家硬件制造商、软件开发商及电信营运商成立开放手持设备联盟来共同研发改良 Android 系统，随后，Google 以 Apache 免费开源许可证的授权方式，发布了 Android 的源代码。让生产商推出搭载 Android 的智能手机，Android 操作系统逐渐拓展到平板电脑及其他领域上。

2011 年初，Android 操作系统成为全球第一大智能手机操作系统。

2）Android 系统特性

（1）开放源代码

（2）系统免费

（3）自由度高

（4）多任务处理

（5）可供使用的系统优秀 ROM 多

（6）巨大的软件数量

（7）应用安装自由，不受限制

（8）系统功能多

3）Android 系统发展状况

2003 年 10 月，安迪·鲁宾在美国加利福尼亚州帕洛阿尔托创建了 Android 科技公司（Android Inc.），并与利奇·米纳尔（Rich Miner）、尼克·席尔斯（Nick Sears）、克里斯·怀特（Chris White）共同发展这家公司。2005 年 8 月 17 日，Google 收购了 Android 科技公司，Android 科技公司成为 Google 旗下的一部分。

Android 作为 Google 企业战略的重要组成部分，推进"随时随地为每个人提供信息"这一企业目标。全球为数众多的移动电话用户从未使用过任何基于 Android 的移动通信设备，Google 的目标是让移动通信不依赖于设备甚至平台出于这个目的，Android 将补充而不会代替 Google 长期以来奉行的移动发展战略：通过与全球各地的手机制造商和移动运营商结成合作伙伴，开发即有用又有吸引力的移动服务，并推广这些产品。

Android 系统在国内的发展主要在于针对 Android 系统的二次开发，目前以 Android 系统源码为基础，再深度定制改版而成的操作系统主要有创新工场投资的点心公司开发的点心操作系统、中国移动的 Ophone、联想的乐 Phone、阿里云手机操作系统及小米科技开发的 MIUI。

3. Windows Phone

1）Windows Phone 概述

Windows Phone 是微软发布的一款手机操作系统，它将微软旗下的 Xbox Live 游戏、Zune 音乐与独特的视频体验集成至手机中。2010 年 10 月 11 日晚上 9 点 30 分，微软公司正式发布了智能手机操作系统 Windows Phone，微软将其使用接口用了一种称为 Metro 的设计语言。2011 年 2 月，"诺基亚"与微软达成全球战略同盟并深度合作共同研发。

2）Windows Phone 系统特性

Windows Phone 具有桌面定制、图标拖动、滑动控制等一系列前卫的操作体验。其主屏幕通过提供类似仪表盘的体验来显示新的电子邮件、信息、未接来电、日历约会等，让人们对重要信息保持时刻更新。它还包括一个增强的触摸屏界面，更方便手指操作；以及一个最新版本的 IE Mobile 浏览器——该浏览器在一项由微软赞助的第三方调查研究中，和参与调研的其他浏览器和手机相比，可以运行指定任务的比例超过高达 48%。很容易看出微软在用户操作体验上所做出的努力，而史蒂夫·鲍尔默也表示：全新的 Windows 手机把网络、个人计算机和手机的优势集于一身，让人们可以随时随地享受到想要的体验。

3）Windows Phone 系统发展状况

2010 年 2 月，微软正式向外界展示 Windows Phone 操作系统。2010 年 10 月，微软公司正式发布 Windows Phone 智能手机操作系统的第一个版本 Windows Phone 7，简称 WP7，并于 2010 年底发布了基于此平台的硬件设备。主要生产厂商有诺基亚、三星、HTC 等，从而宣告了 Windows Mobile 系列彻底退出了手机操作系统市场。

2011 年 9 月 27 日，微软发布 Windows Phone 7.5。2012 年 6 月 21 日，微软正式发布 Windows Phone 8，采用和 Windows 8 相同的 Windows NT 内核，同时针对市场的 Windows Phone 7.5 发布 Windows Phone 7.8。Windows Phone 7 手机因为内核不同，无法升级至 Windows Phone 8。2014 年，微软在 Build 2014 开发者大会发布 Windows Phone 8.1 系统， Windows Phone 8.1 可以向下兼容，让使用 Windows Phone 8 手机的用户也可

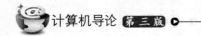
以升级到 Windows Phone 8.1。2014 年 8 月 4 日晚，微软正式向开发者推送了 WP8.1 GDR1 预览版，即 WP8.1 Update。2015 年 4 月，微软开始向部分机型推送 WP8.1 GDR2。

5.4.2 云操作系统

云 OS 又称云计算中心操作系统、云计算操作系统，是云计算后台数据中心的整体管理运营系统，它是指构架于服务器、存储、网络等基础硬件资源和单机操作系统、中间件、数据库等基础软件管理海量的基础硬件、软资源之上的云平台综合管理系统。

云 OS 通常包含以下几个模块：大规模基础软硬件管理、虚拟计算管理、分布式文件系统、业务/资源调度管理、安全管理控制等。云 OS 有以下几个作用：一是能管理和驱动海量服务器、存储等基础硬件，将一个数据中心的硬件资源逻辑上整合成一台服务器；二是为云应用软件提供统一、标准的接口；三是管理海量的计算任务以及资源调配。

1. 云系统的优势

1）负载均衡

负载均衡（Server Load Balancer，SLB）是对多台云服务器进行流量分发的负载均衡服务。SLB 可以通过流量分发扩展应用系统对外的服务能力，通过消除单点故障提升应用系统的可用性。

2）关系型数据库服务

关系型数据库服务（Relational Database Service，RDS）是一种稳定可靠、可弹性伸缩的在线数据库服务。RDS 采用即开即用方式，兼容 MySQL、SQL Server 两种关系型数据库，并提供数据库在线扩容、备份回滚、性能监测及分析功能。RDS 与云服务器搭配使用 I/O 性能倍增，内网互通避免网络瓶颈。

3）开放存储服务

开放存储服务（Open Storage Service，OSS）是阿里云对外提供的海量、安全、低成本、高可靠的云存储服务。用户可以通过简单的 API（REST 方式的接口），在任何时间、任何地点、任何互联网设备上进行数据上传和下载。

4）开放数据处理服务

开放数据处理服务（Open Data Processing Service，ODPS）提供云端数据仓库服务。适用于金融、零售、制造业和电商企业的 BI 团队进行海量数据分析和挖掘。

5）开放结构化数据服务

开放结构化数据服务（Open Table Service，OTS）是一种支持海量结构化和半结构化数据存储与实时查询的服务。

6）内容分发网络

内容分发网络（Content Delivery Network，CDN）将加速内容分发至离用户最近的结点，缩短用户查看对象的延迟，提高用户访问网站的响应速度与网站的可用性。

7）开放缓存服务

开放缓存服务（Open Cache Service，OCS）为在线缓存服务，实现热点数据的快速响应及数据的持久化保存；支持 Key-Value 的数据结构，兼容 Memcached 协议。

8）云引擎

云引擎（Aliyun Cloud Engine，ACE）是一个基于云计算基础架构的网络应用程序托管环境，帮助应用开发者简化网络应用程序的构建和维护，并可根据应用访问量和数据存储的增长进行扩展。ACE 支持 PHP、NODE.JS 语言编写的应用程序；支持在线创建 MYSQL 远程数据库应用。

9）云盾

云盾为客户提供基于云端的 DDoS 防御、入侵防御及网站的应用安全监测等全方位的安全防御服务。

10）云监控

云监控高效全面的监控云服务器和站点，帮助用户时刻掌握云服务运行状态。

2．云操作系统的分类

（1）终端型云操作系统（这个占主流）。

（2）服务端型操作系统。

之所以说终端型云操作系统占主流，是因为用户接触的就是"终端型云操作系统"。典型的代表有 Google 的 Chrome OS，还有微软的 Azure。对于终端型的云操作系统，如 Chrome OS 属于"轻量级操作系统"。它的终极理念是以浏览器为云计算的入口点。因而，此操作系统只提供了一个 Web 浏览器界面。通过浏览器，用户可以使用上面的 Web 应用程序提供的服务（云计算服务）。而微软的 Azure 属于重量级云操作系统。因为它并不完全摒弃现有 PC 终端的本地应用服务的情况下，提供了云计算的接入服务。

3．云操作系统举例

1）Google Chrome OS

Chrome OS 是谷歌为上网本开发的一套操作系统。它是基于浏览器模式的操作系统，其应用通过集中在服务器上的软件和数据库系统实现。Chrome OS 固化在最终硬件的主板芯片上（只读），并配之以固态硬盘，这些都足以保证，较短的启动时间。在启动每一个步骤都需要验证安全签名，如果任何一个步骤验证失败，这可能是因为恶意软件入侵，系统将会自动重启，然后重新下载干净的系统，确保系统安全。

2）微软的云操作系统 Azure

微软在其专业开发人员大会（PDC）上预发布了 Azure，即其备受瞩目的"云操作系统"。从 Azure 的定义来看，Azure 是微软用于云计算环境的操作系统。同时，Azure 也是一个开发环境，方便开发者为云计算开发相关的应用。

Windows Azure Platform 是微软的云计算平台，在微软的整体云计算解决方案中发挥关键作用。它既是运营平台，又是开发、部署平台；上面既可运行微软的自有应用，也可以开发部署用户或 ISV 的个性化服务；平台既可以作为 SaaS 等云服务的应用模式的基础，又可以与微软线下的系列软件产品相互整合和支撑。事实上，微软基于 Windows Azure Platform，在云计算服务和线下客户自有软件应用方面都拥有了更多样化的应用交付模式、更丰富的应用解决方案、更灵活的产品服务部署方式和商业运营模式。

4. 云操作系统的构成

云操作系统一般由以下几部分构成：一款在终端上运行的小型操作系统，为云应用预留本地 API；运行在本地操作系统上的具有安全沙箱的类似浏览器软件，用于云应用的呈现的基本容器；无间断互联网络，没有网络，云系统基本上没办法使用；集中度很高的 Web 应用群，用户身份统一验证的综合服务程序；服务器及服务器操作系统和数据库、文件存储服务器等。

小 结

操作系统是一组控制和管理计算机软硬件资源，为用户提供便捷使用计算机的程序的集合。它是配置在计算机硬件上的第一层软件，是对硬件功能的扩充。操作系统在计算机中具有极其重要的地位，它不仅是硬件与其他软件的接口，也是用户和计算机之间进行"交流"的界面。

操作系统的功能由 5 个部分组成：处理器管理、存储器管理、设备管理、文件管理和作业管理，它们互相配合，共同完成操作系统既定的全部功能。操作系统的基本特征是并发和共享。操作系统可根据处理方式、运行环境、服务对象和功能的不同，分为单用户、批处理、实时、分时、嵌入式、网络以及分布式操作系统。

目前流行的操作系统有 Windows（单用户多任务）、Linux（多用户和多任务）、Mac 等多种，各具风格和特点。

习 题

一、填空题

1. 复制、剪贴和粘贴的快捷键分别是_____、_____和_____。
2. 智能手机是集通话、短信、网络接入为一体的_____。
3. Windows 是_____用户_____任务操作系统；Linux 是_____用户_____任务操作系统。

二、简答题

1. 操作系统的主要功能是什么？简述操作系统的分类和工作原理。
2. 实时和分时有什么区别？什么是并发？什么是多道程序设计？
3. 简述 Windows 发展历史。什么是长文件名？Windows 如何进行文件命名？
4. 简述 UNIX 的历史和特点。
5. 简述 Linux 的特色。
6. 通过使用和理解，比较学过的操作系统 Windows、UNIX 以及 Linux 有什么不同？从计算机本身和计算机用户角度考虑，理想的操作系统应该满足哪些要求？

第 6 章

语言、程序和软件 «<

内容介绍：

利用计算机科学技术解决客观世界里的实际问题，需要相应的应用程序。用计算机实现程序设计、求解问题的过程，是人的认知过程在计算机上的一种实现。程序是为了让计算机解决某个（或某些）问题，依照计算机能识别的语言编写的语句序列。设计程序需要掌握计算机程序语言的思维方式和规范要求，从需要解决的问题出发，寻找高效、可行的求解方法。

本章重点：

- 指令和程序的概念。
- 程序的控制结构。
- 程序设计方法。
- 软件的开发过程。

6.1 程序语言

6.1.1 程序语言概述

程序语言是用来定义计算机指令执行流程的形式化语言。每种程序语言都包含一整套词汇和语法规范。这些规范通常包括数据类型和数据结构、指令类型和指令控制、调用机制和库函数以及不成文的规定（如递进书写、变量命名等）。

大多数程序语言都能够组合出复杂的数据结构，如链表、堆栈、树、文件等。面向对象的程序语言还允许定义新的数据结构，如对象。

最古老的高级程序语言有 FORTRAN、COBOL、ALGOL 和 LISP。目前流行的一切程序语言几乎都是上述 4 种古老程序语言的综合进化，如图 6-1 所示。

程序语言的基本成分包含 4 种：

（1）数据成分，它用来描述程序中数据的类型，如数值、字符等。

（2）运算成分，它用来描述程序只能怪所包含的各种运算，如四则运算、逻辑运算等。

（3）控制成分，它用来控制程序语句的执行流程，如选择、循环、调用等。

（4）传输成分，它用来表达程序中数据的传输，如实参、形参、返回值等。

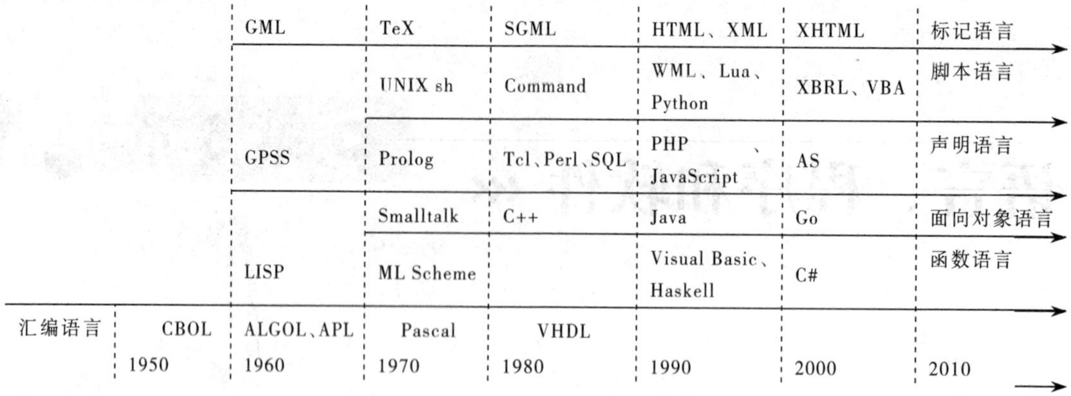

	1950	1960	1970	1980	1990	2000	2010	
	GML	TeX	SGML		HTML、XML	XHTML		标记语言
		UNIX sh	Command		WML、Lua、Python	XBRL、VBA		脚本语言
	GPSS	Prolog	Tcl、Perl、SQL		PHP、JavaScript	AS		声明语言
		Smalltalk	C++		Java	Go		面向对象语言
	LISP	ML Scheme			Visual Basic、Haskell	C#		函数语言
汇编语言	CBOL	ALGOL、APL	Pascal	VHDL				

图 6-1　常用程序语言的发展

6.1.2　程序语言的类型

程序语言有多种分类方法，大部分程序语言都是算法描述型语言，如 C、C++、Java 等，还有一部分是数据描述型语言，如 HTML 等标记语言。按照编程技术难易程度，可分为低级语言和高级语言；按照程序语言设计风格，可分为命令式语言、结构化语言、面向对象语言、函数式语言、脚本语言等；按照程序执行方式，可分为解释型语言（如 Python 等）、编译型语言（如 C 语言等）、编译+解释型语言（如 Java 等）等。

1．机器语言

机器语言是以二进制代码表示的指令集合，是计算机唯一能直接识别和执行的语言。机器语言的优点是占用内存少，执行速度快；缺点是难编写，难阅读，难修改，难移植。

2．汇编语言

汇编语言是将机器语言的二进制代码指令用简单符号表示的一种语言。汇编语言和机器语言本质上是相同的，都可以直接对计算机硬件设备进行操作。汇编语言编程需要对计算机硬件结构有所了解，这增加了编程难度。但是，汇编语言生成的可执行文件小，执行速度快。工业控制领域常采用汇编语言进行编程。

3．高级程序设计语言

高级程序设计语言并不意味它深奥莫测，而是表示它有别于与机器有关的机器语言和汇编语言，它独立于计算机的类型，且表达形式更接近与被描述的问题，更容易被人掌握。

任何一种高级程序设计语言都有严格的词法规则、语法规则和语义规则。词法规则规定如何从语言的基本符号集构成单词；语法规则规定如何由单词构成各个语法单位，如表达式、语句、程序等；语义规则规定各个语法单位的含义。广泛使用的 C、C++、Java、Python 都是高级程序设计语言。早期的程序设计语言是面向过程的，后来发展为面向对象的高级程序设计语言。

TIOBE 编程语言社区排行榜是编程语言流行趋势的一个指标，每月进行更新。2017 年 5 月，TIOBE 编程语言社区排行榜中前 20 位的情况如图 6-2 所示。1987 年至 2017 年，前十位的编程语言排行榜长期走势如图 6-3 所示。

May 2017	May 2016	Change	Programming Language	Ratings	Change
1	1		Java	14.639%	-6.32%
2	2		C	7.002%	-6.22%
3	3		C++	4.751%	-1.95%
4	5	^	Python	3.548%	-0.24%
5	4	v	C#	3.457%	-1.02%
6	10	^	Visual Basic .NET	3.391%	+1.07%
7	7		JavaScript	3.071%	+0.73%
8	12	^	Assembly language	2.859%	+0.98%
9	6	v	PHP	2.693%	-0.30%
10	9	v	Perl	2.602%	+0.28%
11	8	v	Ruby	2.429%	+0.09%
12	13	^	Visual Basic	2.347%	+0.52%
13	15	^	Swift	2.274%	+0.68%
14	16	^	R	2.192%	+0.86%
15	14	v	Objective-C	2.101%	+0.50%
16	42	^	Go	2.080%	+1.83%
17	18	^	MATLAB	2.063%	+0.78%
18	11	v	Delphi/Object Pascal	2.038%	+0.03%
19	19		PL/SQL	1.676%	+0.47%
20	22	^	Scratch	1.668%	+0.74%

图 6-2 编程语言排行榜 TOP20 榜单

Programming Language	2017	2012	2007	2002	1997	1992	1967
Java	1	1	1	1	14	-	-
C	2	2	2	2	1	1	1
C++	3	3	3	3	2	2	4
C#	4	4	7	14	-	-	-
Python	5	7	6	9	27	-	-
PHP	6	5	4	5	-	-	-
JavaScript	7	9	8	7	20	-	-
Visual Basic .NET	8	21	-	-	-	-	-
Perl	9	8	5	4	4	11	-
Assembly language	10	-	-	-	-	-	-
COBOL	25	31	17	6	3	13	8
Lisp	31	12	14	10	9	9	2
Prolog	33	37	26	13	18	14	3
Pascal	102	13	19	29	8	3	5

图 6-3 TOP10 编程语言排行榜长期走势（1987-2017）

　　由于多核技术的普及，并行计算得到了发展，不少并行编程语言被设计和研究，如 MPI（Message Passing Interface）、OpenMP、PThread、Fortress、X10、Chapel、Sequoia、HTA（Hierarchical Tiled Array）等。从程序开发者所需提供信息的量的角度，几种语言的归类描述如下：MPI、OpenMP 和 PThread 三种语言的共同点是由程序开发者显式地指定并行程序的并行性、同步、数据划分等信息，它们是目前广泛采用的并行编程语言；Fortress、X10 和 Chapel 的特点是由程序开发者提供并行程序的并行性描述并指定数据划分方式；Sequoia 和 HTA 是以数据局部性描述为核心的并行编程语言。

　　量子力学和计算机科学与技术在 20 世纪 80 年代开始结合，诞生了一个多学科交叉、融合的新学科方向——量子计算。它在备受关注中快速发展，并有可能产生足以改变传统计算模式、对人类文明产生巨大推动的计算工具——量子计算机。2017 年 5 月，中国科技大学等单位协同研发，成功构建了世界上第一台超越早期经典计算机的光量子计算机。要让量子计算机得以帮助计算、执行任务，需要量子程序设计语言。通过量子程序设计语言，书写量子程序来实现量子算法、量子协议和通用量子计算。已正式发表的量子程序设计语言约有 15 种，如表 6-1 所示。

表 6-1　已正式发表的量子程序设计语言及相关信息

语　言　名　称	作　　者	语言风范	扩展基础	最后更新	处理程序是否实现
Q-gol	Baker	函数式	CaML	1998 年 8 月	是
Quantum C	Blaha	命令式	ISO C	2000 年 6 月	否
qGCL	Sanders 等	函数式	pGCL	2000 年 9 月	是
QML	Altenkirch	函数式	ML	2001 年 11 月	否
Quantum Entanglement	Gough	函数式	Perl	2002 年 6 月	是
The Q Language	Bettelli	命令式	ISO C/C++	2003 年 5 月	是
QPL	Selinger	函数式	—	2004 年 9 月	否
Quantum Predicative Programming	Tafliovich	函数式	—	2006 年 12 月	否
NDQJava	徐家福等	命令式	Java	2006 年 7 月	是
QCL	Ömer	命令式	C	2006 年 12 月	是
LanQ	Mlnarik	命令式	C	2007 年 10 月	是
NDQFP	Xu 等	函数式	FP	2009 年 6 月	否
Quantum Flowchart Language	应明生等	命令式	Flowchart Language	2010 年 10 月	否
NDQJava-2	刘玲等	命令式	Java, NDQJava	2011 年 1 月	是
Quipper	Green 等	函数式	Haskell	2013 年 6 月	是
LIQUil>	Wecker 等	函数式	F#	2015 年 11 月	是

6.2　指令和程序

6.2.1　概念

计算机指令是指挥机器工作的命令。通常，一条指令包含操作码和操作数。操作码决定要完成的操作，操作数指参加运算的数据及其所在的单元地址。计算机中，操作码和操作数都用二进制数码表示。

程序由多条语句组成，一条语句就是一条指令。语句有规定的关键字和语法结构。语言中的控制指令，如顺序、选择、循环、调用等，可以改变程序的执行流程，来控制计算机的处理过程。

程序的基本功能是处理数据。程序必须能够处理不同类型的数据。数据类型是由程序语言定义的。程序语言从"域"和"操作"两个方面来定义数据类型。域指定数据类型值的集合；操作定义数据类型的行为。不同程序语言定义的数据类型不同。大部分程序语言都支持整型（整数）、浮点型（实数）、字符型、布尔型（逻辑型）等基本数据类型。

6.2.2 程序控制结构

程序处理数据时，需要流程控制方式来进行控制。程序的流程控制方式主要有顺序结构、选择结构、循环结构、子程序调用、并行结构等，其中顺序结构、选择结构和循环结构是三种最基本的结构。

1．顺序结构

如图 6-4 所示，在顺序结构中，当执行完第一条语句指定的操作后，接着执行第二条语句，直到所有 n 条语句执行完成。

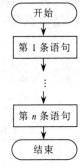

图 6-4　顺序结构

2．选择结构

选择结构是判断某个条件是否成立，然后选择程序中的某些语句执行。选择结构如图 6-5 所示，这种结构包含一个四边形框表示的判断条件，根据给定的条件是否成立来选择执行语句的流向。选择结构遵循如下规则：

（1）无论条件是否成立，只能执行一个方向的语句，不能既执行 A 语句又执行 B 语句。

（2）A 或 B 可以有一个是空的，即不执行任何操作，如图 6-5（b）所示。

（3）无论执行哪一个方向，执行完 A 或 B 语句后，都必须经过 C 点，离开选择结构。

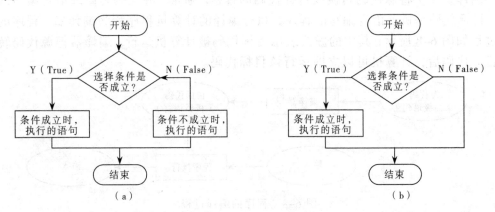

图 6-5　选择结构

与顺序结构比较，选择结构使程序的执行不再完全按照语句的顺序执行，而是根据某种条件是否成立来决定程序执行的走向。

3．循环结构

在循环结构中，重复执行一些程序语句，直到满足某个条件为止。循环结构有两种类型：当型循环结构（while）和直到型循环结构（until）。

图 6-6 展示的是当型循环结构。当型循环结构中，先判断循环条件，后执行循环体；当循环条件的值为真（True）时，继续循环；当循环条件的值为假（False）时，结束循环。

图 6-7 展示的是直到型循环结构。在直到型循环结构中，先执行循环体，再判断循环条件。当循环条件的值为假（False）时，继续循环；当循环条件的值为真（True）时，结束循环。

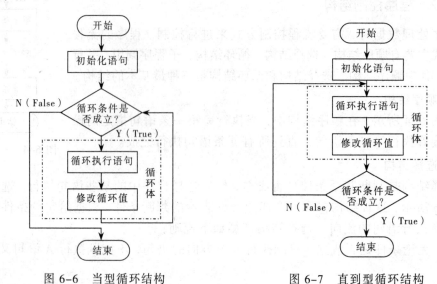

图 6-6 当型循环结构   图 6-7 直到型循环结构

6.2.3 编译和解释

编译是一个将源代码转换成目标代码的过程。通常，源代码是高级语言编写的程序，目标代码是机器语言编写的程序，执行编译的计算机程序称为编译器。程序的编译过程如图 6-8 所示，其中的虚线表示目标代码被计算机运行。编译器把源代码转换成目标代码后，计算机可以立即运行该目标代码。

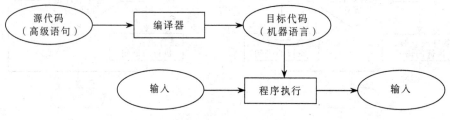

图 6-8 程序的编译过程

解释是一个将源代码逐条转换成目标代码并同时逐条运行目标代码的过程。执行解释的计算机程序称为解释器。程序的解释过程如图 6-9 所示，其中高级语言编写的源代码与输入数据一同输入给解释器，然后输出运行结果。

解释和编译的区别在于编译是一次性地翻译，并且程序被编译后不再需要编译；解释则在每次运行时都需要源代码和解释器。

编译方法的优点：

（1）对于相同源代码，编译所产生的目标代码执行速度更快。

（2）目标代码不需要编译器就可运行，在相同操作系统上使用灵活。

解释方法的优点：

（1）只要有解释器，源代码可以在任何操作系统上运行，可移植性好。

（2）解释执行需要保留源代码，使得程序纠错和维护方便。

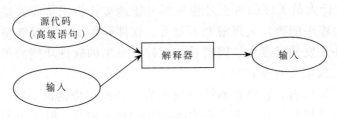

图 6-9　程序的解释过程

6.3　程序设计

从自然语言的角度来说，程序是对解决某个问题的方法及步骤的描述；从计算机的角度来说，程序是用某种计算机能够理解并执行的计算机语言来描述解决问题的方法和步骤。通常把解决问题的方法和步骤称为"算法"，因此程序就是解决问题算法的具体实现。

程序的特点是有始有终，每个步骤都能操作。所有步骤执行完后，对应的问题就能得到解决。

例如，某个嘉奖会议的安排如下：

第 1 项　宣布会议开始。

第 2 项　全体起立唱国歌。

第 3 项　宣读嘉奖令。

第 4 项　颁发奖励证书。

第 5 项　宣布会议结束。

上述的步骤就是一个解决嘉奖问题的过程或算法。

又如，求一元二次方程 $ax^2+bx+c=0$（设 $a>0$）实数根的步骤如下：

第 1 步　获得系数 a、b、c。

第 2 步　计算 $d=b^2-4ac$。

第 3 步　若 $d>0$，则计算 $x_1=\dfrac{-b+\sqrt{d}}{2a}$，$x_2=\dfrac{-b-\sqrt{d}}{2a}$，输出"有两个实数根"，分别为 x_1 和 x_2，转到第 6 步。

第 4 步　若 $d<0$，输出"没有实根"，转第 6 步；否则转第 5 步。

第 5 步　计算：$x_1=x_2=-b/(2a)$，输出"有两个相等的实数根"，为 x_1。

第 6 步　结束。

上述步骤就是求解一元二次方程实根的过程或算法。

程序设计就是求解某个问题的算法，并将其用计算机语言实现的过程。程序设计方法的发展可以分成 3 个阶段，即面向计算机的程序设计、面向过程的程序设计和面向对象的程序设计。

1. 面向计算机的程序设计

人类最早的编程语言是由计算机可以直接识别的二进制指令编写的机器语言。显然机器语言便于计算机识别，但对于人类来说却是晦涩难懂。这一阶段，在人类的自然语言与计算机编程语言之间存在着巨大的鸿沟。这一时期的程序设计属于面向计算机的程序设计，设计人员关注的重心是程序尽可能地被计算机接收并按指令正确地执行，至于计算机的程序能否让人理解并不重要。软件开发的人员只能是少数的软件工程师，因此，软件开发的难度大、周期长，而且开发出的软件功能简单，界面也不友好，计算机的应用仅限于科学计算。

随后出现了汇编语言，它将机器指令映射为一些能读懂的助记符。如 ADD、SUB 等。此时的汇编语言与人类的自然语言之间的鸿沟略有缩小，但仍与人类的思想相差甚远。因为它的抽象层次太低，程序员需要考虑大量的机器细节。此时的程序设计仍很注重计算机的硬件系统，它仍属于面向计算机的程序设计。面向计算机的程序设计的基本思想可归纳为：注重机器，逐一执行。

2. 面向过程的程序设计

随着计算机应用范围的扩大，人们感觉到机器语言和汇编语言的不足，机器语言太注重计算机的硬件，而汇编语言也不太适合人类的思维习惯。这时设计了更接近人类思维习惯的高级语言。它避开了计算机硬件的细节，提高了语言的抽象层次，程序中可采用具有一定含义的数据命名和容易理解的执行语句。使得在写程序时可以联系到程序所描述的具体事物。20 世纪 60 年代末开始出现的结构化程序设计（Structural Programming，SP）的思想便是面向过程的程序设计思想的集中表现。

SP 的思想是：自顶向下、逐步求精。其程序结构是按功能划分为若干基本模块（基本程序），这些模块形成一个树状结构，各模块之间的关系尽可能简单，且功能相对独立；每个模块内部均是由顺序、条件、循环 3 种基本结构组成，其模块化实现的具体方法是使用子程序。结构化程序设计由于采用了模块化与功能分解，自顶向下、分而治之的方法，因而可将一个较为复杂的问题分解为若干子问题，各个子问题分别由不同的人员解决，从而提高了速度，并且便于程序的调试，有利于软件的开发和维护。

SP 的自顶向下、逐步求精的思想可用图 6-10 所示的树状结构表示（其中 P 表示程序，P1、P2、P3 等表示子程序，依此类推，P211、P212 表示基本程序）。

SP 思想的核心是功能的分解。当程序员用 BASIC（Quick Basic）、C 或 Pascal 等语言来设计解决一个实际问题时，首先要做的工作就是将一个问题按照功能的不同分解成若干模块，然后根据模块的功能来设计一系列用于存储数据的数据结构，最后编写一些过程（或函数）对数据进行操作。最终的程序由这些数据和操作构成。显然，这种方法将数据结构和操作过程作为两个独立的实体来对待，设计人员编程之前首先考虑如何将功能分解，在每个过程中又要着重安排程序的操作系列，并且程序员在编程的同时又必须时时考虑数据结构，因为毕竟要将操作作用在数据上。不仅

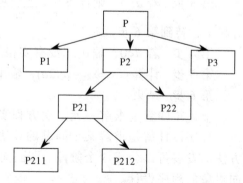

图 6-10　结构化程序设计（SP）示意图

如此，程序员在编程过程中，不能保证数据结构始终没有变化，而且一旦数据结构发生变化，作用在数据上的操作必然会相应地发生变化，这给软件开发人员造成了沉重的负担。

客观世界中的问题是错综复杂和不断变化的，软件开发人员开发的软件往往不是一成不变的。随着社会的发展，用户对软件提出了更多的要求。因此，软件的更新日益加快。而在面向过程的程序设计中，由于数据和操作的分离，使程序的重用性差，维护代价高，不便于程序的更新换代。为了克服这一缺点，人们提出了面向对象的程序设计思想。

3. 面向对象的程序设计

面向对象的程序设计（Object-Oriented Programming，OOP）思想是：注重对象，抽象成类。在程序系统中，将客观世界中的事物看成对象，对象是由数据以及对数据的操作构成的一个不可分离的整体。对同类型的对象抽象出其共性，形成类。类中大多数数据只能用本类的方法进行处理。类通过一个简单的外部接口与外界发生关系，对象与对象之间通过消息进行联系。为了进一步弄清面向对象的程序设计思想，首先解释几个概念。

1）对象

对象是系统中描述客观事物的实体，是由描述事物属性结构的数据和定义在数据上的一组操作组成的实体。它是数据结构和操作系列的组合（其中数据描述对象的静态特征，操作描述对象的动态特征），是构成系统的一个基本单位。

2）类

类是一组对象的抽象，是具有相同的属性结构和操作的一组对象的集合。类与对象的关系犹如模具与铸件之间的关系，类是用来创造对象实例的样板，它包含所创建对象的属性特征和操作行为的定义。类是一个型，而对象是这个型的一个实例。

3）封装

封装是 OOP 的一个重要特性，它是指对象在把数据与操作作为一个整体时，其数据的表示方式及对数据的操作细节是尽可能地被隐藏的。用户只是通过操作接口对数据进行操作，至于其内部的细节则一无所知。这样既能与外部发生联系，又可保证数据的安全性。

4）继承

继承是 OOP 的又一个重要特性，它是指特殊类的对象拥有其一般类的全部属性结构的操作行为。如果 B 类继承了 A 类，就称 A 类为父类，B 类为子类。在一般情况下，要定义一个新类，只要继承一个父类，再描述一下它与父类的不同之处就可以了。这样就大大地减少了设计人员的重复操作，极大地提高了编程效率。

5）多态性

多态性也是 OOP 的又一个重要特性，它是指在一般类中定义的属性或行为，被特殊类继承之后，可以具有不同的数据类型或不同的行为。这使得同一个属性或行为在一般类及各特殊类中具有不同的语义。面向对象程序设计的过程可以用图 6-11 来表示。

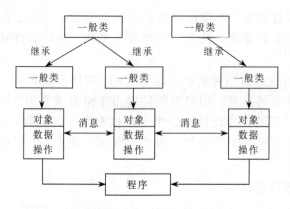

图 6-11　面向对象程序设计（OOP）示意图

6.4　软件工程简介

　　软件工程是一类工程。工程是将理论和知识应用于实践的科学。就软件工程而言，它借鉴了传统工程的原则和方法，以高效地开发高质量软件。其中应用了计算机科学、数学和管理科学。计算机科学和数学用于构造模型与算法，工程科学用于制定规范、设计范型、评估成本及确定权衡，管理科学用于计划、资源、质量和成本的管理。软件工程这一概念，主要是针对 20 世纪 60 年代"软件危机"而提出的。

　　自从 1968 年首次出现"软件工程"一词以来，软件工程已成为计算机软件的一个重要分支和研究方向。软件工程是指应用计算科学、数学和管理科学的原理，以工程化的原则和方法来解决软件问题的工程。其目的是提高软件生产率，提高软件质量，降低软件成本。

　　任何一个软件产品或软件系统都要经历软件定义、软件开发、软件维护直至被淘汰这样一个全过程，软件的这一全过程称为软件生存周期。软件定义、软件开发、软件维护等阶段还可以分别分成若干阶段，每个阶段相对独立又彼此有联系。

6.4.1　软件定义

　　软件定义阶段主要解决的问题是待开发的软件要"做什么"，也就是要确定软件的处理对象、软件与外界的接口、软件的功能和性能、软件界面以及有关的约束和限制。软件定义阶段通常可以分成系统分析、软件项目计划、需求分析等阶段。

　　（1）系统分析：这里讲的系统是指计算机系统，包括计算机硬件、软件和使用计算机的人。系统分析的任务是确定待开发软件的总体要求和适用范围，以及与之有关的硬件、支撑软件的要求。系统分析阶段的参加人员有用户、项目负责人、系统分析员。该阶段所产生的文档可合并在软件项目计划阶段的文档（项目计划书）中。

　　（2）软件项目计划：软件项目计划的任务是确定待开发软件的目标，对其进行可行性分配，并对资源分配、进度安排等做出合理的计划。软件项目计划阶段的参加人员有用户、项目负责人、系统分析员。该阶段所产生的文档有可行性分析报告、项目计划书。

（3）需求分析：需求分析的任务是确定待开发软件的功能、性能、数据、界面等要求，从而确定系统的逻辑模型。需求分析阶段的参加人员有用户、项目负责人、系统分析员。该阶段产生的文档有需求规约（Requirements Specification），习惯上称之为需求规格说明书。

6.4.2　软件开发

软件开发阶段主要解决的问题是该软件"怎么做"，包括数据结构和软件结构的设计、算法设计、编写程序、测试，最后得到可交付使用的软件。软件开发阶段通常又可分成软件设计、编码、软件测试等阶段。

（1）软件设计：软件设计通常还可分成概要设计和详细设计。概要设计的任务是模块分解，确定软件的结构、模块的功能和模块间的接口，以及全局数据结构的设计。详细设计的任务是设计每个模块的实现细节和局部数据结构。概要设计阶段的参加人员有系统分析员和高级程序员，详细设计阶段的参加人员有高级程序员和程序员。设计阶段产生的文档有设计规约（Design Specification），也称设计说明书，它也可分为概要设计说明书和详细设计说明书。根据需要还可产生数据说明书和模块开发卷宗。

（2）编码：编码的任务是用某种程序语言为每个模块编写程序。编码阶段的参加人员有高级程序员和程序员，产生的文档有程序清单。

（3）软件测试：软件测试的任务是发现软件中的错误，并加以纠正。软件测试阶段的参加人员通常由另一部门（或单位）的高级程序员和系统分析员承担，该阶段产生的文档有软件测试计划和软件测试报告。

6.4.3　软件维护

软件开发阶段结束后，软件即可交付使用。软件的使用通常要持续几年甚至几十年，在整个期间，都可能因为某种原因而修改软件，这便是软件维护。引起修改软件的原因主要有3种：

（1）在软件运行过程中发现了软件中隐藏的错误而修改软件。

（2）为了适应变化了的环境而修改软件。

（3）为修改或扩充原有软件的功能而修改软件。

因此软件维护的任务就是为使软件适应外界环境的变化、实现功能的扩充和质量的改善而对软件进行修改。软件维护阶段的参加人员是维护人员，该阶段产生的文档有维护计划和维护报告。

小　　结

本章主要介绍了程序语言的概念、程序的控制结构、编译和解释的概念、程序设计的概念、几种常用程序设计方法的特点、软件的概念。

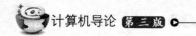

习 题

一、简答题

1. 程序语言有哪些成分组成？
2. 程序和指令的区别是什么？
3. 程序的控制结构有哪些？
4. 面向过程的程序设计有什么特点？
5. 面向对象的程序设计有什么特点？
6. 什么是软件周期？它包含哪几个阶段？
7. 请结合一些经历或者通过案例来叙述软件维护的概念、目的及意义。

二、思考题

1. 阿甘对他家的扫地机器人说："请把屋子打扫一下"。随即，扫地机器人开始移动、扫地。请问：阿甘对扫地机器人说的话是不是程序指令？扫地机器人能接收阿甘的话语并执行扫地任务的大致"思考"过程是怎样的？
2. 请查阅、学习有关文献，回答问题：分析、验证一个程序是否正确的技术有哪些？

第 7 章

Python 语言简介 《《

内容介绍:

Python 是一种简单的计算机语言及一组与之配套的软件工具和库。与传统流行编程语言（如 C、Java、C#等）相比，Python 语言的设计理念是使用尽可能少的代码，完成其他语言的相同工作，提升代码的可读性。本章将介绍 Python 语言的发展历史、特点、基本数据类型、组合数据类型、变量、选择结构、循环结构、缩进风格等，并给出了相关例子。希望读者通过本章的学习，能够掌握 Python 语言的一些基本内容，能够学以致用，为今后学习和工作打下基础。

本章重点:

- Python 语言的组合数据结构：列表、元组、字典、集合。
- 选择结构。
- 循环结构。
- break 语句、continue 语句。

7.1 Python 语言概述

Python 语言是一种面向对象的、解释型的、动态数据类型的高级程序设计语言，具有简洁的语法规则，使得学习程序设计更容易，同时具有强大的功能，能满足大多数应用领域的开发需求。

7.1.1 Python 语言的发展历史

Python 语言起源于 1989 年年末。当时，荷兰国家数学与计算机科学研究所（CWI）的研究员吉多·范·罗索姆（Guido van Rossum）需要一种高级脚本编程语言，为其研究小组的 Amodea 分布式操作系统执行管理任务。为创建新语言，吉多从高级教学语言 ABC（All Basic Code）汲取了大量语法，并从系统编程语言 Modula-3 借鉴了错误处理机制。吉多把这种新的语言命名为 Python，是因为他是 BBC 电视剧蒙提·派森的飞行马戏团（*Monty Python's Flying Circus*）的爱好者。

Python 语言的第一个版本于 1991 年年初公开发行。由于功能强大和采用的开源方式发行，Python 发展很快，用户越来越多，形成了一个庞大的语言社区。Python 2.0 于 2000 年 10 月发布，增加了许多新的语言特性;同时，整个开发过程更加透明。Python

3.0 于 2008 年 12 月发布。Python 3.0 之后的版本统称为 Python 3.X，Python 2.0 之后且在 Python 3.0 之前的版本统称为 Python 2.X。Python 3.X 于不能兼容 Python 2.X 版本，这使得早期 Python 版本设计的程序无法在 Python 3.0 之后的版本上运行。目前，Python 语言正朝着 Python 3.X 进化。本书将选择 Windows 操作系统下的 Python 3.X 版本来介绍。

7.1.2 Python 语言的特点

具体来说，Python 语言具有如下特点：

1）简单

Python 是一种代表简单主义思想的语言。阅读一个良好的 Python 程序就感觉像是在读英语一样。Python 的这种简单，使用户能够专注于解决问题而不是去搞明白语言本身。

2）免费、开源

Python 是 FLOSS（自由/开放源码软件）之一。简单地说，用户可以自由地发布这个软件的副本，阅读它的源代码以及修改以及把它的一部分用于新的自由软件中。

3）高层语言

用户在使用 Python 语言编写程序的时候，无须考虑如何管理程序所使用内存一类的底层细节。

4）可移植性

由于它的开源本质，Python 已经被移植在许多平台上（经过改动使它能够工作在不同平台上）。如果用户小心避免使用依赖于系统的特性，那么所有 Python 程序无须修改就可以在下述任何平台上面运行。这些平台包括 Linux、Windows、FreeBSD、Macintosh、Solaris、OS/2、OS/390、z/OS、Palm OS、QNX、VMS、Psion、Acom RISC OS、VxWorks、PlayStation。

5）解释性

一个用编译性语言（如 C 或 C++）编写的程序可以从源文件（即 C 或 C++语言）转换到计算机使用的语言——二进制代码，即 0 和 1。这个过程通过编译器和不同的标记、选项完成。运行程序的时候，连接/转载器软件把程序从硬盘复制到内存中并执行。对于解释型语言 Python，相应的程序不需要编译成二进制代码，计算机可以直接从源代码运行程序。在计算机内部，Python 解释器把源代码转换成字节码的中间形式，然后再把字节码翻译成计算机使用的机器语言并运行。事实上，执行 Python 程序，用户不需要担心如何编译程序，如何确保连接转载正确的库等。

6）面向对象

Python 语言既支持面向过程的编程，也支持面向对象的编程。在面向过程的语言中，程序是由过程或可重用代码的函数构建起来的。在面向对象的语言中，程序是由数据和功能组合而成的对象构建起来的。与其他主要的语言（如 C++和 Java）相比，Python 以一种非常强大又简单的方式实现面向对象编程。

7）可扩展性

如果用户需要让一段关键代码运行得更快或者希望某些算法不公开，那么可以把部分程序用 C 或 C++编写，然后在 Python 程序中使用它们。

8）可嵌入性

可以把 Python 程序嵌入 C/C++ 程序，从而向程序用户提供脚本功能。

9）丰富的库

Python 标准库很强大。它可以帮助处理各种工作，包括正则表达式、文档生成、单元测试、线程、数据库、网页浏览器、CGI、FTP、电子邮件、XML、XML-RPC、HTML、WAV 文件、密码系统、GUI（图形用户界面）、Tk 和其他与系统有关的操作。除了标准库以外，还有许多其他高质量的库，如 wxPython、Twisted 和 Python 图像库等。

7.1.3　Python 的安装

Python 是跨平台的，它可以运行在 Windows、Mac 和 Linux/UNIX 系统上。Windows 上写的 Python 程序，放到 Linux 上也可以运行。

1. 对于 Windows 用户

（1）登录 Python 的官网 www.python.org/download/，根据用户自己的 Windows 版本（32 位或者 64 位），下载 Python 3.X（这里以 Python 3.4 版本为例）对应的 32 位安装程序或 64 位安装程序。

（2）下载后，双击 Python 安装文件。

（3）弹出一个对话框，要求选择为所有用户安装 Python 还是为自己安装 Python，即 Install for all users 或者 Install just for me。选择后，单击 Next 按钮。

（4）弹出一个对话框，选择 Python 环境的安装位置。推荐安装到默认位置 C:/Python34。然后，单击 Next 按钮。

（5）弹出对话框，单击 Python 左边的下拉按钮，选择安装所有模块。然后，单击 Next 按钮。

（6）开始安装 Python。

（7）安装完毕后，单击 Finish 按钮，结束安装。

（8）设置环境变量 Path。（以 Windows XP 系统为例）右击"我的电脑"图标，在弹出的快捷菜单中选择"属性"命令，单击"高级系统设置"，选择"高级"选项，单击"环境变量"选项，在"系统变量"框中选择 PATH 并双击，然后在弹出框的"变量值"框中添加"C:/Python34;"即可。

安装完成后，在"开始"菜单的搜索框中输入 cmd，按 Enter 键进入命令行窗口；然后，在命令行列输入 Python，并按 Enter 键。如果出现如图 7-1 所示的界面，则证明安装成功。

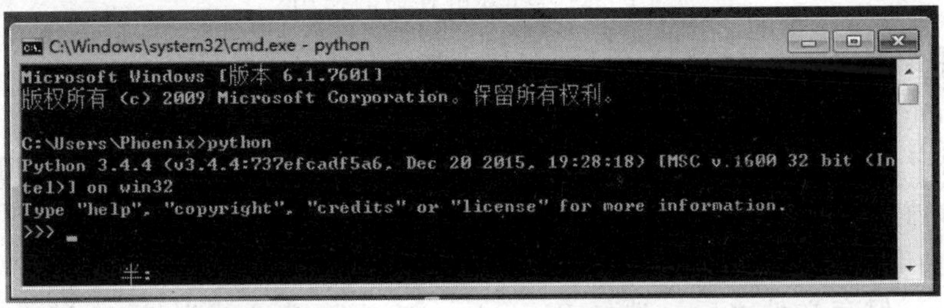

图 7-1　Python 软件安装成功的界面

2. 对于 Linux 用户

如果用户正在使用一个 Linux 的发行版，比如 Fedora 或者 Mandrake，那么有可能系统里已经安装了 Python。

要测试是否已经随着 Linux 包安装了 Python，用户可以打开一个 Shell 程序（如 konsole 或 gnome-terminal），然后输入如图 7-2 所示的命令 python。

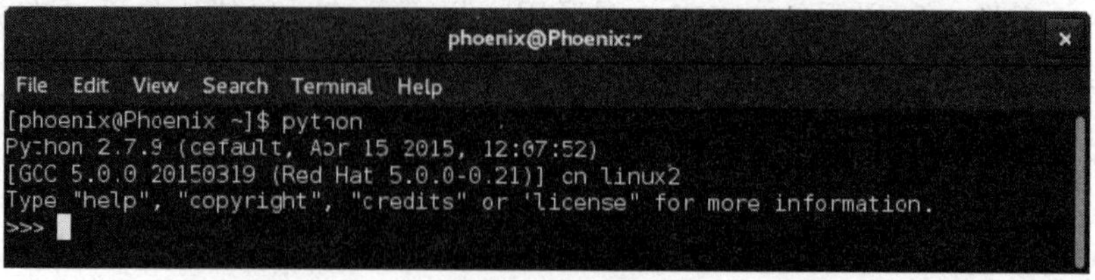

图 7-2　Linux 下成功安装 Python 的反馈结果

其中，$是 Shell 的提示符。根据用户操作系统的设置，它可能会不同。这里用$符号表示提示符。

3. 对于 Mac OS X 用户

Mac OS X 用户打开 Terminal.app，运行 python –V 即可。

7.1.4　运行 Python 程序

有两种运行 Python 程序的方式：一种是使用交互式的带提示符的解释器；另一种是使用源文件。

1. 使用 Shell 交互解释器

在 Shell 提示符"＞＞＞"下，输入 Python 命令启动解释器。对 Windows 用户，如果已经配置好了 PATH 变量，那么就可在命令行中启动解释器。选择"开始"→"所有程序"→"Python 3.4"→"IDLE（Python 3.4 GUI）"，便可以进入 Shell 交互解释器 IDLE。在 Shell 解释器中输入"print('Hello World!')"，按 Enter 键，将会看到"Hello World!"字样的输出，如图 7-3 所示。

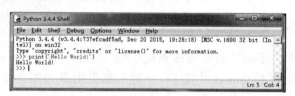

图 7-3　Shell 解释器的使用

2. 使用编辑器

用 Python 写程序源文件之前，需要一个编辑器。

如果用户用的是 Windows，可以在 Shell 解释器窗口选择 File→New File 命令，进入程序编辑窗口。在程序编辑窗口，编辑完成程序代码之后，需要进行保存；选择 File→Save 命令，此时会弹出一个文件保存对话框。在进行文件保存时，要明确地添加扩展名.py。保存文件之后，选择 Run→Run Module 命令或者按 F5 键运行程序。程序的运行结果显示在 Shell 解释器窗口。

7.2　基本数据类型

7.2.1　数值型数据

数值类型用于表示、存储数值。例如，整数 5、浮点数 1.23、复数 1+2i 都为数值类型数据。Python 支持 3 种数值数据类型，即整型（int）、浮点型（float）和复数型（complex）。

1. 整型数据与浮点型数据

整型数据是指整数；它不带小数点。Python 3.X 中能表示任意大小的整数。

浮点型数据是指带有小数点的实数；它有两种表示形式：① 由数字和小数点组成的十进制小数形式，如：3.1415、1.0 等。② 指数形式，即用科学计数法表示的浮点数。在指数形式中，用字母 e（或 E）表示以 10 为底的指数，e 之前的部分为数字部分，e 之后的部分为指数部分，且两部分必须同时出现，指数必须为整数。例如，1.2e-3、24e3 等。而 e-2 和 2e3.2 是非法的浮点型数据。

整型数据和浮点型数据支持的运算有加法+、减法-、乘法*、除法/、除法取商//、除法取余%、幂运算**。

下面用 a 和 b 表示两个数，它们或者是整型数据，或者是浮点型数据。

a+b：计算结果为两个数 a 与 b 的和。当 a 和 b 都是整数时，其运算结果仍为整数。当 a、b 中有一个为浮点数，那么其运算结果为浮点数。例如，2+3=5,2+4.2=6.2。

a-b：计算结果为数 a 减去 b 所得的差。当 a 和 b 都是整数时，其运算结果仍为整数。当 a、b 中有一个为浮点数，那么其运算结果为浮点数。例如，3-5=-2,3-(-2.1)=5.1。

a*b：计算结果为数 a 乘以 b 所得的积。当 a 和 b 都是整数时，其运算结果仍为整数。当 a、b 中有一个为浮点数，那么其运算结果为浮点数。例如，2*(-4)=-8，3*2.3=6.8999999999999995。

a/b：计算结果为数 a 除以 b 所得的结果。该运算的结果为浮点数。例如，1.2/2=0.6，12/2=6.0。

a//b：计算结果为数 a 除以 b 所得结果的商的部分。当 a 和 b 都是整数时，所得结果为整数；当 a 和 b 中有一个为浮点数时，所得结果为浮点数。例如，1.2//2=0.0，1//2=0，6//4=1。

a%b：计算结果为数 a 除以 b 所得的余数。当 a 和 b 都是整数时，所得结果为整数；当 a 和 b 中有一个为浮点数时，所得结果为浮点数。例如，2%1=0，1%2=1，2.1%1=0.1，2.1%2.1=0.0。

a**b：计算数 a 的 b 次幂。当 a 和 b 都是整数时，所得结果为整数；当 a 和 b 中有一个为浮点数时，所得结果为浮点数。例如，2.1**2.1=4.749638091742242，3**4=81。

2. 复数型数据

复数型数据是指复数。

数学中，复数的虚数单位用 i 表示。Python 中，用 j 表示虚数单位。复数 x+yi 在 Python 中写成 x+yj。Python 中表示复数型数据时，其虚部不能省略。例如，复数 1+i，不能写成 1+j，应写为 1+1j。如果把数 3.2 视为复数型数据，那么在 Python 中应写成 3.2+0j。

Python 中，复数型数据支持的运算有加法+、减法−、乘法*、除法/、幂运算**，不支持除法取商//和除法取余%的运算。复数型数据进行加法+、减法−、乘法*、除法/、幂运算**的结果仍为复数型数据。比如：(1+2j)−(3+4.6j)=(−2−2.5999999999999996j)，2+(1−3j)=(3−3j)，(2+4j)/(1+2j)=(2+0j)。

7.2.2 字符串类型

1．Python 标准字符串

字符串是一个由有限个字符组成的有顺序的排列。在 Python 语言中，定义一个标准字符串可以使用单引号、双引号、三个连续的单引号、三个连续的双引号来界定一个有序的字符排列。例如，'abcd'，"123abc&*"，"'13￥#—=abc'"，"""I'm a teacher."""等。使用成对的连续三个单引号，或者成对的连续三个双引号，可以实现多行字符的输出。Python 下，字符串中的字符不能改变。

注意：当用一对单引号来界定一个字符串时，该字符串中不能含有单引号；当用一对双引号来界定一个字符串时，该字符串中不能含有双引号；关于成对的连续三个单引号，或者成对的连续三个双引号，它们所界定的字符串中可以含有单引号、双引号。有关示例如图 7-4 所示。

图 7-4　字符串示例

2．转义字符

转义字符以反斜杠"\"开头，后面跟一个或几个字符。转义字符具有特定的含义，不同于字符原有的意义。常用的转义字符及含义如表 7-1 所示。

表 7-1　Python 常用的转义字符及其含义

转义字符	说　明
\n	换行符
\r	回车符
\t	水平制表符（Tab）
\\	反斜杠
\'	单引号
\"	双引号

7.2.3　布尔类型数据

布尔类型（bool）数据用于描述逻辑判断结果，包含两种取值：True 和 False。布尔类型数据支持 3 种逻辑运算：and（与），or（或），not（非）；运算法则如下：

1）and 运算

True and True=True　　　　　True and False=False
False and True=False　　　　 False and False=False

2）or 运算

True or True=True　　　　　True or False=True
False or True=True　　　　　False or False=False

3）not 运算

not True=False　　　　　　　not False=True

注意：True 和 False 的首字母都须大写。

整型数据和浮点型数据，除了可以进行加法、减法、乘法、除法、除法取商、除法取余的运算之外，还可以进行关系运算，包括相等==、不等于!=、大于>、小于<、大于等于>=、小于等于<=，比较运算的结果为布尔值。这 6 种比较运算的含义相同与数学中的关系运算。例如，3==3.0 的关系运算结果为 True。

复数型数据只能进行两种关系运算：相等==和不等于!=。其含义与数学中的关系运算相同。

7.2.4　数据类型的转换

在 Python 中，不同类型的数据参加运算时，需要对一些数据的类型进行转换。一些情况下，转换数据类型是系统自动进行的。例如，当整型数据与浮点型数据进行运算时，Python 系统会自动把整型数据转换成浮点型数据，然后进行运算，如图 7-5 所示。

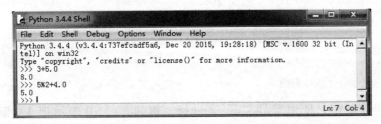

图 7-5　整型数据自动转换成浮点型数据

当运算过程中，自动类型转换规则达不到目的或者自动转换规则失效时，可以使用类型转换函数，将数据从一种类型强制转换成另一种数据类型，以满足运算要求。几种常用的数据类型转换函数如下：

（1）int()：将 x 转换成整型。

（2）float()：将 x 转换成浮点型。

（3）complex()：将 x 转换成复数型，这里的 x 为实数。

数据类型转换的示例如图 7-6 所示。

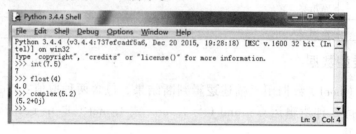

图 7-6　数据类型转换示例

注意：int(x)对 x 进行取整，并不是对 x 进行四舍五入。

7.2.5　空值

在 Python 中，空值是一个特殊的值，它用 None 来表示。None 不能理解为 0。

7.3　常量与变量

7.3.1　常量

常量是指不能改变的数据对象。例如，0 和 1 是整型常量，3.56 和 1.0 是浮点型常量，1+1.1j 是复数型常量，'140'和'23ok!'是字符串常量。

7.3.2　变量

变量是没有固定的值、可以变化的量。变量需要用变量名来命名。

变量名，由大、小写英文字母、数字和下画线（_）组成，但不能以数字开头，并且不能与关键字同名。例如，myName、Number_1 为合法的变量名，1_a、a b、a$b、True 均不是合法的变量名。变量名区分大小写，例如，MyName 与 myName 是两个不同的变量名。Python 中的关键字如下：

and	continue	except	global	lambda	pass	while
as	def	False	if	None	raise	with
assert	del	finally	import	nonlocal	return	yield
break	elif	for	in	not	True	
class	else	from	is	or	try	

对变量进行赋值，使用等号"="来进行。例如，x=1.0 表示把 1.0 赋给变量 x；y='This is a cat.'表示把字符串"This is a cat."赋给变量 y。Python 是一种动态类型语

言；对一个变量可以进行多次赋值，并且每次所赋值的数据类型可以改变。例如，可以先后对变量 z 进行两次不同数据类型的赋值，第一次赋值：z=12.3，第二次赋值：z='SUES'。

Python 允许对变量进行增量赋值。增量赋值符号由运算符和等号组成。常用的增量赋值符号有 +=、−=、*=、/=、%=、//=、**=，它们的含义如表 7-2 所示。

表 7-2　增量赋值

增量赋值符号	含　义	增量赋值符号	含　义
x+=y	x=x+y	x%=y	x=x%y
x−=y	x=x−y	x//y	x=x//y
x*=y	x=x*y	x**=y	x=x**y
x/=y	x=x/y		

Python 还支持同时给多个变量赋值。例如，x=y=z=2.13 表示同时给变量 x、y 和 z 赋值 2.13；a,b,c=1,True,'Male' 表示分别给变量 a、b、c 赋值 1、True、'Male'，如图 7-7~图 7-9 所示。

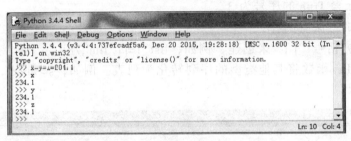

图 7-7　多个变量赋相同值的情形

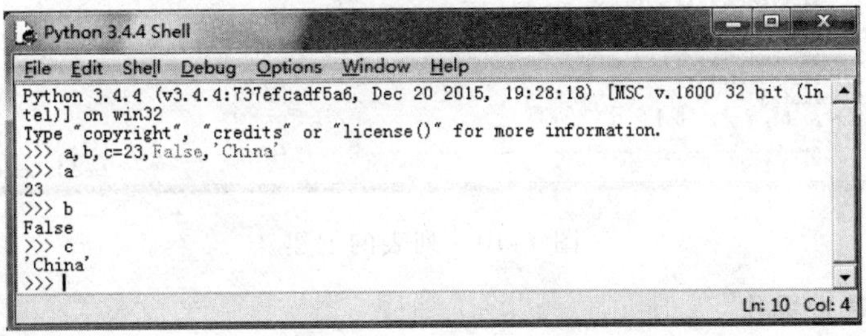

图 7-8　多个变量赋不相同值的情形

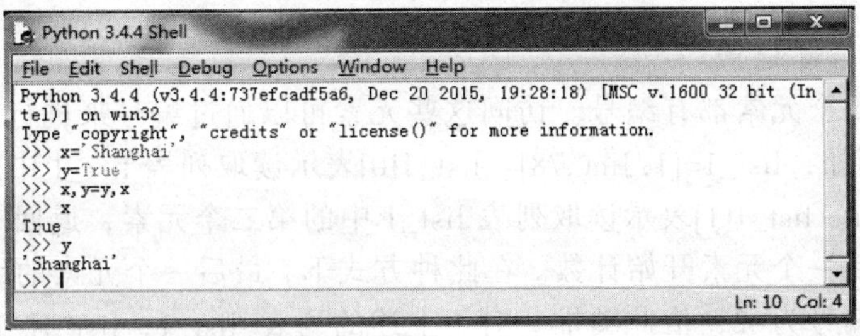

图 7-9　交换变量值的情形

7.4 组合数据类型

7.4.1 序列

序列是一种具有顺序编号的结构。Python 中，序列主要包括列表、元组、字符串等。序列的每个元素可以是任何数据类型，每个元素被分配一个序号，即元素的位置（也称索引）。第一个元素的序号规定为 0，第二个为 1，依此类推。序列支持的操作有索引、切片、序列加、序列乘、查询元素是否在序列中、计算序列长度 len()、求最大元素 Max()、求最小元素 Min()的操作。

7.4.2 列表

列表是处理一组有序项目的数据结构。它由一组有顺序的元素组成，元素可以是整数、浮点数、布尔值、字符串、列表等；元素之间用逗号隔开。列表使用方括号[]来界定它的元素。例如，list_a=[1, 'Jim',['Math',78],True]是一个列表，它包含 4 个元素：1,'Jim',['Math',78],True,并且,元素 1 的序号为 0,元素'Jim'的序号为 1,元素['Math',78]的序号为 2，元素 True 的序号为 3。

创建列表的方法有两种：

（1）使用方括号"[ ]"来创建，例如，list_1=[1,'Jim',78]。

（2）使用 list 函数将其他类型的序列转化为列表。例如，s='abcd'，list_2=list(s)，如图 7-10 所示。

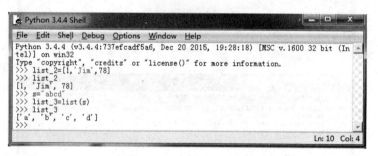

图 7-10 列表的创建

1．序列的基本操作

列表是一种序列。列表支持序列的所有基本操作。下面以列表为载体，来介绍序列的基本操作。

1）索引

序列中的每个元素都有编号。访问这些元素可以通过编号来进行。访问方法是：序列[编号]。例如，list_1=[1,'Jim',78]。list_1[0]表示读取列表 list_1 中的第一个元素，返回的结果为 1。list_1[1]表示读取列表 list_1 中的第二个元素，返回'Jim'。也可以采用从列表的最后一个元素开始计数。在此种方式下，最后一个元素的编号为-1，倒数第二个元素的编号为-2，依此类推。对于上述的列表 list_1，list_1[-1]表示读取列表 list_1 的最后一个元素 78，如图 7-11 所示。

```
Python 3.4.4 Shell
File Edit Shell Debug Options Window Help
Python 3.4.4 (v3.4.4:737efcadf5a6, Dec 20 2015, 19:28:18) [MSC v.1600 32 bit (In
tel)] on win32
Type "copyright", "credits" or "license()" for more information.
>>> list_1=[1,'Jim',78]
>>> list_1[0]
1
>>> list_1[1]
'Jim'
>>> list_1[-1]
78
>>> |
Ln: 10 Col: 4
```

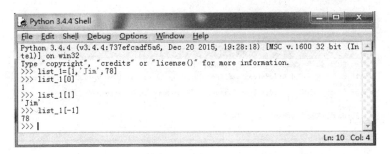

图 7-11　序列的索引操作

2）切片

切片操作是从序列中取一段元素。使用方法是：序列名字[开始编号:结束编号:步长]。其中，开始编号是指要读取的序列片段中第一个元素的编号，结束编号是指要读取的序列片段值中最后一个元素的编号加上 1 所得的数，步长是指要对序列片段进行元素读取操作的编号增幅。在默认情况下，默认步长为 1。切片操作的例子如图 7-12 所示。图 7-12 中，list_1[:5]表示从第一个元素开始直至序号为 4 的元素的片段，等价于 list_1[0:5]；list_1[:]表示从第一个元素开始直至最后一个元素的整个列表。

```
Python 3.4.4 Shell
File Edit Shell Debug Options Window Help
Python 3.4.4 (v3.4.4:737efcadf5a6, Dec 20 2015, 19:28:18) [MSC v.1600 32 bit (In
tel)] on win32
Type "copyright", "credits" or "license()" for more information.
>>> list_1=[2,'Jim','Math:78','English:84','Programming:80','Score:B']
>>> list_1[0:2]
[2, 'Jim']
>>> list_1[1:6:4]
['Jim', 'Score:B']
>>> list_1[:5]
[2, 'Jim', 'Math:78', 'English:84', 'Programming:80']
>>> list_1[2:]
['Math:78', 'English:84', 'Programming:80', 'Score:B']
>>> list_1[:-2]
[2, 'Jim', 'Math:78', 'English:84']
>>> list_1[:]
[2, 'Jim', 'Math:78', 'English:84', 'Programming:80', 'Score:B']
>>> list_1[1:-1]
['Jim', 'Math:78', 'English:84', 'Programming:80']
>>> |
Ln: 18 Col: 4
```

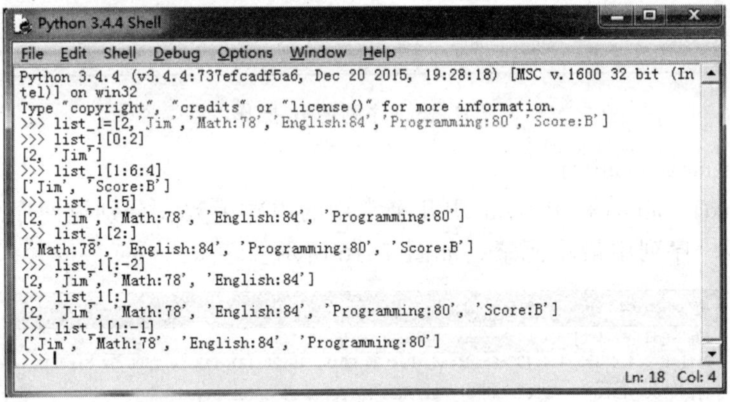

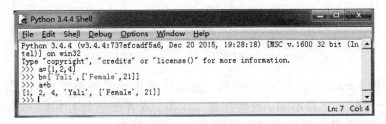

图 7-12　序列的切片操作

3）序列加

序列加操作把两个相同类型的序列连接在一起，得到一个新的序列。序列加操作的符号为：+。使用方法是：序列 1+序列 2，如图 7-13 所示。

```
Python 3.4.4 Shell
File Edit Shell Debug Options Window Help
Python 3.4.4 (v3.4.4:737efcadf5a6, Dec 20 2015, 19:28:18) [MSC v.1600 32 bit (In
tel)] on win32
Type "copyright", "credits" or "license()" for more information.
>>> a=[1,2,4]
>>> b=['Yali',['Female',21]]
>>> a+b
[1, 2, 4, 'Yali', ['Female', 21]]
>>> |
Ln: 7 Col: 4
```

图 7-13　序列的加操作

4）序列乘

序列乘操作把同一个序列重复进行有限次连接，得到一个新的序列。序列乘的操作符为：*。使用方法是：序列*n，如图 7-14 所示。

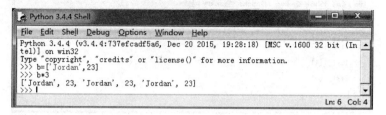

图 7-14　序列的乘操作

5）in

在序列中，可使用 in 操作来检查某个元素是否在序列中。使用方法是：元素 in 序列。如果元素在序列中，则返回 True，否则返回 False，如图 7-15 所示。

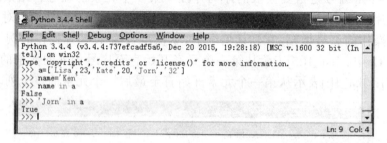

图 7-15　序列的 in 操作

6）len()、max()、min()

len()、max()、min()是 Python 中几个常用的内建函数，分别返回序列的长度、序列中最大元素、序列中最小元素，如图 7-16 所示。

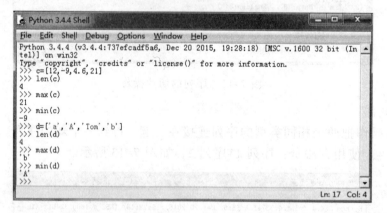

图 7-16　序列的 len()、max()、min()函数

注意：使用 max()函数和 min()函数，要求序列中元素的类型相同，比如：元素都是数值型，或者都是字符串型，或者都是布尔型，或者都是具有相同元素类型的序列。

列表除了可以进行序列的基本操作之外，还支持其他的一些操作和方法。列表可以通过索引来修改元素，也可以通过切片赋值的方式来修改，如图 7-17 所示。使用 del 语句可以删除列表中的元素，如图 7-18 所示。

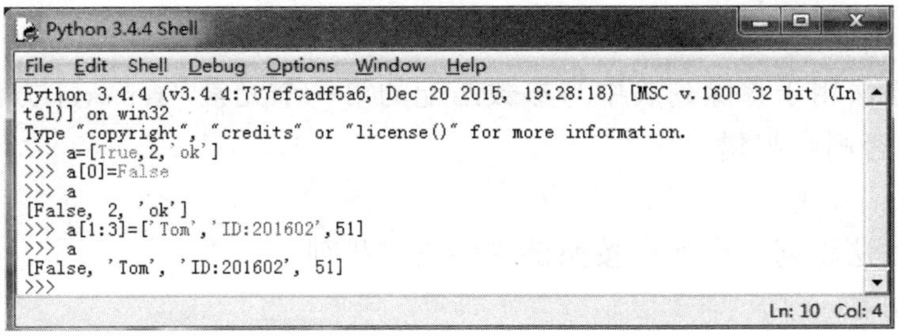

```
Python 3.4.4 Shell
File Edit Shell Debug Options Window Help
Python 3.4.4 (v3.4.4:737efcadf5a6, Dec 20 2015, 19:28:18) [MSC v.1600 32 bit (In
tel)] on win32
Type "copyright", "credits" or "license()" for more information.
>>> a=[True,2,'ok']
>>> a[0]=False
>>> a
[False, 2, 'ok']
>>> a[1:3]=['Tom','ID:201602',51]
>>> a
[False, 'Tom', 'ID:201602', 51]
>>>
Ln: 10 Col: 4
```

图 7-17　列表元素的修改

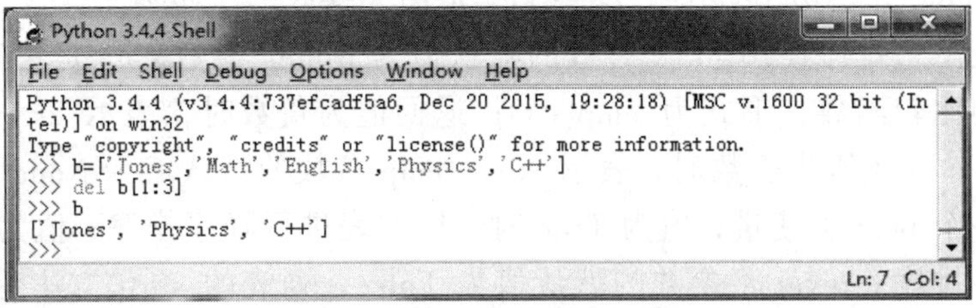

```
Python 3.4.4 Shell
File Edit Shell Debug Options Window Help
Python 3.4.4 (v3.4.4:737efcadf5a6, Dec 20 2015, 19:28:18) [MSC v.1600 32 bit (In
tel)] on win32
Type "copyright", "credits" or "license()" for more information.
>>> b=['Jones','Math','English','Physics','C++']
>>> del b[1:3]
>>> b
['Jones', 'Physics', 'C++']
>>>
Ln: 7 Col: 4
```

图 7-18　列表元素的删除

2. 列表的常用方法

在 Python 中，一切都视为对象。通过调用对象的方法，可以对对象进行使用。调用对象方法的方式为：对象.方法(参数)。在调用方法时，需要指出这个方法是属于哪个对象。通过在方法名的前面写上对象名，并在对象名的后面加个点“.”来说明。列表的常用方法介绍如下：

1）append()方法

append()方法用于实现在列表的末尾添加新的元素。

2）count()方法

count()方法用于计算某个元素在列表中出现的次数。

3）extend()方法

extend()方法用于实现把一个列表的元素添加到另一个列表的后面。extend()方法并没有产生一个新的列表，而是对原列表的修改。

4）index()方法

index()方法返回的是列表中某个元素的索引。如果元素在列表中出现多次，那么返回该元素在列表中第一次出现时位置的序号。如果元素不在列表中出现，则会报错。

5）insert()方法

insert()方法实现在列表的指定位置插入一个新的元素。当指定的插入位置超过列表的长度（列表所含元素的个数）时，就在列表的末尾插入。

6）pop()方法

pop()方法用于移除列表中指定位置的元素并返回该元素。如果没有指定要移除元素的索引，则 pop()方法移除最后一个元素。

7 ）remove()方法

remove()方法用于移除列表中与参数匹配的第一个元素。remove()方法要求参数在列表中出现，否则会报错。

8 ）reverse()方法

reverse()方法将列表中元素按照倒序的方式排列。

9 ）sort()方法

sort()方法用于实现对列表中元素进行排序。sort()方法可以传入参数，它们是：参数 key、参数 cmp 和参数 reverse。参数 key 是用来接收一个带有一个参数的函数，该函数的返回值用于排序使用。key 参数的默认值为 None。参数 cmp 是用来接收一个带有两个参数的比较函数，形式为 cmp(x,y)；返回值为负数时，表示 x<y；返回值为 0时，表示 x=y；返回值为正数时，表示 x>y。cmp 参数的默认值为 None。参数 reverse是用来接收一个 bool 型变量；值为 True 时，把列表进行降序排序；值为 False 时，把列表进行升序排序。reverse 参数的默认值为 False。列表的 sort()方法示例如图 7-19所示。

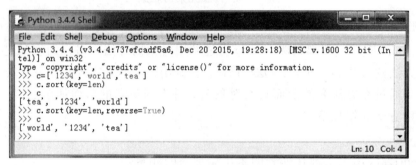

图 7-19 列表的 sort()方法

7.4.3 元组

元组也是一种序列。元组使用括弧"()"来界定；元组中各元素之间用逗号隔开。元组不支持修改或删除其所包含的元素。如果要修改，则可以使用 list 函数把它转化成列表，然后在列表上进行修改。

创建元组的方法有三种：① 使用括弧"()"来创建，例如，a=(1,2,3)；② 使用逗号来创建，例如，b=2,4,；② 使用 tuple()函数把其他种类的序列转化为元组，例如，c=tuple（"Good!"），如图 7-20 所示。

元组是一种序列，它支持序列的基本操作，包括索引、切片、序列加、序列乘、in、len()、max()、min()。

元组不可修改，指的是元组中每个元素的指向永远不变。例如，元组 a=('Tim',201607,['Python',71])，其中 a[1]=201607 是整型数据，元组 a 不能修改 a[1]；a[2]=['Python',71]是列表，元组 a 可以修改 a[2][1]。元组 a 的第三个元素为列表，列表的内容是允许改变的，它的内存位置并没有变化。

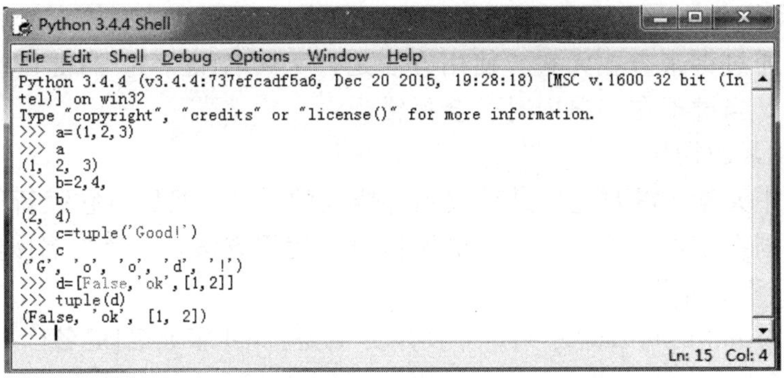

图 7-20 元组的创建

7.4.4 字典

字典是一种无序的组合数据类型，它包含 0 个或多个键-值对。字典中通过键来索引；每一个键对应一个值；键必须是唯一的。键可以是任意不可变类型的数据。键的数据类型可以是数字、布尔值、字符串。如果元组只包含字符串和数字，元组也可以作为键。当元组直接或间接地包含可变对象时，就不能用作一个键。列表不能作为键。值可以是数字、布尔值、列表、元组、字典、集合。当字典中出现相同键时，则出现在后面的键的值会覆盖前面的。

1. 字典的创建

字典的创建方法有 3 种方法：

（1）使用一对花括号"{}"来界定，花括号里面是键值对，键值对之间用逗号隔开，键值对中的键与值用冒号隔开。其形式为{键 1:值 1,键 2:值 2,…,键 k:值 k}，如图 7-21 所示。

（2）使用 dict() 函数来创建。这里 dict(参数)中的参数是列表或者元组类型，并且列表中的元素或者元组中元素须是"(键,值)"的形式，如图 7-21 所示。

（3）使用 dict()函数来创建。要求 dict(参数)中参数的形式为：键 1=值 1,键 2=值 2,…,键 k=值 k。并且，键只能是变量名，不能是某种数据类型的表达式；值可以是任意数据类型。键 1、键 2、…、键 k 将以字符串的形式作为所创建字典中的键，如图 7-21 所示。

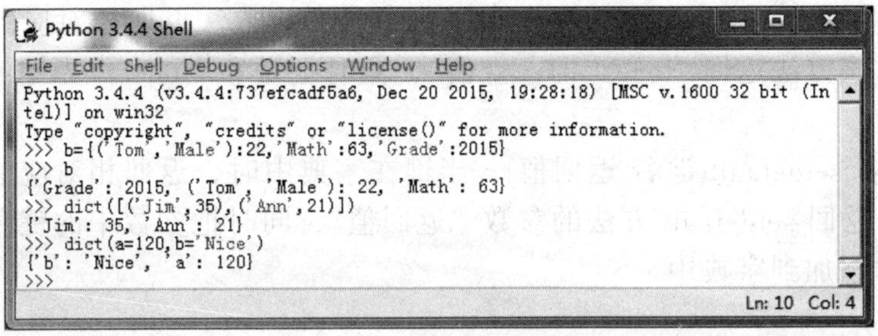

图 7-21 创建字典的 3 种方法

2. 字典的操作

字典支持查找元素、修改元素、删除元素、计算元素个数的操作，具体如下：

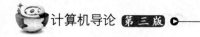

1）查找操作

字典支持通过键来查找元素。使用方法是：字典名[键名]。当键在字典中时，返回相对应的值。当键不在字典中时，会报错。

2）修改元素的操作

修改字典中元素，需要先通过键找到要修改的元素，然后对它赋新值即可。如果没有这个键，则在字典中添加一个新的键值对。使用方法是：字典名[键名]=值。

3）删除元素的操作

字典可通过 del 语句来删除元素。使用方法是：del 字典名[键名]。

4）计算字典中元素个数

字典通过 len 语句来计算字典中所含有的项数（即键值对的数量）。使用方法是：len(字典名)。

5）判断一个元素是否在字典中

使用 in 语句可以检查一个元素是否在字典中。使用方法是：键名 in 字典名。如果键在字典中，则返回 True；否则，返回 False。

3．字典的方法

字典支持的方法如下：

1）clear()

方法 clear()用于清除字典中的所有项。使用方法：字典名.clear()。

2）copy()

使用 copy()方法可以得到一个具有相同键值对的新字典。使用方法：字典名.copy()。

3）get()

get()方法实现的是，通过字典中的键来查找相应的值。使用方法：① 字典名.get(键名)。当键在字典中存在时，返回相对应的值；当键在字典中不存在时，返回 None（空值）。② 字典名.get(键名,返回值)。当键在字典中存在时，返回相对应的值；当键不在字典中时，返回该方法中的参数"返回值"。

4）setdefault()

setdefault()方法用来查询字典中的值。使用方法：

① 字典名.setdefault(键名)。当键在字典中时，该方法返回相对应的值；当键不在字典中时，该方法返回 None（即：空值），同时把键和 None 作为键值对添加到字典中。

② 字典名.setdefault(键名,返回值)。当键在字典中时，返回相对应的值；当键不在字典中时，返回 setdefault 方法的参数"返回值"，同时把参数中的键名和返回值作为新的键值对添加到字典中。

5）items()

items()方法的作用是，以列表的形式返回字典中所有项。使用方法：字典名.items()。返回的结果是 dict_items([(键 1,值 1),…,(键 k,值 k)])的形式，括弧里面是一个元素形式为(键,值)的列表。

6）keys()和 values()

keys()方法返回的是以字典中所有键作为元素的列表，如图 7-22 所示，其形式为：dict_keys([key1,…,keym])。使用方法：字典名.keys()。

values()方法返回的是以字典中所有值作为元素的列表，如图 7-22 所示，其形式为：dict_values([value1,…,valuem])。使用方法：字典名.values()。

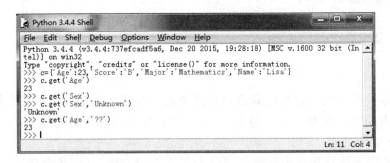

图 7-22　字典的 keys()方法和 values()方法的使用

7）pop()

pop()方法可以实现从字典中移除指定键对应的项，同时返回相对应的值。当指定的键不在字典中时，会报错。使用方法：字典名.pop(键名)。

8）popitem()

popitem()方法，不需要指定参数，随机删除字典中的一项，并返回该项。当字典为空的时候，会报错。使用方法：字典名.popitem()。

9）update()

update()方法实现用新字典更新原字典。对于新字典中有的而原字典中没有的键，update 方法会把相应的键值对添加到原字典中。对于新字典中有的且原字典中也有的键，update 方法会用新字典中的相应键值对替换原字典中的键值对。使用方法：原字典名.update(新字典名)。

7.4.5　集合

Python 支持集合数据类型。与数学上的含义一样，集合是把一组对象（或者说元素）放在一起形成的一个整体。Python 中有两种类型的集合：可变集合（set）和不可变集合（frozenset）。可变集合支持添加元素和删除元素的操作。不可变集合不支持添加元素、删除元素的操作。

创建可变集合的方法：set(参数)。这里，参数可以是字符串、元组、列表、字典。当参数为元组或列表时，它不能含有为列表的元素，也不能含有为字典的元素。set()方法创建的集合形如{a,b,…}，如图 7-23 所示。

创建不可变集合的方法：frozenset(参数)。其中，参数可以是字符串、元组、列表、字典。当参数为元组或列表时，它不能含有为列表的元素，也不能含有为字典的元素。frozenset()方法创建的集合形如 frozenset({a,b,…})，如图 7-23 所示。

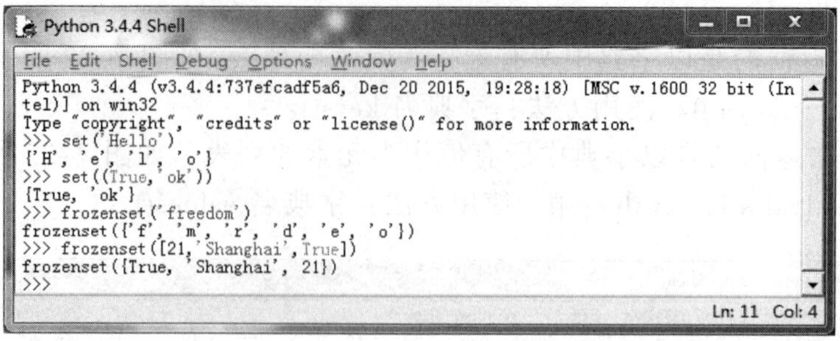

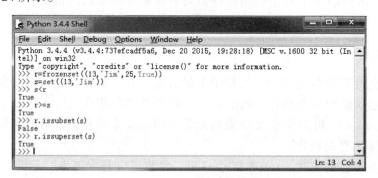

图 7-23　可变集合和不可变集合的创建

集合数据类型，允许进行计算集合元素个数、判断元素是否属于某个集合、判断两个集合是否相等、判断子集（超集）、交、并、差、对称差的操作。

1）len()

len()方法用于计算集合中所含元素的个数。使用方法：len(集合名)。

2）in

使用 in 可以判断一个元素是否属于某个集合。使用方法：元素 in 集合名。若元素属于该集合，则返回 True；若元素不属于该集合，则返回 False。

3）等价判断和不等价判断

使用==来判断两个集合是否相等；使用!=来判断两个集合是否不相等。

4）子集关系判断和超集关系判断

使用<可判断前面的集合是否为后面集合的真子集（也称严格子集）；使用<=可判断前面的集合是否为后面集合的子集；使用>可判断前面的集合是否为后面集合的严格超集；使用>=可判断前面的集合是否为后面集合的超集。也可以使用方法 issubset()（功能等价于<=）来判断子集关系；方法 issuperset()（功能等价于 >=）可判断超集关系，如图 7-24 所示。

图 7-24　判断集合间的子集关系

5）并操作

并操作符为 |。执行并操作后，得到了一个新的集合，该新集合为两个集合的并集。使用方法：集合 1|集合 2，返回的集合的类型与集合 1 相同。

运算符 |= 的使用方法是：A|=B。该运算符把集合 A 与集合 B 的并集赋值给变量 A，并且集合 A 的类型与赋值前集合 A 的类型相同。集合 A 可以是可变集合，也可以

是不可变集合。

　　方法 union() 的使用方式：A.union(B)。A.union(B) 的运算返回集合 A 与集合 B 的并集，返回的集合的类型与集合 A 的类型相同，集合 A 和集合 B 不变。union 方法的功能等价于运算符 | 。

　　update() 方法的使用方式：A.update(B)。它把集合 A 与集合 B 的并集赋值给变量 A，并且所得并集的集合类型与原集合 A 一致；集合 B 保持不变。其中，要求集合 A 的类型必须是可变集合类型，如图 7-25 所示。

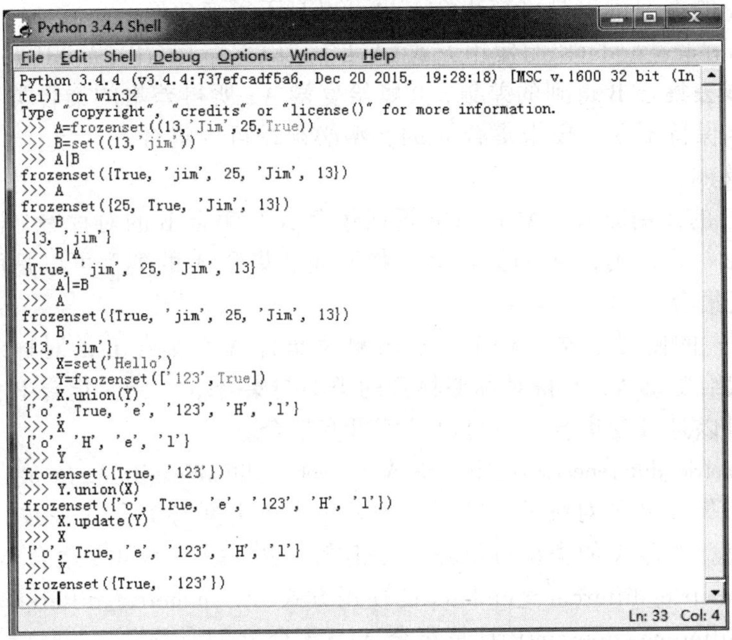

图 7-25　集合的并操作

　　6）交操作

　　交操作符为&。使用方法：A&B。A&B 返回的是集合 A 与集合 B 的交集，交集的类型与集合 A 一致。

　　运算符&= 的使用方式：A&=B。A&=B 的运算，把集合 A 与集合 B 的交集赋值给变量 A，交集的集合类型与集合 A 一致，集合 B 保持不变。集合 A 的类型可以是可变集合，也可以是不可变集合。

　　方法 intersection() 的使用方式：A.intersection(B)。A.intersection(B) 返回集合 A 与集合 B 的交集，交集的集合类型与集合 A 一致，集合 A 和集合 B 保持不变。intersection() 方法的功能等价于运算符&。

　　方法 intersection_update() 的使用方式：A.intersection_update(B)。A.intersection_update(B) 计算集合 A 与集合 B 的交集，并把交集赋给变量 A；并且，所得交集的集合类型与原集合 A 一致，集合 B 保持不变。这里要求集合 A 的类型为可变集合类型。

　　7）差操作

　　差操作符为：-。使用方式：A-B。A-B 返回集合 A 减去集合 B 所得到的差集，返回的集合的类型与集合 A 一致，集合 A 和集合 B 保持不变。集合 A 的类型可以是可变集合，也可以是不可变集合。

运算符 -= 的使用方法：A-=B。它把集合 A 减去集合 B 得到的差集赋给变量 A，所得差集的集合类型与原集合 A 一致，集合 B 保持不变。集合 A 的类型可以是可变集合，也可以是不可变集合。

方法 difference() 的使用方式：A.difference(B)。A.difference(B) 返回集合 A 减去集合 B 所得到的差集，并且所得差集的集合类型与集合 A 一致，集合 A 和集合 B 保持不变。集合 A 的类型可以是可变集合，也可以是不可变集合。

方法 difference_update() 的使用方式：A.difference_update(B)。A.difference_update(B) 计算集合 A 减去集合 B 得到的差集，并赋给变量 A，所得差集的集合类型与原集合 A 一致，集合 B 保持不变。要求集合 A 的类型必须是可变集合。

8）对称差

操作符 ^ 的使用方式：A^B。A^B 返回集合 A 与集合 B 的对称差，返回的集合的类型与集合 A 一致，集合 A 和集合 B 保持不变。集合 A 的类型可以是可变集合，也可以是不可变集合。

运算符 ^= 的使用方式：A^=B。A^=B 计算集合 A 与集合 B 的对称差，并把所得到的对称差赋给变量 A，所得对称差集合的类型与集合 A 一致，集合 B 保持不变。集合 A 的类型可以是可变集合，也可以是不可变集合。

方法 symmetric_difference() 的使用方式：A.symmetric_difference(B)。A.symmetric_difference(B) 返回集合 A 与集合 B 的对称差，所得对称差集合的类型与集合 A 一致，集合 A 和集合 B 保持不变。集合 A 的类型可以是可变集合，也可以是不可变集合。

方法 symmetric_difference_update() 的使用方式：A.symmetric_difference_ update(B)。A.symmetric_difference_update(B) 计算集合 A 与集合 B 的对称差，并赋给变量 A，所得对称差集合的类型与原集合 A 一致，集合 B 保持不变。要求集合 A 的类型必须是可变集合。

集合数据类型除了支持上述操作之外，还支持添加、删除元素的方法。

1）add() 方法

add() 方法用于把一个元素添加到一个集合中。其使用方式为：集合名.add(元素)。这里要求集合的类型是可变集合。

2）update() 方法

update() 方法把集合 B 中的元素添加到集合 A 中，集合 A 可能发生变化，集合 B 保持不变。其使用方式：A.update(B)。这里要求集合 A 的类型是可变集合。

3）remove() 方法

方法 remove() 把集合 A 中的元素 a 删除。其使用方式：A.remove(a)。要求集合 A 的类型是可变集合，并且元素 a 在集合 A 中。

4）discard() 方法

方法 discard() 把集合 A 中的元素 a 删除。其使用方式：A.discard(a)。要求集合 A 的类型是可变集合。注意：当元素 a 不在集合 A 中时，系统并不会报错。

7.5 输入/输出语句

在 Python 中，标准输入是指通过键盘的输入，标准输出是指通过显示器的输出。Python 使用内置函数 input() 实现标准输入，格式：input([提示字符串])。其中，方括号中的"提示字符串"是可选项。如果有"提示字符串"，则在屏幕上原样显示提示字符串，以提示用户输入数据。input() 函数从键盘读取一行数据，返回一个字符串。该返回的字符串去掉了结尾的换行符。

Python 使用内置函数 print() 向屏幕输出数据。其常用格式：print(参数)。这里，参数可以是字符串、整数、浮点数、复数、布尔值、列表、元组、字典、集合，也可以是这些数据类型的表达式。print() 函数也允许多个参数，这些参数之间用逗号隔开，如图 7-26 所示。

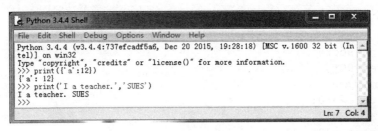

图 7-26　输出函数 print()

7.6 代码块与缩进

一个 Python 程序，由多个并列的或者嵌套的代码块组成。代码块是指多个语句组成的一组语句。一个代码块中的每行都有相同的缩进量。

在 Python 中，使用冒号":"来表示一个语句块的开始，然后在块中每一个语句都向右缩进相同的缩进量。当缩进量回退到之前使用冒号的语句相同的缩进时，当前代码块闭合，即表示代码块结束。下面的伪代码解释了 Python 中代码块的含义和缩进的工作方式。

```
this is a statement in block one
this is a another statement in block one:
    this is another statement in block two
    still in block two
escape the block two, now is in block one
```

7.7 控 制 结 构

7.7.1 选择结构

选择结构又称分支结构，依据是否满足给定的条件，决定程序的执行路线。选择结构可分成 3 种形式：单分支选择结构、双分支选择结构和多分支选择结构。

1. 单分支选择结构

Python 使用关键字 if 来实现单分支条件控制，基本形式如下：

```
if 判断条件：
    代码块 1
代码块 2
```

其中，当"判断条件"的结果为 True 时，执行代码块 1；并且在执行完代码块 1 后，执行代码块 2。当"判断条件"的结果为 False 时，执行代码块 2。

【例 7-1】根据学生的分数，给出相应的评级。评级规则如下：当学生分数为 90 分及以上时，评级为 A；当学生分数少于 90 分且高于或等于 80 分时，评级为 B；当学生分数为少于 80 分且高于或等于 70 分时，评级为 C；当学生分数为少于 70 分且高于或等于 60 分时，评级为 D；当学生分数低于 60 分时，评级为 F。编程实现上述评级规则。

程序如下：

```
score=input('请输入学生分数: ')
score=int(score)
if score>=90:
    print('A')
if 90>score>=80:
    print('B')
if 80>score>=70:
    print('C')
if 70>score>=60:
    print('D')
if 60>score:
    print('F')
```

2. 双分支选择结构

Python 使用关键字 if/else 实现双分支条件控制，基本形式如下：

```
if 判断条件：
    代码块 1
else:
    代码块 2
```

当判断条件的结果为 True 时，执行代码块 1，不执行代码块 2。当判断条件的结果为 False 时，不执行代码块 1，转而执行代码块 2。

【例 7-2】根据用户从键盘上输入的客人姓名，输出相应的欢迎语。当客人姓名为 Alice 时，输出"Welcome Alice!"；对于其他客人，输出"Welcome Friends!"。

程序如下：

```
name=input('请输入来客姓名: ')
if name=='Alice':
    print('Welcome Alice!')
else:
    print('Welcome Friends!')
```

3. 多分支选择结构

Python 使用关键字 if/elif 实现多分支条件控制，基本形式如下：

```
if 判断条件 1:
```

```
    代码块 1
elif 判断条件 2:
    代码块 2
elif 判断条件 3:
    代码块 3
...
else:
    代码块 n
```

当判断条件 1 的值为 True 时，执行代码块 1。当判断条件 1 的值为 False 时，计算判断条件 2 的值：如果判断条件 2 的值为 True，则执行代码块 2；如果判断条件 2 的值为 False，则计算判断条件 3 的值。只有当判断条件 1 的值和判断条件 2 的值都为 False 时，才计算判断条件 3 的值；若判断条件 3 的值为 True，则执行代码块 3；否则，继续计算下一个判断条件，并类似地进行计算、判断、执行。当所有判断条件的值都为 False 时，执行代码块 n。

对于例 7-1，可以采用多分支选择结构来编程实现，具体如下：

```
score=input('请输入学生分数: ')
score=int(score)
if score>=90:
    print('A')
elif score>=80:
    print('B')
elif score>=70:
    print('C')
elif score>=60:
    print('D')
else:
    print('F')
```

4. 选择结构的嵌套

If 语句之间可以嵌套，嵌套的一般形式如下：

```
if 判断条件 1:
    if 判断条件 2:
        代码块 2
    elif 判断条件 3:
        代码块 3
    else:
        代码块 4
else:
    代码块 5
```

当判断条件 1 的值为 False 时，执行代码块 5。当判断条件 1 的值为 True 时，计算判断条件 2 的值：如果判断条件 2 的值为 True，则执行代码块 2；如果判断条件 2 的值为 False，则转而计算判断条件 3 的值。此情况下（即判断条件 1 的值为 True，判断条件 2 的值为 False），如果判断条件 3 的值为 True，则执行代码块 3；如果表达式 3 的值为 False，则执行代码块 4。

【例 7-3】读取从键盘的年份输入，判断所输入的年份是闰年还是平年。

程序如下：

```
year=input('请输入年份: ')
year=int(year)
if year%4==0:
    if year%400==0:
        Print('闰年')
    elif year%100==0:
        print('平年')
    else:
        print('闰年')
else:
    print('平年')
```

7.7.2 while 循环结构

Python 语言提供了两种循环控制结构：while 语句和 for 语句，用来实现重复执行一段代码的效果。下面先介绍 while 循环结构。while 循环结构通过判断循环条件是否满足来决定是否继续循环。它的特点是先计算、判断循环条件，条件满足时执行循环。

while 循环语句有两种常用的形式。先看形式一：

```
while 判断条件:
    代码块 1
```

上面形式一的执行步骤为：

（1）计算"判断条件"。

（2）如果"判断条件"的值为 True，则执行代码块 1，然后执行步骤（1）。

（3）如果"判断条件"的值为 False，则结束 while 语句，执行 while 语句后面的代码。

while 循环语句的形式二：

```
while 判断条件:
    代码块 1
else:
    代码块 2
代码块 3
```

在上面形式二中，else 语句也是 while 循环的一部分，而代码块 3 不属于 while 循环。形式二的执行步骤为：

（1）计算"判断条件"。

（2）如果"判断条件"的值为 True，则执行代码块 1，然后执行步骤（1）。

（3）如果"判断条件"的值为 False，则代码块 2，然后执行 while 语句后面的代码块 3。

【例 7-4】编程实现 0～30 之间所有偶数的输出。

程序如下：

```
print('下面输出 0～30 之间的所有偶数: ')
i=0
while i<=30:
    if i%2==0:
        print(i)
    i+=1
```

```
print('结束')
```

【例 7-5】要求使用 while 语句实现拉兹猜想。拉兹猜想，是指对每一个正整数，如果它是奇数，则对它乘 3 再加 1；如果它是偶数，则对它除以 2。如此循环，最终都能得到 1。

程序如下：

```
num=input('请输入一个正整数: ')
num=int(num)
while num!=1:
    if num%2==0:
        num=(int)(num/2)
    else:
        num=num*3+1
    print(num)
```

7.7.3 for 循环结构

Python 中的 for 循环是基于一个通用的序列迭代器，即 for 循环执行时遍历序列对象中的所有元素。for 语句可用于字符串、列表、元组以及其他内置可迭代对象。

迭代是指遍历可迭代对象中所有元素的行为。判断一个对象是否为可迭代对象的方法：使用 collections 模块的 Iterable 类型进行判断，即先使用 from collections import Iterable 导入 Iterable 类型模块，再使用 isinstance() 函数来判断。元组、列表、字典、集合都是 Iterable 数据类型的对象（即可迭代对象），range() 函数的返回值也是可迭代对象。

range() 函数允许输入 3 个参数，即它的一般形式为 range(e1,e2,e3)。range(e1,e2,e3) 返回的是一个 range 迭代对象，该对象包含了以 e1 的值为起始、e3 的值为步长进行加法计算得到的且处于 e1 和 e2-1 之间（当 e3>0 时，e1 和 e2-1 之间；当 e3<0 时，e1 和 e2+1 之间）的整数。也就是包含了当 e3>0 时，包含了能够表示成 e1+k×e3 形式的，并且小于等于 e2-1、大于等于 e1 的整数；当 e3<0 时，包含了能够表示成 e1+k×e3 形式的，并且小于等于 e1、大于等于 e2+1 的整数。其中，e1、e2、e3 都是取整数类型值的表达式或者整数，并且 e3 的值不能等于 0。当 e3>0 且 e1>=e2 时，range(e1,e2,e3) 一个空对象；当 e3<0 且 e1<=e2 时，range(e1,e2,e3) 一个空对象。当 e3=1 时，可以省略 e3，即可写成形式：range(e1,e2)。当 e1=0 且 e3=1 时，可以省略 e1 和 e3，即可写成 range(e2) 形式。

range() 返回的迭代对象可以通过使用 tuple() 方法转化成元组对象，使用 list() 方法转化成列表对象，使用 set() 方法转化成集合对象，如图 7-27 所示。

for 循环语句常用于为一个可迭代对象中的每一个元素执行一次循环体代码块。for 循环的形式一如下：

```
for 变量 x in 可迭代对象 obj:
    代码块 1
代码块 2
```

对于上述形式一，for 循环的执行步骤是：

（1）将对象 obj 中还没有作为值赋给过变量 x 的元素，赋给变量 x。

（2）执行代码块 1。

（3）判断对象 obj 中是否存在这样的元素：没有作为值赋给过变量 x。如果存在，执行步骤（1）；如果不存在，执行代码块 2。

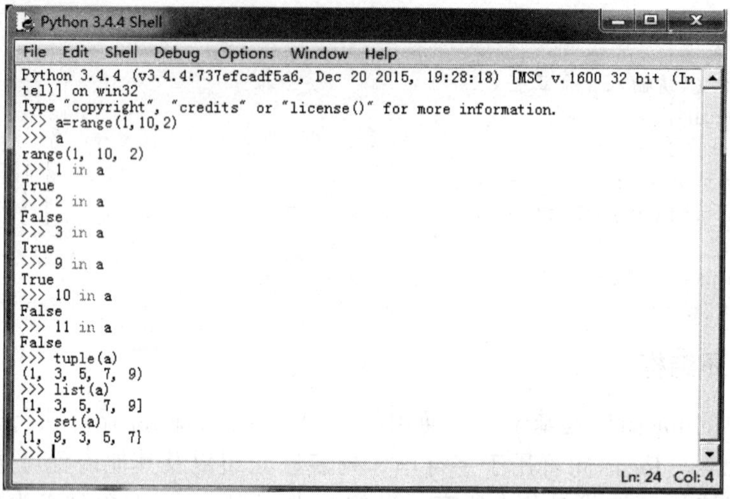

图 7-27　range()函数

for 循环的形式二如下：

```
for 变量 x in 可迭代对象 obj:
    代码块 1
else:
    代码块 2
代码块 3
```

形式二中的 else 语句属于 for 循环的一部分。关于 for 循环的形式二，它的执行步骤为：

（1）将对象 obj 中还没有作为值赋给过变量 x 的元素，赋给变量 x。

（2）执行代码块 1。

（3）判断对象 obj 中是否存在这样的元素：没有作为值赋给过变量 x。如果存在，执行步骤（1）；如果不存在，执行代码块 2。

（4）执行代码块 3。

【例 7-6】输出元组中的所有元素。

程序如下：

```
t=('a','b','1',23)
print('Start!')
for x in t:
    print(x)
Print('Finish!')
```

【例 7-7】计算 10! 的值。

程序如下：

```
n=1
for i in range(1,11):
    n*=i
```

```
print('10!=',n)
```

【例 7-8】输出字典中所有键值对。

程序如下：

```
d={'num1':12,'num2':23,'num3':87}
for key in d:
    print(key,':',d[key])
```

循环结构之间可以嵌套，即循环语句的循环体可以包含另一个循环语句。

【例 7-9】编程计算下面矩阵 A 中所有元素的和。

$$A = \begin{pmatrix} 23.4 & 31 & -4.5 \\ 2.1 & -9.2 & 9 \\ -2 & 0 & 1.5 \end{pmatrix}$$

程序如下：

```
A=((23.4,31,-4.5),(2.1,-9.2,9),(-2,0,1.5))
sum=0
i=0
while i<len(A):
    for j in range(len(A[i])):
        sum+=A[i][j]
    i+=1
print('sum=',sum)
```

7.7.4　break 语句和 continue 语句

Python 提供了两个语句来实现提前退出循环结构的执行：一个是 break 语句，另一个是 continue 语句。

break 语句实现的是：结束当前循环，跳转到循环语句的下一条语句。当程序为多层嵌套的循环结构时，break 语句只会跳出其所在的循环，而外层循环将继续进行迭代。

【例 7-10】求不大于 1000 的最大斐波那契数。斐波那契数列，指的是这样的一个数列：0、1、1、2、3、5、8、13、21、……。斐波那契数列的递归形式定义为

$$F_0 = 0 \text{，} F_1 = 1 \text{，} F_n = F_{n-1} + F_{n-2} \text{（ } n \geqslant 2, n \in \mathbf{N} \text{ ）。}$$

程序如下：

```
a=0
b=1
print(a,b)
while True:
    a,b=b,a+b
    print(a,b)
    if b>1000:
        break
print('这个数为：',a)
```

【例 7-11】编程判断字符串 "Jim" 是否在列表['Passy','Lucy','Tom','Lily']中出现。如果出现了，则返回 "Jim" 对应的序号 index；如果没有出现，则返回：index=-1。

程序如下：

```
list=['Passy','Lucy','Tom','Lily']
index=0
while index<len(list):
    if list[index]=='Jim':
        break
    index+=1
else:
    Index=-1
print('index=',index)
```

continue 语句实现的是：提前结束本次循环，转而执行下次循环。

【例 7-12】在矩阵 A 中，求满足该行数值之和小于 100 的行的奇数数值之和。

$$A=\begin{pmatrix} 22 & 12 & 23 & 1 & 5 \\ 5 & 8 & 3 & 1 & 84 \\ 11 & 23 & 24 & 7 & 5 \\ 21 & 14 & 31 & 3 & 4 \end{pmatrix}$$

程序如下：

```
A=((22,12,23,1,5),(5,8,3,1,84),(11,23,24,7,5),(21,14,31,3,4))
result=0
for rows in A:
    temp=0
    for num in rows:
        temp+=num
        if temp>=100:
            break
    if temp>=100:
        continue
    print(rows,'行满足条件，奇数有: ')
    for num in rows:
        if num%2!=0:
            print(num)
            result+=num
print('所得值为: ',result)
```

continue 语句与 break 语句的不同之处是：break 语句结束本次循环并跳出循环，而 continue 语句仅仅提前结束当前这次循环，将继续进行下一次循环。

小　结

本章介绍了 Python 语言的基本数据类型、组合数据类型（包括列表、元组、字典、集合）、Python 的缩进风格，以及控制结构，包括赋值语句、输入/输出语句、选择结构、while 循环结构、for 循环结构、break 语句、continue 语句。

习　题

一、填空题

1. Python 语句既可以采用交互式的_____执行方式，又可以采用_____执行方式。

2. 在 Python 集成开发环境中，可使用快捷键_____运行程序。

3. 数学表达式 $\dfrac{e^{|x-y|}}{3^x+\sqrt{6}\sin y}$ 的 Python 表达式为_____。

4. "4"+"5"的值是_____。

5. Python 语句 print(tuple(range(2)),list(range(2)))的运行结果是_____。

6. 语句 print(len({}))的执行结果是_____。

二、选择题

下列 Python 数据类型中，其元素可以改变的是_____。

A. 列表　　　　　B. 元组　　　　　C. 字符串　　　　　D. 数组

三、分析题

1. 下面语句的执行结果是 False，分析其原因。
```
from math import sqrt
print(sqrt(3)*sqrt(3)==3)
```

2. 分别写出下列两个程序的输出结果，输出结果为什么不相同？

程序一：
```
d1={'a':1,'b':2}
d2=d1
d1['a']=6
sum=d1['a']+d2['a']
print(sum)
```

程序二：
```
d1={'a':1,'b':2}
d2=dict(d1)
d1['a']=6
sum=d1['a']+d2['a']
print(sum)
```

四、编程题

1. 编程计算：1,3,5,7,9,...,99 之和。

2. 从键盘输入两个整数，计算它们的最小公倍数。

3. 打印杨辉三角形（至少打印出前 10 行）。

```
                1
              1   1
            1   2   1
          1   3   3   1
        1   4   6   4   1
      1   5   10  10  5   1
    1   6   15  20  15  6   1
```

4. 给定列表 L，如:[2,45,8,21,43]，对其进行升序排序并输出。

5. 编程实现：输入 n，输出 $1^1+2^2+3^3+\cdots+n^n$。

算法基础 ‹‹‹

第 8 章

内容介绍:

算法是一个程序的灵魂,它是在有限步骤内求解某一问题所使用的一组定义明确的规则。算法包括数据与数据结构。透彻理解算法,形成习惯思维,有助于培养计算思维能力。

本章介绍算法及其描述、算法评价、算法设计的基本思想、常用算法及基本数据结构。

本章重点:

- 算法的基本概念。
- 算法设计的基本思想。
- 常用算法及数据结构。

📚 8.1 算 法 概 述

计算机科学在本质上源自数学思维,它的形式化基础建筑于数学之上。计算机科学从本质上源自工程思维,因为建造的是能够与现实世界互动的系统,所以计算思维是数学与工程思维的互补与融合。计算思维无处不在,当计算思维真正融入人类活动的整体时,它作为一个问题解决的有效工具得到了广泛应用。国际上广泛认同的计算思维定义来自周以真(Jeannette Wing)教授。周教授认为,计算思维是运用计算机科学的基础概念进行问题求解、系统设计,以及人类行为理解等涵盖计算机科学之广度的一系列思维活动。计算思维的本质是抽象和自动化。

算法需要理解。透彻理解算法,形成习惯思维,有助于培养计算思维能力。美国著名计算机科学家 D .E .Knuth 指出:"一个受过良好的计算机科学知识训练的人知道如何处理算法,即构造算法、操纵算法、理解算法和分析算法。算法的知识远不是为了编写好的计算程序,它是一种具有一般意义的智能工具,必定有助于对其他学科的理解,不论化学、语言学或者是音乐等。"20 世纪 70 年代,Knuth 出版了 *The Art of Computer Programming*(*Third volumes*),以各种算法研究为主线,确立了算法为计算机科学基础的重要主题,并在 1974 年获得了图灵奖。算法作为计算机科学的核心推动了计算机科学技术的飞速发展。

算法是在有限步骤内求解某一问题所使用的一组定义明确的规则。通俗说来,就是计算机解题的过程。在这个过程中，无论是形成解题思路还是编写程序，都是在实施某种算法。前者是推理实现的算法，后者是操作实现的算法。

下面是一个在程序设计中比较常用的例子：从 10 个数中挑选出最大的数。

具体思路：可以用"打擂台"来比喻，先有任意一个人在台上，然后第二个人与台上人比武，胜者留在台上，如此继续，直到第 10 个人与台上人比较为止（一共比 9 次）最后留在台上者为胜。

用计算机算法描述：

（1）选数放在 A 中，设计数器为 N，N=0。

（2）将下一个数与 A 中的数相比，大者放入 A 中。

（3）使 N 的值增加 1（比较次数）。

（4）如果 N 的值小于 9，则执行第（2）步，如果 N 的值大于或等于 9，停止循环，此时 A 中的数是最大的数。

欧几里得算法：求两个正整数的最大公约数。

步骤 1：给定正整数 m 和 n，如果 $m<n$，则交换 m 和 n。

步骤 2：令 r 是 m/n 的余数。

步骤 3：如果 $r=0$，则输出 n；否则令 $m=n$，$n=r$ 并转向步骤 2。

计算原理依赖于下面的定理：

$$\gcd(m,n) = \gcd(n, m \bmod n)$$
$$(m>n \text{ 且 } m\%n \text{ 不为 } 0)$$

一个算法应该具有以下 5 个重要的特征：

（1）有穷性：算法的执行必须有限步终止。

（2）确切性：算法的每个步骤必须有确切的定义。

（3）可行性：算法描述的操作可以通过基本运算实现。

（4）输入：算法有 0 个或多个输入。有些数据在算法执行中输入，有的数据嵌入在算法之中。

（5）输出：算法有 1 个或多个输出。不同输入有不同输出，但是相同输入必须产生相同输出。

根据待解问题刻画的形式模型和求解要求，算法可以分成两大类：数值的和非数值的。数值的算法是以数学形式表示的问题求数值解的方法。例如，代数方程计算、矩阵计算、线性方程组求解、函数方程求解、数值积分、微分方程求解等。非数值的算法通常为求非数值解的方法。例如，排序查找、模式匹配、文字处理等。将算法分成两大类将有利于算法的设计。常用的算法设计方法中，数值算法有迭代法、递归法等；非数值算法有分治法、贪心法等。

计算机科学不是计算机编程。像计算机科学家那样去思维，意味着远远不只能为计算机编程，还要求能够在抽象的多个层次上思维。

当人们必须求解一个特定的问题时，首先会问：解决这个问题有多么困难？怎样才是最佳的解决方法？计算机科学根据坚实的理论基础来准确地回答这些问题。表述问题的难度就是工具的基本能力，必须考虑的因素包括机器的指令系统、资源约束和

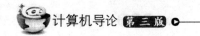

操作环境。

为了有效地求解一个问题，人们可能要进一步问：一个近似解是否就够了？是否可以利用一下随机化，以及是否允许误报（False Positive）和漏报（False Negative）？计算思维就是通过约简、嵌入、转化和仿真等方法，把一个看来困难的问题重新阐释成一个人们知道怎样解决的问题。

计算思维是一种递归思维。它是并行处理。它把代码译成数据，又把数据译成代码，是由广义量纲分析进行的类型检查。对于别名或赋予人与物多个名字的做法，它既知道其益处又了解其害处。对于间接寻址和程序调用的方法，它既知道其威力又了解其代价。它评价一个程序时，不仅仅根据其准确性和效率，还有美学的考量，而对于系统的设计，还需考虑简洁和优雅。

计算思维采用抽象和分解来迎接庞杂的任务或者设计巨大复杂的系统。它是关注的分离（SOC 方法）。它是选择合适的方式陈述一个问题，或者是选择合适的方式对一个问题的相关方面建模使其易于处理。它利用不变量简明扼要且表述性地刻画系统的行为。它使人们在不必理解每一个细节的情况下就能够安全地使用、调整和影响一个大型复杂系统的信息。它是为预期的未来应用而进行的预取和缓存。

计算思维是按照预防、保护及通过冗余、容错、纠错的方式从最坏情形恢复的一种思维。它称堵塞为"死锁"，称约定为"界面"。计算思维就是学习在同步相互会合时如何避免"竞争条件"（亦称"竞态条件"）的情形。

计算思维利用启发式推理来寻求解答，就是在不确定情况下的规划、学习和调度。它是搜索、搜索、再搜索，结果是一系列的网页，一个赢得游戏的策略，或者一个反例。计算思维利用海量数据来加快计算，在时间和空间之间，以及处理能力和存储容量之间进行权衡。

8.2 算法的描述

表示算法的语言主要有自然语言、流程图、盒图、PAD 图、伪代码、计算机程序设计语言。

1．用自然语言表示算法

优点：简单，便于阅读。

缺点：文字冗长，容易出现歧义。

【例 8-1】用自然语言描述计算并输出 $z=x \div y$ 的流程。

（1）输入变量 x、y。

（2）判断 y 是否为 0。

（3）如果 $y=0$，则输出出错提示信息。

（4）否则计算 $z=x/y$。

（5）输出 z。

2．用伪代码表示算法

伪代码是一种算法描述语言。伪代码没有标准，用类似自然语言的形式表达；

伪代码必须结构清晰、代码简单、可读性好。

【例8-2】用伪代码描述：从键盘输入3个数，输出其中最大的数。

```
Begin
输入 A,B,C
if A>B then Max←A
    else Max←B
        if C>Max then Max←C
    输出 Max
END
```

3．用流程图表示算法

流程图由特定意义的图形构成，它能表示程序的运行过程。

流程图规定：

（1）圆边框表示算法开始或结束。

（2）矩形框表示处理功能。

（3）平行四边形框表示数据的输入或输出。

（4）菱形框表示条件判断。

（5）圆圈表示连接点。

（6）箭头线表示算法流程。

（7）Y（是）表示条件成立。

（8）N（否）表示条件不成立。

流程图的图形构成如图8-1所示。

【例8-3】用流程图表示：输入 x、y，计算 $z=x \div y$，输出 z。

其算法流程图如图8-2所示。

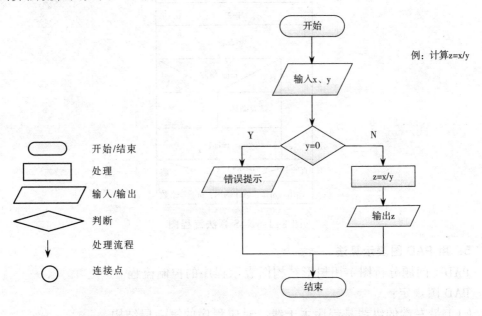

图8-1　流程图的图形构成　　　　图8-2　算法流程图

4．用 N-S 图表示算法

（1）N-S 图没有流程线，算法写在一个矩形框内。

（2）每个处理步骤用一个矩形框表示。

（3）处理步骤是语句序列。

（4）矩形框中可以嵌套另一个矩形框。

（5）N-S 图限制了语句的随意转移，保证了程序的良好结构。

N-S 图的图形构成如图 8-3 所示。

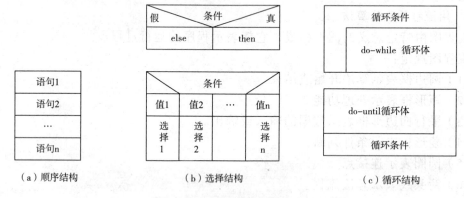

图 8-3　N-S 图的图形构成

【例 8-4】 输入整数 m，判断它是否为素数的 N-S 算法流程图如图 8-4 所示。

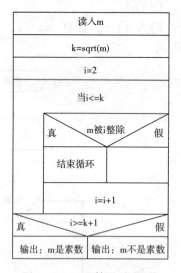

图 8-4　N-S 算法流程图

5．用 PAD 图表示算法

PAD（问题分析图）用树形结构图表示程序的控制流程。

PAD 图规定：

（1）最左端的纵线是程序主干线，对应程序的第一层结构。

（2）每增加一层，则向左扩展一条纵线。

（3）程序自上而下，自左向右依次执行。

（4）程序终止于最左边的主干线。

PAD 图的图形构成如图 8-5 所示。

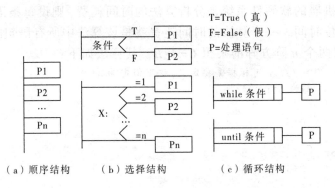

（a）顺序结构　　（b）选择结构　　（c）循环结构

图 8-5　PAD 图的图形构成

【例 8-5】判断三角形性质的 PAD 算法流程图如图 8-6 所示。

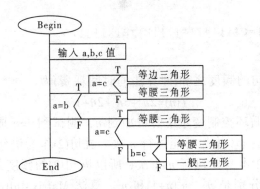

图 8-6　PAD 算法流程图

8.3　算 法 评 价

一个占存储空间小、运行时间短、其他性能也好的算法是很难得到的。原因是上述要求有时相互抵触：要节约算法的执行时间往往要以牺牲更多的空间为代价；而为了节省空间可能要耗费更多的计算时间。因此，人们只能根据具体情况有所侧重：

（1）若该程序使用次数较少，则力求算法简明易懂。

（2）对于反复多次使用的程序，应尽可能选用快速的算法。

（3）若待解决的问题数据量极大，机器的存储空间较小，则相应算法主要考虑如何节省空间。

1. 算法的时间性能分析

1）算法耗费的时间和语句频度

一个算法所耗费的时间=算法中每条语句的执行时间之和

每条语句的执行时间=语句的执行次数(即频度(Frequency Count))×语句执行一次所需时间

算法转换为程序后，每条语句执行一次所需的时间取决于机器的指令性能、速度以及编译所产生的代码质量等难以确定的因素。

若要独立于机器的软硬件系统来分析算法的时间耗费，则设每条语句执行一次所需的时间均是单位时间，一个算法的时间耗费就是该算法中所有语句的频度之和。

【例8-6】求两个 n 阶方阵的乘积 $C=A\times B$，其算法如下：

```
# define n 100 // n 可根据需要定义,这里假定为100
init A, B, C, 都为 n*n 的矩阵
init i, j, k
(1) for i=0 to n-1 do
    i++;
(2)        for j=0 to n-do
(3)            C[i][j] = 0;
            j++;
        end
end
(4) for k=0 to n-1 do
    k++;
(5)        C[i][j]=C[i][j]+A[i][k]*B[k][j];
end
return C
```

该算法中所有语句的频度之和(即算法的时间耗费)为

$$T(n)=2n^3+3n^2+2n+1 \tag{8-1}$$

分析：语句(1)的循环控制变量 i 要增加到 n，测试到 $i=n$ 成立才会终止。故它的频度是 $n+1$。但是它的循环体却只能执行 n 次。语句(2)作为语句(1)循环体内的语句应该执行 n 次，但语句(2)本身要执行 $n+1$ 次，所以语句(2)的频度是 $n(n+1)$。同理可得语句(3)，(4)和(5)的频度分别是 n^2，$n^2(n+1)$ 和 n^3。算法 MatrixMultiply 的时间耗费 $T(n)$ 是矩阵阶数 n 的函数。

2）问题规模和算法的时间复杂度

算法求解问题的输入量称为问题的规模（Size），一般用一个整数表示。

例8-6 矩阵乘积问题的规模是矩阵的阶数 n。

一个算法的时间复杂度（Time Complexity，也称时间复杂性）$T(n)$ 是该算法的时间耗费，是该算法所求解问题规模 n 的函数。当问题的规模 n 趋向无穷大时，时间复杂度 $T(n)$ 的数量级（阶）称为算法的渐近时间复杂度。

例8-6算法 MatrixMultidy 的时间复杂度 $T(n)$ 如式（8-1）所示，当 n 趋向无穷大时，显然有

$$\lim_{n\to\infty} T(n) / n^3 = \lim_{n\to\infty} (2n^3+3n^2+2n+1) / n^3 = 2$$

这表明，当 n 充分大时，$T(n)$ 和 n^3 之比是一个不等于零的常数。即 $T(n)$ 和 n^3 是同阶的，或者说 $T(n)$ 和 n^3 的数量级相同。记作 $T(n)=O(n^3)$ 是算法 MatrixMultiply 的渐近时间复杂度。

数学符号 O 的严格的数学定义：若 $T(n)$ 和 $f(n)$ 是定义在正整数集合上的两个函数，则 $T(n)=O(f(n))$ 表示存在正的常数 C 和 n_0，使得当 $n \geq n_0$ 时都满足 $0 \leq T(n) \leq C \cdot f(n)$。

3）渐近时间复杂度

评价算法时间性能主要用算法时间复杂度的数量级（即算法的渐近时间复杂度）评价一个算法的时间性能。

【例 8-7】有两个算法 A1 和 A2 求解同一问题，时间复杂度分别是 $T_1(n)=100n^2$，$T_2(n)=5n^3$。

（1）当输入量 $n<20$ 时，有 $T_1(n)>T_2(n)$，后者花费的时间较少。

（2）随着问题规模 n 的增大，两个算法的时间开销之比 $5n^3/100n^2=n/20$ 亦随着增大，即当问题规模较大时，算法 A1 比算法 A2 要有效得多。

它们的渐近时间复杂度 $O(n^2)$ 和 $O(n^3)$ 从宏观上评价了这两个算法在时间方面的质量。在算法分析时，往往对算法的时间复杂度和渐近时间复杂度不予区分，而经常将渐近时间复杂度 $T(n)=O(f(n))$ 简称为时间复杂度，其中的 $f(n)$ 一般是算法中频度最大的语句频度。

【例 8-8】算法 MatrixMultiply 的时间复杂度一般为 $T(n)=O(n^3)$，$f(n)=n^3$ 是该算法中语句(5)的频度。下面再举例说明如何求算法的时间复杂度。

【例 8-9】交换 i 和 j 的内容。

```
Temp=i;
i=j;
j=temp;
```

以上三条单个语句的频度均为 1，该程序段的执行时间是一个与问题规模 n 无关的常数。算法的时间复杂度为常数阶，记作 $T(n)=O(1)$。

如果算法的执行时间不随着问题规模 n 的增加而增长，即使算法中有上千条语句，其执行时间也不过是一个较大的常数。此类算法的时间复杂度是 $O(1)$。

4）算法的时间复杂度

不仅仅依赖于问题的规模，还与输入实例的初始状态有关。

【例 8-10】在数值 A[0..n-1]中查找给定值 K 的算法大致如下：

```
(1)init i, i=n-1
(2)while i>=0&&(A[i]!=k
     do i--
(3)end
(4)return i
```

此算法中的语句(3)的频度不仅与问题规模 n 有关，还与输入实例中 A 的各元素取值及 K 的取值有关：

① 若 A 中没有与 K 相等的元素，则语句(3)的频度 $f(n)=n$。

② 若 A 的最后一个元素等于 K，则语句(3)的频度 $f(n)$ 是常数 0。

5）最坏时间复杂度和平均时间复杂度

最坏情况下的时间复杂度称最坏时间复杂度。一般不特别说明，讨论的时间复杂度均是最坏情况下的时间复杂度。

这样做的原因是：最坏情况下的时间复杂度是算法在任何输入实例上运行时间的上界，这就保证了算法的运行时间不会比任何更长。

【例 8-11】查找算法在最坏情况下的时间复杂度为 $T(n)=O(n)$，它表示对于任何输入实例，该算法的运行时间不可能大于 $O(n)$。

平均时间复杂度是指所有可能的输入实例均以等概率出现的情况下，算法的期望运行时间。

常见的时间复杂度按数量级递增排列依次为：常数 $O(1)$、对数阶 $O(\log_2 n)$、线性阶 $O(n)$、线性对数阶 $O(n\log_2 n)$、平方阶 $O(n^2)$、立方阶 $O(n^3)$、……、k 次方阶 $O(n^k)$、指数阶 $O(2^n)$。显然，时间复杂度为指数阶 $O(2^n)$ 的算法效率极低，当 n 值稍大时就无法应用。

类似于时间复杂度的讨论，一个算法的空间复杂度（Space Complexity）$S(n)$ 定义为该算法所耗费的存储空间，它也是问题规模 n 的函数。渐近空间复杂度也常常简称为空间复杂度。算法的时间复杂度和空间复杂度合称为算法的复杂度。

2．算法的评价标准

求解同一问题，可以有许多不同的算法，究竟如何来评价这些算法的好坏呢？一般有以下几个评价标准。

1）正确性

（1）不含语法错误。

（2）对输入数据能够得出满足要求的结果。

（3）对一切合法输入，都可以得到符合要求的解。

2）可读性

（1）算法主要用于人们的阅读与交流，其次才是为计算机执行。

（2）算法简单则程序结构也会简单，这便于程序调试。

3）健壮性

算法应具有容错处理。

算法健壮性要求。

（1）输入非法数据或错误操作给出提示，而不是中断程序执行。

（2）返回表示错误性质的值，以便程序进行处理。

4）效率

每个问题有多个算法存在，每个算法的计算量都会不同。在保证运算效率的前提下，力求算法简单。

8.4 算法的设计

8.4.1 贪心法

贪婪法是一种不追求最优解，只希望得到较为满意解的方法。贪婪法一般可以快速得到满意的解，因为它省去了为找最优解要穷尽所有可能而必须耗费的大量时间。贪婪法常以当前情况为基础做最优选择，而不考虑各种可能的整体情况，所以贪婪法不需要回溯。例如，平时购物找钱时，为使找回的零钱的硬币数最少，不考虑找零钱的所有各种方案，而是从最大面值的币种开始，按递减的顺序考虑各币种，先尽量用大面值的币种，当不足大面值币种的金额时才去考虑下一种较小面值的币种。这就是在使用贪婪法。这种方法在这里总是最优，是因为银行对其发行的硬币种类和硬币面值的巧妙安排。例如，只有面值分别为 1、5 和 11 单位的硬币，而希望找回总额 15 单位的硬币。按贪婪算法，应找 1 个 11 单位面值的硬币和 4 个 1 单位面值的硬币，共找回 5 个硬币。但最优的解应是 3 个 5 单位面值的硬币。

【例 8-12】装箱问题。

问题描述：设有编号为 0、1、…、$n-1$ 的 n 种物品，体积分别为 $v_0, v_1, \cdots, v_{n-1}$。将这 n 种物品装到容量都为 V 的若干箱子里。约定这 n 种物品的体积均不超过 V，即对于 $0 \leq i < n$，有 $0 < v_i \leq V$。不同的装箱方案所需要的箱子数目可能不同。装箱问题要求使装尽这 n 种物品的箱子数要少。若考察将 n 种物品的集合分划成 n 个或小于 n 个物品的所有子集，最优解就可以找到。但所有可能划分的总数太大。对适当大的 n，找出所有可能的划分要花费的时间是无法承受的。为此，对装箱问题采用非常简单的近似算法，即贪婪法。该算法依次将物品放到它第一个能放进去的箱子中，该算法虽不能保证找到最优解，但还是能找到非常好的解。不失一般性，设 n 件物品的体积是按从大到小排好序的，即有 $v_0 \geq v_1 \geq \cdots \geq v_{n-1}$。如不满足上述要求，只要先对这 n 件物品按它们的体积从大到小排序，然后按排序结果对物品重新编号即可。装箱算法简单描述如下：

```
{
    输入箱子的容积；
    输入物品种数 n；
    按体积从大到小顺序，输入各物品的体积；
    预置已用箱子链为空；
    预置已用箱子计数器 box_count 为 0；
    for(i=0;
    {   从已用的第一只箱子开始顺序寻找能放入物品 i 的箱子 j；
        if（已用箱子都不能再放物品 i）
        {另用一个箱子，并将物品 i 放入该箱子；box_count++; }
        else 将物品 i 放入箱子 j；
    }
}
```

上述算法能求出需要的箱子数 box_count，并能求出各箱子所装物品。下面的例子说明该算法不一定能找到最优解：设有 6 种物品，它们的体积分别为 60、45、35、20、20 和 20 单位体积，箱子的容积为 100 个单位体积。按上述算法计算，需 3 只箱子，各箱子所装物品分别为：第一只箱子装物品 1、3；第二只箱子装物品 2、4、5；第三只箱子装物品 6；而最优解为两只箱子，分别装物品 1、4、5 和 2、3、6。

【例 8-13】删数问题。

键盘输入一个高精度的正整数 N，去掉其中任意 S 个数字后使剩下的数最小。

例如，$N=175\,438$，$S=4$，可以删去 7、5、4、8，得到 13。

分析：很容易想到用贪心法，但是贪心法标准是什么呢？

删 S 次，每次删的数要使剩下的数尽量小。例如，上面的例子，第一次删 7，至少比第一次删 1、5、4、3、8 好。这样，删数过程是 175438　15438　1438　138　13

实现很简单，就是从左向右找到第一个 i，使 $n[i]>n[i+1]$，如果找到了，就删第 i 个，否则删最后一位。这里一次选择的 i 是 2、2、2、3，因此解向量是 (2,2,2,3)。

8.4.2 分治法

1. 分治法的基本思想

任何一个可以用计算机求解的问题所需的计算时间都与其规模 N 有关。问题的规模越小，越容易直接求解，解题所需的计算时间也越少。例如，对于 n 个元素的排序问题，当 $n=1$ 时，不需任何计算；$n=2$ 时，只要作一次比较即可排好序；$n=3$ 时只要作 3 次比较即可……而当 n 较大时，问题就不那么容易处理了。要想直接解决一个规模较大的问题，有时是相当困难的。分治法的设计思想是：将一个难以直接解决的大问题，分割成一些规模较小的相同问题，以便各个击破，分而治之。

2. 分治法的适用条件

分治法所能解决的问题一般具有以下几个特征：

（1）该问题的规模缩小到一定的程度就可以容易地解决。

（2）该问题可以分解为若干规模较小的相同问题，即该问题具有最优子结构性质。

（3）利用该问题分解出的子问题的解可以合并为该问题的解。

（4）该问题所分解出的各个子问题是相互独立的，即子问题之间不包含公共的子问题。

上述的第 10 条特征是绝大多数问题都可以满足的，因为问题的计算复杂性一般是随着问题规模的增加而增加；第（2）条特征是应用分治法的前提，它也是大多数问题可以满足的，此特征反映了递归思想的应用；第（3）条特征是关键，能否利用分治法完全取决于问题是否具有第（3）条特征，如果具备了第（1）条和第（2）条特征，而不具备第（3）条特征，则可以考虑贪心法或动态规划法。第（4）条特征涉及分治法的效率，如果各子问题是不独立的，则分治法要做许多不必要的工作，重复地解公共的子问题，此时虽然可用分治法，但一般用动态规划法较好。

3. 分治法的基本步骤

分治法在每一层递归上都有 3 个步骤：

（1）分解：将原问题分解为若干个规模较小，相互独立，与原问题形式相同的子问题。

（2）解决：若子问题规模较小而容易被解决则直接解，否则递归地解各个子问题。

（3）合并：将各个子问题的解合并为原问题的解。

4. 分治的基本思想

将一个规模为 n 的问题分解为 k 个规模较小的子问题，这些子问题互相独立且与原问题相同。找出各部分的解，然后把各部分的解组合成整个问题的解。解决算法实现的同时，需要估算算法实现所需时间。分治算法时间是这样确定的：解决子问题所需的工作总量（由子问题的个数、解决每个子问题的工作量决定）合并所有子问题所需的工作量。把任意大小问题尽可能地等分成两个子问题的递归算法分治的具体过程如下：

```
begin    {开始}
    if 问题不可分 then 返回问题解
    else begin
        从原问题中划出含一半运算对象的子问题 1;
        递归调用分治法过程，求出解 1;
```

从原问题中划出含另一半运算对象的子问题 2；

递归调用分治法过程，求出解 2；

将解 1、解 2 组合成整个问题的解；

　　end；

　end；{结束}

【例 8-14】金块问题。

老板有一袋金块（共 n 块，n 是 2 的幂（$n \geq 2$）），将有两名最优秀的雇员每人得到其中的一块，排名第一的得到最重的那块，排名第二的雇员得到袋子中最轻的金块。假设有一台比较重量的仪器，我们希望用最少的比较次数找出最重的金块。

分析：问题可以简化为：在含 n（n 是 2 的幂（$n \geq 2$））个元素的集合中寻找极大元和极小元。明显的方法是逐个进行比较查找。

用分治法可以用较少的比较次数解决上述问题：如果集合中只有 1 个元素，则它既是最大值也是最小值；如果有 2 个元素，则一次 maxnum(i,j) 一次 minnum(i,j) 就可以得到最大值和最小值；如果把集合分成两个子集合，递归的应用这个算法分别求出两个子集合的最大值和最小值，最后让集合 1 的最大值跟子集合 2 的最大值比较得到整个集合的最大值；让子集合 1 的最小值跟子集合 2 的最小值比较得到整个集合的最小值。

分析比较次数：比较运算均在函数 maxnum 和 minnum 中进行，当 $n=2$ 时，比较次数 $T(n)=1$；当 $n>2$ 时，比较次数 $T(n)=2T(n/2)+2$，$n=2^k$。

8.4.3　动态规划

我们都曾经用过数学表格，如平方根表、对数表等，借助于这些表格，可以加速运算。本章算法的思想，也是通过先计算待求解问题的一些相关值，并将这些值保存起来留待后面运用，以达到空间换时间的效果。

动态规划是一个非常强大的算法设计策略，利用动态规划求解问题的过程是：从规模最小的子问题求解开始，一个接一个逐步利用规模较小子问题的解求解规模较大问题，进而最终求解原问题。

动态规划求解问题，求解的过程存在一个潜在的有向无环图 DAG。DAG 的每个结点是求解的每个子问题，DAG 的每条边是子问题间的依赖关系。如果求解子问题 B 需要先求解子问题 A，则概念上有一条从 A 到 B 的边，A 是一个比 B 规模小的子问题。

【例 8-15】有向无环图中最短路径。

有向无环图（DAG）的一大特征是它的结点可以线性化，如图 8-7 所示。

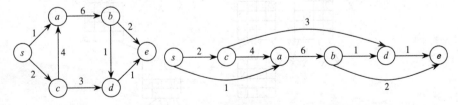

图 8-7　有向无环图

这个特征对于求从源点 s 到其他结点的最短距离有很大的帮助。例如，$D(d)=\min\{D(b)+1，D(c)+3\}$，对于其他结点均可列出类似的式子。因此，可以通过根据线性序一趟循环求出源点 s 到所有结点的最短距离。算法如下：

```
ShortestDAG(W[1..n, 1..n])
//Input: n个已排成线性序的结点
//Output: s（结点1）到所有结点的最短距离
D[1] = 0
for i = 2 to n do
    D[i] = ∞
    for j = 1 to i - 1 do
        if D[i] > D[j] + W[j][i]
            D[i] = D[j] + W[j][i]
        end
    end
end
return D
```

8.4.4 回溯法

回溯法的基本思想：从空的状态空间树出发，状态空间树的第一层代表了对解的第一个分量的所有尝试，第二层代表了对解的第二个分量的所有尝试，依此类推；按照深度有限搜索解空间树，如果到达某层结点时，无论对后续分量怎样的尝试都无法得到一个解，则无须进一步拓展这个结点，返回该结点的双亲结点，进行该层所对应分量的下一个可能尝试，直至找到一个解或者尝试完所有可能情况。

【例8-16】n 皇后问题。

在一个 $n \times n$ 的棋盘上如何摆放 n 个互不攻击的皇后？

（1）$n = 1$，无意义。

（2）$n = 2$ 或 $n = 3$，无解。

（3）$n = 4$，解的状态空间树的搜索过程如图8-8所示。图8-8的序号标记了回溯法搜索有希望的解的过程，如果想获得所有解，只需从停下来的叶子结点8开始，继续同样的操作即可。

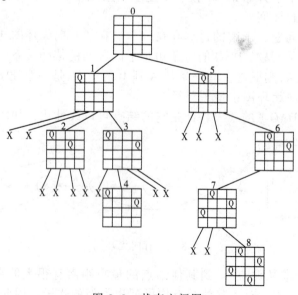

图8-8 状态空间图

8.5 常用的算法

8.5.1 穷举法

穷举搜索法是对可能是解的众多候选解按某种顺序进行逐一枚举和检验,并从众找出那些符合要求的候选解作为问题的解。

【例 8-17】设有 a、b、c、d 四个数都在 1～16 范围内。要求打印出 4 个数都不相同时,其和为 34 的所有值。

算法分析:最直接的想法是设置 a、b、c、d 四个变量,都从 1～16 循环。但这需判断 a、b、c、d 四数有所重复的情况。可以加上一定的限制条件,a≠b≠c≠d,设 a<b<c<d,这样可以设 a 的初值为 1,b 的初值为 a+1,c 的初值为 b+1,d 的初值为 c+1。每一个循环的终值(可能的最大数)我们也可以计算出来。a+a+1+a+2+a+3=34,故 a=7;1+b+b+1+b+2=34,故 b=10;1+2+c+c+1=34,故 c=15;d=c+1,故 d=16。

```
sub fournums ()
    for a=1 to 7
      for b=a+1 to 10
        for c=b+1 to 15
          for d=c+1 to 16
              if (a+b+c+d==34)
                  then print a, b, c, d
            end
          end
        end
      end
    end
```

【例 8-18】背包问题。

问题描述:有不同价值、不同重量的物品 n 件,求从这 n 件物品中选取一部分物品的选择方案,使选中物品的总重量不超过指定的限制重量,但选中物品的价值之和最大。设 n 个物品的重量和价值分别存储于数组 w[ ]和 v[ ]中,限制重量为 tw。考虑一个 n 元组 (x_0, x_1, …, x_{n-1}),其中 x_i=0 表示第 i 个物品没有选取,而 x_i=1 则表示第 i 个物品被选取。显然这个 n 元组等价于一个选择方案。用枚举法解决背包问题,需要枚举所有的选取方案,而根据上述方法,只要枚举所有 n 元组,就可以得到问题的解。显然,每个分量取值为 0 或 1 的 n 元组的个数共为 $2n$ 个。而每个 n 元组其实对应了一个长度为 n 的二进制数,且这些二进制数的取值范围为 0～2n-1。因此,如果把 0～2n-1 分别转化为相应的二进制数,则可以得到我们所需要的 $2n$ 个 n 元组。

```
maxv=0;
for i=0 to 2n-1 do
    B[0..n-1]=0;
    把 i 转化为二进制数,存储于数组 B 中;
    temp_w=0;
    temp_v=0;
    for j=0 to n-1 do
        j++;
```

```
        if B[j]==1
        then temp_w=temp_w+w[j]; temp_v=temp_v+v[j];
        elseif (temp_w<=tw)&&(temp_v>maxv)
              then maxv=temp_v; 保存该 B 数组;
        end
     end
   end
```

8.5.2　迭代法

迭代法是用于求方程或方程组近似根的一种常用的算法设计方法。设方程为 $f(a$、b、c、$d)=0$，用某种数学方法导出等价的形式 $x=g(x)$，然后按以下步骤执行：

（1）选一个方程的近似根，赋给变量 x0。

（2）将 x0 的值保存于变量 x1，然后计算 $g(x1)$，并将结果存于变量 x0。

（3）当 x0 与 x1 的差的绝对值大于指定的精度要求时，重复步骤（2）的计算。若方程有根，并且用上述方法计算出来的近似根序列收敛，则按上述方法求得的 x0 就认为是方程的根。

上述算法用 C 程序的形式表示为：

```
{
    x0=初始近似根;
    do { x1=x0; x0=g(x1); /*按特定的方程计算新的近似根*/ }
    while ( fabs(x0-x1)>Epsilon);
 printf("方程的近似根是%f\n", x0); }
```

具体使用迭代法求根时应注意以下两种可能发生的情况：

（1）如果方程无解，算法求出的近似根序列就不会收敛，迭代过程会变成死循环，因此在使用迭代算法前应先考察方程是否有解，并在程序中对迭代的次数给予限制。

（2）方程虽然有解，但迭代公式选择不当，或迭代的初始近似根选择不合理，也会导致迭代失败。迭代法适用于方程（或方程组）求解，是使用间接方法求方程近似根的一种常用算法。

【例 8-19】用迭代法求方程的根 $f(x)=x+e^x=0$。

先 $f_1(x)=x$，$f_2(x)=-e^x$。估计在 0 附近有一个根。设 $x_0=0$。

程序如下：

```
init FNA(X)=-EXP(X);
X0=0;
X1=FNA(X0);
while ABS(X1-X0)>0.00001 do
      X0=X1;
      X1=FNA(X0);
end
print"X=";X1
end
```

若经过许多次的迭代后仍不收敛，就可能是发散的，为防止无限制地循环下去，可以设定最多循环次数，例如，循环 50 次仍不收敛就不再迭代，使程序结束。

8.5.3 递归法

程序调用自身的编程技巧称为递归（Recursion）。一个比较经典的描述是老和尚讲故事：从前有座山，山上有座庙，庙里有个老和尚在讲故事，他说从前有座山，山上有座庙，庙里有个老和尚在讲故事，他说从前有座山，……。这样没完没了地反复讲故事，直到最后老和尚烦了停下来为止。

反复讲故事可以看作反复调用自身，但如果不能停下来那就没有意义了，所以最终还要能停下来。递归的关键在于找出递归方程式和递归终止条件，即老和尚反复讲故事这样的递归方程式要有，最后老和尚烦了停下来这样的递归的终止条件也要有。

阶乘的算法可以定义成函数：

$$f(n) = \begin{cases} n \times f(n-1) & (n>0) \\ 1 & (n=0) \end{cases}$$

当 $n>0$ 时，用 $f(n-1)$ 来定义 $f(n)$，用 $f(n-1-1)$ 来定义 $f(n-1)$……这是对递归形式的描述。

当 $n=0$ 时，$f(n)=1$，这是递归结束的条件。

【例8-20】裴波那契数列 $f(n)=f(n-1)+f(n-2)$；$f(0)=1$；$f(1)=2$。

对应的递归程序为：

```
dim n as integer
function f(n )
        select case n
            case 0
                f=1                         '递归结束条件
            case 1
                f=2
            case else
                f=f(n-1)+f(n-2)             '递归调用
        end
end
```

这类递归问题往往又可转化成递推算法，递归边界作为递推的边界条件。

递归解决实际问题的例子很多，如经典的汉诺塔问题。

【例8-21】汉诺塔问题。n 个半径各不相同的圆盘，按半径从大到小，自下而上依次套在 A 柱上，另外还有 B、C 两根空柱。要求将 A 柱上的 n 个圆盘全部搬到 C 柱上去，每次只能搬动一个盘子，且必须始终保持每根柱子上是小盘在上，大盘在下。

在移动盘子的过程当中发现要搬动 n 个盘子，必须先将 $n-1$ 个盘子从 A 柱搬到 B 柱去，再将 A 柱上的最后一个盘子搬到 C 柱，最后从 B 柱上将 $n-1$ 个盘子搬到 C 柱去。搬动 n 个盘子和搬动 $n-1$ 个盘子时的方法是一样的，当盘子搬到只剩一个时，递归结束。

递归算法解题通常显得很简洁，但递归算法解题的运行效率较低。

8.5.4 递推法

递归的很多问题可以转为递推来处理，通常递推处理的效率比递归高得多，如阶乘、Fibonacci 数列等。它们的相邻数之间有着明显的规律性的变化，通常可以将递归结束的条件作为递推的初始条件，并利用这种规律性一步一步递推到结果。这种递推通常采用循环迭代的方法，如循环累乘、循环累加等。

【例 8-22】如递归中的裴波那契数列转为递推算法时用循环累加来实现。

```
Sub program()
Dim f0,f1,f2 as single
Dim i,n as integer
    Input n
    f0=1: f1=2
    for i=2 to n
        f2=f0+f1
        f0=f1
        f1=f2
        print f1,f2;
    end
```

【例 8-23】猴子吃桃。

小猴子第一天摘下若干桃子，当即吃掉了一半，还不过瘾，又多吃了一个。第二天早上又将剩下的桃子吃掉一半，又多吃一个。以后每天早上都吃了前一天剩下的一半，又多吃一个。到第 10 天早上猴子想再吃时，见到只剩下一个桃子了。问第一天猴子共摘了多少个桃子。

这是典型的倒推问题。从最后一天起逐天推算出前一天的桃子数，直到推出第 1 天为止。设第 n 天桃子数为 x_0，已知它是前一天的桃子数 x_{n-1} 的一半再减去 1，即

$$x_n = \frac{1}{2}x_{n-1} - 1$$

利用此公式可以从第 n 天的桃子数推出其前一天的桃子数。边界条件为 $x_{10}=1$。程序如下：

```
sub  MonkeyEatPeach()
    dim x(10)
    x(10)=1
    for n=10 to 2 step -1
        x(n-1)=(x(n)+1)*2
    print "the number of peaches is :" x(1)
    end
```

运行结果：

```
the number of peaches is : 1534
```

程序使用了数组，x(1)～x(10)的值分别为第 1～10 天的桃子数，使用的是递推方法，而不是迭代法，并不存在用一个变量的新值代替它的原值。下面的程序不用数组，用迭代方法来实现递推。

```
Sub MonkeyEatPeach()
  x=1
  for n=10 to 2 step -1
      x=(x+1)*2
      print "the number of peaches is :" x(1)
end
```

注意：for 语句中 n 从 10 变到 2，不要写成到 1，因为每次循环是从本天推出前一天的情况。最后一次循环是从第二天推出第一天的情况，共执行了 9 次。

8.5.5 排序

排序是数据处理中经常使用的一种重要运算。如何进行排序，特别是高效率地进行排序是计算机应用中的重要课题之一。

所谓排序，就是要整理文件中的记录，使之按关键字递增（或递减）次序排列起来。其确切定义如下：输入 n 个记录 $R_1, R_2, ..., R_n$，其相应的关键字分别为 $K_1, K_2, ..., K_n$。输出结果为 $R_{i1}, R_{i2}, ..., R_{in}$，使得 $K_{i1} \leq K_{i2} \leq ... \leq K_{in}$（或 $K_{i1} \geq K_{i2} \geq ... \geq K_{in}$）。

被排序的对象——文件由一组记录组成。记录则由若干数据项（或域）组成。其中有一项可用来标识一个记录，称为关键字项。该数据项的值称为关键字（Key）。用来作排序运算依据的关键字，可以是数字类型，也可以是字符类型。关键字的选取应根据问题的要求而定。

如在高考成绩统计中将每个考生作为一个记录。每条记录包含准考证号、姓名、各科的分数和总分数等项内容。若要唯一标识一个考生的记录，则必须用"准考证号"作为关键字。若要按照考生的总分数排名次，则需用"总分数"作为关键字。

按策略划分内部排序方法可以分为 6 类：插入排序、选择排序、交换排序（冒泡排序）、快速排序、归并排序和分配排序。这里主要介绍前 4 种（常用）。

1．插入排序（Insertion Sort）

1）基本思想

每次将一个待排序的数据元素，插入到前面已经排好序的数列中的适当位置，使数列依然有序；直到待排序数据元素全部插入完为止。

2）排序过程

【例 8-24】插入排序过程。

```
[初始关键字]  [49]  38  65  97  76  13  27  49
   J=2(38)   [38  49]  65  97  76  13  27  49
   J=3(65)   [38  49  65]  97  76  13  27  49
   J=4(97)   [38  49  65  97]  76  13  27  49
   J=5(76)   [38  49  65  76  97]  13  27  49
   J=6(13)   [13  38  49  65  76  97]  27  49
   J=7(27)   [13  27  38  49  65  76  97]  49
   J=8(49)   [13  27  38  49  49  65  76  97]
```

3）具体编码

```
Sub  InsertSort(R());
'对 R[1..N]按递增序进行插入排序，R[0]是监视哨
    for I=2 to N
        '依次插入 R[2],...,R[n]
        R[0]=R[I]; J=I-1
    while R[0]<R[J] do
            查找 R[I]的插入位置
            R[J+1] = R[J]          '将大于 R[I]的元素后移
            J=J-1
        end
```

```
        R[J+1]=R[0]                '插入 R[I]
    end
```

2．选择排序（Select Sort）

1）基本思想

每一趟从待排序的数据元素中选出最小（或最大）的一个元素，顺序放在已排好序的数列的最后，直到全部待排序的数据元素排完。

2）排序过程

【例8-25】选择排序过程。

```
初始关键字  [49 38 65 97 76 13 27 49]
第一趟排序后  13 [38 65 97 76 49 27 49]
第二趟排序后  13 27 [65 97 76 49 38 49]
第三趟排序后  13 27 38 [97 76 49 65 49]
第四趟排序后  13 27 38 49 [49 97 65 76]
第五趟排序后  13 27 38 49 49 [97 97 76]
第六趟排序后  13 27 38 49 49 76 [76 97]
第七趟排序后  13 27 38 49 49 76 76 [97]
最后排序结果  13 27 38 49 49 76 76 97
```

3）具体编码

```
sub SelectSort(R())                        '对 R[1..N]进行直接选择排序
    for I=1 to N-1
            '做 N-1 趟选择排序
            K=I
        for J= I +1 to N
            '在当前无序区 R[I..N]中选最小的元素 R[K]
            if R[J]<R[K]
                then K = J
                if K<>I
                    then temp=R[I];        '交换 R[I]和 R[K]
                    R[I]=R[K]
                    R[K]=Temp
                end
            end
        end
```

3．冒泡排序（Bubble Sort）

1）基本思想

两两比较待排序数据元素的大小，发现两个数据元素的次序相反时即进行交换，直到没有反序的数据元素为止。将待排序的元素看作竖着排列的"气泡"，较小的元素比较轻，从而要往上浮。在冒泡排序算法中要对这个"气泡"序列处理若干遍。所谓一遍处理，就是自底向上检查一遍这个序列，并时刻注意两个相邻的元素的顺序是否正确。如果发现两个相邻元素的顺序不对，即"轻"的元素在下面，就交换它们的位置。显然，处理一遍之后，"最轻"的元素就浮到了最高位置；处理二遍之后，"次轻"的元素就浮到了次高位置。在做第二遍处理时，由于最高位置上的元素已是"最轻"元素，所以不必检查。一般地，第 i 遍处理时，不必检查第 i 高位置以上的元素，因为经过前面 $i-1$ 遍的处理，它们已正确地排好序。

2）排序过程

设想被排序的数组 R［1...N］垂直竖立，将每个数据元素看作有重量的气泡，根据轻气泡不能在重气泡之下的原则，从下往上扫描数组 R，凡扫描到违反本原则的轻气泡，就使其向上"漂浮"，如此反复进行，直至最后任何两个气泡都是轻者在上，重者在下为止。

【例 8-26】冒泡排序过程。

```
49   13   13   13   13   13   13   13
38   49   27   27   27   27   27   27
65   38   49   38   38   38   38   38
97   65   38   49   49   49   49   49
76   97   65   49   49   49   49   49
13   76   97   65   65   65   65   65
27   27   76   97   76   76   76   76
49   49   49   76   97   97   97   97
```

3）具体编码

```
sub BubbleSort(R() )                      '从下往上扫描的冒泡排序'
for I=1 to N-1 do                         '做 N-1 趟排序'
        NoSwap = True;                    '置未排序的标志
        for J = N - 1 to 1 do            '从底部往上扫描
                if R[J+1]< R[J]
                        then              '交换元素 temp = R[J+1]: R[J+1= R[J]:
R[J] = temp
                        NoSwap = False
        end
        if NoSwap
                then exit                 '本趟排序中未发生交换，则终止算法
end
```

4．快速排序（QuickSort）

1）基本思想

在当前无序区 R[1...H]中任取一个数据元素作为比较的"基准"（不妨记为 X），用此基准将当前无序区划分为左右两个较小的无序区：R[1...I-1]和 R[I+1...H]，且左边的无序子区中数据元素均小于等于基准元素，右边的无序子区中数据元素均大于等于基准元素，而基准 X 则位于最终排序的位置上，即 $R[1...I-1] \leqslant X.Key \leqslant R[I+1...H]$（$1 \leqslant I \leqslant H$），当 R[1...I-1]和 R[I+1...H]均非空时，分别对它们进行上述的划分过程，直至所有无序子区中的数据元素均已排序为止。

2）排序过程

【例 8-27】快速排序过程。

初始关键字 ［49 38 65 97 76 13 27 49］
第一次交换后 ［27 38 65 97 76 13 49 49］
第二次交换后 ［27 38 49 97 76 13 65 49］
J 向左扫描，位置不变，第三次交换后 ［27 38 13 97 76 49 65 49］
I 向右扫描，位置不变，第四次交换后 ［27 38 13 49 76 97 65 49］
J 向左扫描 ［27 38 13 49 76 97 65 49］
（一次划分过程）
初始关键字 ［49 38 65 97 76 13 27 49］

一趟排序之后　[27 38 13]　49　[76 97 65 49]
二趟排序之后　[13]　27　[38]　49　[49 65] 76　[97]
三趟排序之后　13 27 38 49 49　[65] 76 97
最后的排序结果　13 27 38 49 49 65 76 97

8.5.6　查找

查找（Searching）的定义是：给定一个值 K，在含有 n 个结点的表中找出关键字等于给定值 K 的结点。若找到，则查找成功，返回该结点的信息或该结点在表中的位置；否则查找失败，返回相关的指示信息。

1.顺序查找

顺序查找是一种最简单的查找方法，实际就是顺藤摸瓜。它的基本思想是：从表的一端开始，顺序扫描线性表，依次将扫描到的结点关键字和给定的值 K 比较，若当前扫描到的结点关键字与 K 相等，则查找成功；若扫描结束后，仍未找到关键字等于 K 的结点，则查找失败。

2.折半查找

折半查找又称二分查找，它是一种效率较高的查找方法。但是，二分查找要求线性表是有序表，即表中结点按关键字有序，并且要用数组作为表的存储结构。

折半查找的基本思想是：首先将待查的 K 值和有序表 R[0] 到 R[n−1] 的中间位置 mid 的结点的关键字比较，若相等，则查找完成；否则，若 R[mid].key>K，则说明待查找的结点只可能在左子表 R[0] 到 R[mid−1] 中，只要在左子表中继续进行二分查找，若 R[mid].key<K，则说明待查找的结点只可能在右子表 R[mid+1] 到 R[n−1] 中，我们只要在右子表中继续进行二分查找。这样，经过一次关键字比较就缩小了一半的查找区间。如此进行下去，直到找到关键字为 K 的结点，或者当前的查找区间为空（表示查找失败）。

例如，假设被查找的有序表中关键字序列为

05，13，19，21，37，56，64，75，80，88，92

当给定的 K 值分别是 21 和 85 时，进行折半查找的过程如图 8-9 所示，图中用方括号表示当前的查找区间，用"↑"表示中间位置指示器 mid。

[05　13　19　21　37　56　64　75　80　88　92]
　　　　　　　　　　↑
[05　13　19　21　37]　56　64　75　80　88　92
　　　　　↑
05　13　19　[21　37]　56　64　75　80　88　92
　　　　　　　↑

（a）查找 K=21 的过程（3 次比较后查找成功）

[05　13　19　21　37　56　64　75　80　88　92]
　　　　　　　　　　↑
05　13　19　21　37 56　[64　75　80　88　92]
　　　　　　　　　　　　↑
05　13　19　[21　37]　56　64　75　80　[88　92]
　　　　　　　　　　　　　　　　　　　　↑
05　13　19　21　37　56　64　75　80] [88　92

（b）查找 K=85 的过程（3 次比较后查找失败）

图 8-9　折半查找过程示例

8.6　数据表达和数据结构

数据结构是信息的一种组织方式，其目的是提高算法的效率，它通常与一组算法的集合相对应，通过这组算法集合可以对数据结构中的数据进行某种操作。数据结构主要研究数据的各种逻辑结构和存储结构，以及对数据的各种操作。因此，主要有 3 个方面的内容：数据的逻辑结构、数据的物理存储结构、对数据的操作（或算法）。数据结构的组成可用图 8-10 表示。通常，算法的设计取决于数据的逻辑结构，算法的实现取决于数据的物理存储结构。

数据的逻辑结构是从逻辑关系上描述数据，它与数据的存储无关，是独立于计算机的，因此，数据的逻辑结构可以看作从具体问题抽象出的数学模型。数据的存储结构是逻辑结构用计算机语言的实现。数据的运算是定义在数据的逻辑结构上的，每种逻辑结构都有一个运算的集合。例如，最常用的运算有：检索、插入、删除、更新、排序等这

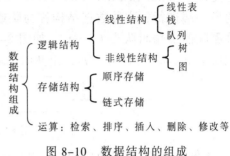

图 8-10　数据结构的组成

些运算实际是在抽象的数据上所施加的一系列抽象的操作，所谓抽象的操作，是指我们只知道这些操作是"做什么"，而无须考虑"如何做"。只有确定了存储结构后，才考虑如何实现这些运算。

数据结构分为两大类：线性结构和非线性结构。线性结构的逻辑特征是：有且仅有一个开始结点和一个终端结点，并且所有结点最多只有一个直接前趋和一个直接后继。结点和结点的关系是一对一。非线性结构的逻辑特征是一个结点可能有多个直接前趋和直接后继。结点和结点的关系是一对多或多对多。

8.6.1　线性表

线性表的逻辑特征是在非空的线性表中，有且仅有一个开始结点 a_1，它没有直接前趋，而仅有一个直接后继 a_2；有且仅有一个终端结点 a_n，它没有直接后继，而仅有一个直接前趋 a_{n-1}；其余的内部结点 a_i（$2 \leqslant i \leqslant n-1$）都有且仅有一个直接前趋 a_{i-1} 和一个直接后继 a_{i+1}。很明显，线性表是一种典型的线性结构。例如，英文字母表（A，B，C，…，Z）是线性表，表中的每个字母就是一个数据元素。一副扑克的点数（2，3，4，…，J，Q，K，A）也是线性表，其中每一张牌的点数是一个数据元素。

8.6.2　栈

栈是指能在某一端插入和删除的特殊线性表。例如，用桶堆积物品，先堆进来的压在底下，随后一件一件往上堆。取走时，只能从上面一件一件取。堆和取都在顶部进行，底部一般是不动的。栈就是一种类似桶堆积物品的数据结构，进行删除和插入的一端称栈顶，另一端称栈底。插入一般称为进栈（PUSH），删除则称为退栈（POP）。栈也称为后进先出表（LIFO 表）。一个栈可以用定长为 N 的数组 S 来表示，用一个栈指针 TOP 指向栈顶。若 TOP=0，表示栈空，TOP=N 时栈满。进栈时 TOP 加 1，退栈时 TOP 减 1。当 TOP<0 时为下溢。栈指针在运算中永远指向栈顶，如图 8-11 所示。

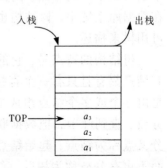

图 8-11　栈示意图

8.6.3 队列

前面所讲的栈是一种后进先出的数据结构，而在实际问题中还经常使用一种"先进先出"（First In First Out，FIFO）的数据结构，即插入在表一端进行，而删除在表的另一端进行，这种数据结构称为队或队列，把允许插入的一端叫队尾（rear），把允许删除的一端叫队头（front）。如图 8-12 所示是一个有 5 个元素的队列。入队的顺序依次为 a_1、a_2、a_3、a_4、a_5，出队时的顺序将依然是 a_1、a_2、a_3、a_4、a_5。

出队 ← a_1 a_2 a_3 a_4 a_5 ← 入队

图 8-12　队列示意图

【例 8-28】 队列的应用——舞伴问题。

（1）问题叙述。假设在周末舞会上，男士和女士进入舞厅时，各自排成一队。跳舞开始时，依次从男队和女队的队头上各出一人配成舞伴。若两队初始人数不相同，则较长的那一队中未配对者等待下一轮舞曲。现要求写一算法模拟上述舞伴配对问题。

（2）问题分析。先入队的男士或女士亦先出队配成舞伴。因此，该问题具有典型的先进先出特性，可用队列作为算法的数据结构。

在算法中，假设男士和女士的记录存放在一个数组中作为输入，然后依次扫描该数组的各元素，并根据性别来决定是进入男队还是女队。当这两个队列构造完成之后，依次将两队当前的队头元素出队来配成舞伴，直至某队列变空为止。此时，若某队仍有等待配对者，算法输出此队列中等待者的人数及排在队头的等待者的名字，他（或她）将是下一轮舞曲开始时第一个可获得舞伴的人。

8.6.4 树

树（Tree）是一种重要的非线性数据结构，直观地看，它是数据元素（在树中称为结点）按分支关系组织起来的结构，很像自然界中的树。树结构在客观世界中广泛存在，如人类社会的族谱和各种社会组织机构都可用树来形象表示。树在计算机领域中也得到了广泛应用。例如，在编译源程序时，可用树表示源程序的语法结构。又如，在数据库系统中，树结构也是信息的重要组织形式之一。一切具有层次关系的问题都可用树来描述。

树结构的特点是：它的每一个结点都可以有不止一个直接后继，除根结点外的所有结点都有且只有一个直接前趋。以下具体地给出树的定义及树的数据结构表示。树是由一个或多个结点组成的有限集合，它很像一株倒悬着的树，从树根到大分枝、小分枝、直到叶子，把数据联系起来，这种数据结构就叫做树结构，简称树。树中每个分叉点称为结点，起始结点称为树根，任意两个结点间的连接关系称为树枝，结点下面不再有分枝称为树叶。结点的前趋结点称为该结点的"双亲"，结点的后继结点称为该结点的"子女"或"孩子"，同一结点的"子女"之间互称"兄弟"。

树是一种重要的非线性结构，在计算机软件设计中被广泛使用，如哈夫曼树可以应用于数据压缩编码，图 8-13 表示了树的示例。

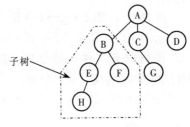

在图 8-13 中，结点 A 为树的根，根的每个分支称为子树（Subtree），子树也是一棵树；结点子树的根为结点的孩子（Child），如 B、C、D 为结点 A 的孩子，而 A 为 B、C、D 的双亲（Parent）；同一个双亲的孩子之间为兄弟（Sibling）关系；没有孩子的结点为树的叶子（Leaf），H、F、G、D 为树的叶子。

图 8-13　树的示例

树的基本操作包括：

（1）初始化一棵树。

（2）得到树的根。

（3）得到一个结点的双亲。

（4）得到一个结点的兄弟。

（5）得到一个结点的孩子。

（6）插入子树。

（7）删除子树。

（8）遍历（Traverse）树。

（9）清空树。

在不同的软件系统中，对于具体实现的不同树的操作也不同。

二叉树（Binary Tree）是另一种树结构，其特点是每个结点最多有两棵子树。树和二叉树之间可以相互转换。

各种特定的树结构被广泛应用于查找算法的实现中，它们可以加快查找的速度；在地理信息系统中，可以用于空间索引的建立，以提高空间要素的检索效率。

8.6.5　图

图（Graph）是一种比线性表和树更为复杂的数据结构。在线性表中，数据元素之间仅有线性关系，即每个数据元素只有一个直接前趋和一个直接后继；在树形结构中，数据元素之间有着明显的层次关系，虽然每一层上的数据元素可能和下一层中多个元素（孩子）相关，但只能和上一层中一个元素（双亲）相关；而在图形结构中，结点之间的关系可以是任意的，任意两个数据元素之间都可能相关。

图（Graph）是比树更为复杂的数据结构，在图中，结点之间的关系是任意的，图中任意两个数据元素都可能相关。图 8-14 给出了图的示例。

图的形式化定义为

$$Graph = (V, R)$$

式 中，$V = \{x | x \in dataobject\}$，$R = \{VR\}$，$VR = \{<x, y> | P(x, y) \wedge (x, y \in V)\}$。

图中数据元素称为顶点（Vertex），V 是顶点的有穷非空集合；VR 是两个顶点之间的关系的集合，其定义中 $P(x, y)$ 表示 x 到 y 的一条单向通路；若 $<x, y> \in VR$，则 $<x, y>$ 表示从 x 到 y 的一

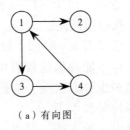

（a）有向图

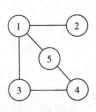

（b）无向图

图 8-14　图的示例

条弧，此时图称为有向图（Digraph）；若<x,y>∈VR 必有<x,y>∈VR，则此时图称为无向图。

在图中，如果<x,y>∈VR，则 x、y 互为邻接点。路径（Path）是一个顶点序列（$V_1,V_2,...,V_n$），其中 V_i 和 V_{i+1} 为邻接点。

图可以有多种存储结构，其中最普通的是采用邻接矩阵，如果两个结点<V_i,V_j>∈VR，则矩阵对应元素 $A[i,j]$=1，反之，$A[i,j]$=0。

无向图的邻接矩阵是对称的，而有向图的邻接矩阵则不一定对称。

8.6.6 文件

在数据处理方面，特别是事务型的软件编制工作中都涉及有关文件的知识。它能够有效地组织数据，提供方便而又高效地利用数据信息的方法。尽管数据管理技术早已从文件系统发展到数据库系统，但因为文件系统是数据库系统的基础，从专用、高效和系统软件研制角度看，文件系统仍有其不可取代的地位。正如高级语言出现后，汇编语言仍是软件研制的重要工具一样。

文件（File）是性质相同的记录的集合。文件的数据量通常很大，一般放置在外存上。数据结构中讨论的文件主要是数据库意义上的文件，不是操作系统意义上的文件。操作系统中研究的文件是一维的无结构连续字符序列。数据库中所研究的文件是带有结构的记录集合，每个记录可由若干个数据项构成。记录是文件中存取的基本单位，数据项是文件可使用的最小单位。数据项有时也称字段（Field），或者称为属性（Attribute）。

其值能唯一标识一个记录的数据项或数据项的组合称为主关键字项。其他不能唯一标识一个记录的数据项则称为次关键字项。主关键字项（或次关键字项）的值称为主关键字（或次关键字）。

8.6.7 计算思维教学

计算思维就是用计算机科学解决问题的思维。它是每个人都应该具备的基本技能，而不仅仅属于计算机科学家。学习计算思维对现有教育观念和方式提出挑战：计算思维教育着眼于一种思维模式的养成和训练，因此有着与结构主义教学方法不同的要求和目标。

在计算思维能力教学中，需要对计算思维重新阐释成知道如何开展教学的问题，简单地说：应用计算机解决问题的意识和能力，从而实现计算思维能力教学的目标：培养计算思维的意识，初步掌握关于计算思维的基本知识和常用方法。

【例 8-29】找假币问题。

问题描述：假设有 n（$n \geq 2$）枚硬币，知道其中有一枚假币，而这枚假币的重量比真币要轻，怎样才能找出这枚假币呢？

你可以想出多少种方法呢？（提示：既然知道假币的重量较轻，那么只要比较一下重量就知道哪枚是假币了。）

下面我们给出三种方法。并以 n=10 为例，对三种方法进行解释说明。

1）找假币问题：第一种方式

一个个比较硬币，直到找到假币为止。假设 $n=10$，需要在 10 枚硬币中找出假币。首先，比较硬币 1 和 2，这样会出现两种情况：

（1）如果两枚硬币重量不一样，那么重量较轻的就是假币了。

（2）如果两枚硬币一样，就从两枚中随便找出一枚与下面的硬币比较。

向上面所述依次比较硬币 3、4、5、……直到找出假币。最差的情况下，要比较 9 次才能找出假币，比较过程如图 8-15 所示。要在 n 枚硬币中找出假币，就要比较 $n-1$ 次。

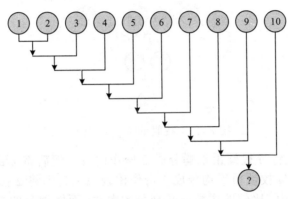

图 8-15　找假币问题比较图 1

已知只有一枚重量较轻的假币，那么质量相等的两枚硬币一定是真币。因此，可以去掉一些不必要的比较。

2）找假币问题：第二种方式

将 n 枚硬币中每两枚硬币分为一组，依次比较每组中的两枚硬币，直到找到假币为止，最差情况下只需比较 $n/2$ 次。假设 $n=10$，将 10 枚硬币两两分组，可以分成 5 组。首先比较第一组中的硬币 1 和 2，会出现两种情况：

（1）如果两枚硬币重量不一样，那么重量较轻的就是假币了。

（2）如果两枚硬币一样，就继续比较下一组的两枚硬币。

向上述过程依次比较，直到找到假币为止，最坏情况下要比较 5 次，分组情况如图 8-16 所示，依次对五组进行比较，最多比较 5 次就能找出假币了。要在 n 枚硬币中找出假币，最差情况下要比较 $n/2$ 次。

图 8-16　找假币问题比较图 2

但是比较 $n/2$ 次才能找出假币并不是最快的方式。既然所有真币的重量都一样，可以将硬币分成个数相同的两份，有假币的一份会轻一些。而较重的那堆硬币一定都是真币，也就不用做比较了。

3）找假币问题：第三种方式——二分法

（1）如果 n 是偶数，将 n 枚硬币平均分成两份，比较这两份硬币的重量，假币在重量较轻的那份中。继续对重量较轻的那份硬币使用二分法，直到找出假币；

（2）如果 n 是奇数，随意取出一枚硬币，然后将剩下的 $n-1$ 枚硬币平均分成两份，比较这两份硬币的重量。如果两份硬币重量相等，那么取出的那枚硬币就是假币；如果两份硬币重量不相等，那么假币在重量较轻的那份中。继续对重量较轻的那份硬币使用二分法，直到找出假币。使用二分法在 10 枚硬币中找出假币最多要比较 3 次，过程如图 8-17 所示。

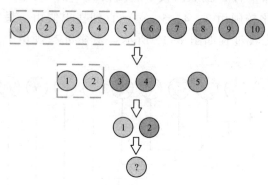

图 8-17　找假币问题比较图 3

观察二分法，先将 n 枚硬币平均分成 2 份作比较；然后将 $n/2$ 枚硬币平均分成 2 份作比较；继续将 $n/4$ 枚硬币平均分成 2 份作比较……直到将 2 枚硬币平均分成 2 份作比较。在整个过程中，比较的次数就是划分的次数，而做划分的次数其实就是 $\log_2 n$。

4）三种方式的比较

上面三种找假币的方式都能找出假币，但是有的速度快有的速度慢。在例 8-29 中，设 $n=10$ 时可能并不明显，但是当 n 非常大的时候，速度的快慢就相差很大了。例如，当 $n=106$ 时，第一种方式要比较 $106-1$ 次；第二种方式要比较 $106/2$ 次；而第三种方式只要比较 20 次就可以了（想想为什么？注意 $\log_2 10$ 差不多等于 3.32）。由图 8-18 可以看出，3 种方式的比较次数 $F(n)$ 随着 n 的增长而变化的情况。第三种方式的比较次数 $\log_2 n$ 增长速度明显比前两种慢很多，因此第三种方式是最好的找假币的方法。上面 3 种找假币的方式也是 3 种不同的计算思维。

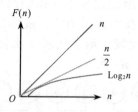

图 8-18　三种方式比较

小　结

算法是一个程序的灵魂，算法是在有限步骤内求解某一问题所使用的一组定义明确的规则。算法的衡量标准包括时间复杂度和空间复杂度。算法可以分为数值和非数值两大类。一个算法应该具有以下 5 个重要的特征：有穷性、确切性、有输入、有输出、可行性。

　　基本的算法设计思想包括贪心法、分治法、动态规划和回溯法等。常用的算法有穷举法、迭代法、递归法、递推法、排序、查找等。最后介绍了计算思维模式的养成和训练。

习　　题

一、解答题

1. 试简述算法的含义。
2. 算法有哪 5 个特征？算法与程序有什么区别和联系？
3. 如何评价一个算法？

二、算法设计题

1. 将给出问题（如 1+2+3+…+100）的算法用流程图表示。
2. 用迭代法求方程在 0 附近的根。

$$f(x) = x^5 - 3x^2 + 2x + 1$$

3. 用 1 元纸币换 1 分、2 分、5 分硬币，问有哪几种方案（各多少数）？

第 9 章

数据库系统 ‹‹‹

内容介绍：

数据库技术是计算机科学技术中发展最快的技术之一，它已成为计算机信息系统与应用系统的核心技术和重要基础。数据库技术已在当代的社会生活中得到广泛的应用.数据库技术的发展方兴未艾，新原理、新技术不断出现，这些新型数据库系统大多建立在基本的数据库技术基础之上。

本章重点：

● 数据库的发展历史。

● 数据库的基本组成。

● 常见数据库以及应用。

9.1 概 述

数据库技术是使用计算机管理数据的一种新技术。使用数据库对数据进行管理是计算机应用的一个重要而广阔的领域。数据管理技术的发展与计算机硬件、软件及计算机应用的范围有着密切的联系。数据管理技术的发展至今大致经历了 3 个阶段：人工管理阶段、文件系统阶段和数据库系统阶段。

9.1.1 人工管理阶段

20 世纪 50 年代中期以前，计算机的软硬件均不完善。在硬件方面，计算机的运算速度低、内存容量小，硬件存储设备只有磁带、卡片和纸带，外存还没有磁盘等直接存取的存储设备；在软件方面，还没有操作系统，更没有管理数据的软件。

这一阶段的计算机主要用于科学计算。这个时期数据管理的特点是：

（1）计算机中没有软件系统对数据进行管理，基本上没有文件概念，数据处理采用批处理的方式。

（2）数据均由应用程序管理，程序员在程序设计中不仅要规定数据的逻辑结构，还要设计其物理结构，包括存储结构、存取方法、输入/输出方式等。

（3）数据与程序不独立，当数据的物理组织或存储设备改变时，用户程序必须重新编制。

（4）无法进行数据共享，由于数据的组织面向应用，不同的计算程序之间不能共享数据，使得不同的应用之间存在大量的重复数据，很难维护应用程序之间数据的一致性。

9.1.2 文件系统阶段

20 世纪 50 年代中期到 60 年代中期，计算机的硬件、软件都有了很大发展，随着磁盘、磁鼓、计算机硬盘等大容量存储设备的出现，推动了软件技术的发展，而操作系统的出现则标志着数据管理技术步入一个新的阶段——文件系统阶段，在此阶段，有专门管理数据的文件系统。从处理方式讲，不仅有了文件批处理，而且能够联机实时处理。此时，计算机不仅用于科学计算，还大量用于管理。文件系统管理阶段有以下几个特点：

（1）数据以文件为单位可以长期存储在外存，且由操作系统统一管理。操作系统为用户使用文件提供了友好界面，可经常方便地对文件进行检索、修改、插入和删除等操作。

（2）文件的逻辑结构与物理结构脱钩，程序和数据分离，使数据与程序有了一定的独立性。用户的程序与数据可分别存放在外存储器上，各个应用程序可以共享一组数据，实现了以文件为单位的数据共享。

（3）文件形式多样化，由于有了直接存取存储设备，也就有了索引文件、链接文件、直接存取文件等。

（4）数据的存取基本上以记录为单位。按文件名访问，按记录进行存取。

在文件系统阶段，用户虽有了一定的方便，但仍有很多缺点。

（1）数据的组织仍然是面向程序，存在大量的数据冗余。

由于数据的基本存取单位是记录，因此，程序员之间很难明白他人数据文件的逻辑结构。这样，一个数据文件只能对应于同一程序员的一个或几个程序，不能共享，数据文件仍然是面向应用设计的，是与应用程序相对应的。当不同的应用程序所需要的数据有部分相同时，也必须建立各自的文件，而不能共享相同的数据，因此就造成了数据冗余度（Redundancy）大、浪费存储空间的问题。

例如学生管理系统中，面向"学籍管理"和"财务管理"两种不同的应用，在"学籍管理"中建立的学生文件包括学号、姓名、年龄、性别、电话、专业等信息，在"财务管理"中建立的学生文件包括学号、姓名、年龄、性别、电话、学费等信息，两个管理中分别建立的"学生"数据文件，学号、姓名、年龄、性别、电话等信息存在数据冗余，这不仅浪费存储空间，而且数据的修改和维护也较困难，容易造成数据的不一致性。

（2）缺乏数据与程序独立性。

在文件系统中，由于数据文件之间是独立的，不能反映现实世界中事物之间的相互联系，操作系统不负责维护文件之间的联系信息。如果文件之间有内容上的联系，那也只能由应用程序去处理。同时，由于数据文件与应用程序之间缺乏独立性，数据的逻辑结构不能方便地修改和扩充，数据逻辑结构的每一点微小改变都会影响到应用程序，使得应用系统不容易扩充。

9.1.3 数据库系统阶段

20 世纪 60 年代后期,计算机硬件、软件有了进一步的发展,计算机的运算速度越来越快、内存容量越来越大,并有了大容量磁盘。随着计算机在数据管理领域的普遍应用,计算机用于管理数据的规模更为庞大,应用越来越广泛,数据量也急剧增加,数据共享的要求越来越强,文件系统的缺点越来越令人难以忍受。人们迫切盼望能有数据冗余度小、可共享数据的系统。

此时,人们对数据管理技术提出了更高的要求:希望面向企业或部门,以数据为中心组织数据,减少数据的冗余,提供更高的数据共享能力,同时要求程序和数据具有较高的独立性,当数据的逻辑结构改变时,不涉及数据的物理结构,也不影响应用程序,以降低应用程序研制与维护的费用。数据库技术正是在这样一个应用需求的基础上发展起来的。

20 世纪 60 年代后,数据库在企业管理、交通运输、情报检索、军事指挥、政府管理和辅助决策等各个方面得到了广泛的应用。软件出现了专门用于数据管理的数据库管理系统,如 IBM 公司的 IMS 系统。

数据库中的数据与数据文件中的数据相比有以下性质:

(1)数据库中的数据具有数据整体性。

数据库中的数据保持了自身完整的数据结构,该数据结构是从全局观点出发建立的;而文件中的数据一般是不完整的,其数据结构是根据某个局部要求或功能需要建立的。例如,在职工档案管理系统中,从职工档案管理的角度,可建立“职工”数据文件的结构为:

职工(工号,姓名,性别,出生日期,政治面貌,家庭住址,所在部门)

从健康管理的角度,可建立“职工”数据文件的结构为:

职工(工号,姓名,性别,出生日期,身高,血型,血压,肺活量,既往病史)

但是,建立“职工”数据库时,从职工档案管理系统的全局观点出发,综合职工档案管理和健康管理的需求,可建立“职工”数据库,其结构为:

职工(工号,姓名,性别,出生日期,政治面貌,家庭住址,所在部门,身高,血型,血压,肺活量,既往病史)

从以上例子可以看出,在数据库中使用的“职工”数据全面反映了职工的各个特征,消除了大量的数据冗余;而文件系统中的“职工”数据则是从不同的侧面反映职工的某些特征。

(2)数据库中的数据具有数据共享性。

数据库的数据共享性表现在:一是不同的用户可以按各自的用法使用数据库中的数据,数据库能为用户提供不同的数据视图,以满足个别用户对数据结构、数据命名或约束条件的特殊要求;二是多个用户可以同时共享数据库中的数据资源,即不同的用户可以同时存取数据库中的同一个数据。

数据库系统阶段数据管理是面向企业或部门,以数据为中心组织数据,形成综合性的数据库,为各应用共享。具有如下特点:

(1)采用一定的数据模型,使数据结构化。数据模型不仅要描述数据本身的特点,而且要描述数据之间的联系。采用复杂的数据模型表示数据结构，数据冗余小，易扩充，实现了数据共享。

（2）数据库系统的数据共享度高、冗余度小。数据库系统允许多个用户或多个应用程序同时访问数据库中的相同数据，数据不再面向某个应用，而是面向整个系统，从而支持了数据的共享，节省了存储空间，大大减少了数据冗余，避免了数据之间的不相容性与不一致性。

（3）数据库系统的数据和程序之间具有较高的独立性。

不同的应用程序根据处理要求，从数据库中获取需要的数据，这样就减少了数据的重复存储，也便于增加新的数据结构，便于维护数据的一致性。

（4）数据库中数据的最小存取单位是数据项。

在文件系统管理阶段，数据操作的最小单位是记录，而一条记录可以由多个数据项组成，数据库阶段操作的最小单位则是数据项，增加了系统的灵活性。

（5）数据库系统提供统一的数据并发控制、恢复、完整性和安全性等数据控制功能。

由于有专门的数据管理软件——DBMS 管理数据，就可由 DBMS 来提供各种数据控制功能。

（6）数据库系统为用户提供了方便的用户接口。

用户可以使用结构化查询语言或终端命令对数据库进行操作，也可以借助高级语言（如 C 语言、Java 语言等）与数据库语言相结合的程序方式对数据库进行操作。

9.1.4　大数据时代

随着计算机技术全面融入社会生活，信息爆炸已经积累到了一个开始引发变革的程度。21 世纪是数据信息大发展的时代，移动互联、社交网络、电子商务等极大拓展了互联网的边界和应用范围，各种数据正在迅速膨胀并变大。

大数据（Big Data）也称巨量资料，是指那些超过传统数据库系统处理能力的数据。它所涉及的资料量规模巨大到无法通过目前主流软件工具进行管理和处理，它的数据规模和转输速度要求很高，大数据具有 4V 特点，即海量的数据规模（Volume）、多样的数据类型（Variety）、快速的数据流转和动态的数据体系（Velocity）和巨大的数据价值（Value）。

1. 海量的数据规模

数据量现在已经从 TB 级别跃升到 PB 级别，企业面临着数据量的大规模增长。仅从海量的数据规模来看，全球 IP 流量达到 1 EB 所需的时间，在 2001 年需要 1 年，在 2013 年仅需 1 天，在 2016 年则仅需半天。全球新产生的数据年增 40%，全球信息总量每两年就可翻番。根据 2012 年互联网络数据中心发布的《数字宇宙 2020》报告，2011 年全球数据总量已达到 1.87 ZB（1 ZB=10 万亿亿字节），如果把这些数据刻成 DVD，排起来的长度相当于从地球到月亮之间一个来回的距离。预计到 2020 年，全球数据总量将达到 35～40 ZB，10 年间将增长 20 倍以上。

随着大数据时代的来临，目前在国内兴起了大量做大数据的公司，这些公司分为两类：一类是现在已经有获取大数据能力的公司，如百度、腾讯、阿里巴巴等互联网巨头以及华为、浪潮、中兴等国内领军企业；另一类则是初创的大数据公司，它们依赖于大数据工具，针对市场需求，为市场带来创新方案并推动技术发展，为市场提供数据采集、数据存储、数据分析、数据可视化等大数据应用技术服务，例如国云数据的大数据魔镜、海云数据（HYDATA）等。

2．多样化

多样化即数据类型繁多。在大数据时代，不仅包括传统的格式化数据，还包括来自互联网的网络日志、视频、图片、地理位置信息等不同的类型；数据来源也越来越多样，不仅产生于组织内部运作的各个环节，也来自于组织外部；不仅包含传统的关系型数据，还包含来自网页、互联网日志文件、搜索索引、社交媒体论坛、电子邮件、文档、主动和被动系统的传感器数据等原始、半结构化和非结构化数据。大数据不仅是处理巨量数据的利器，更为处理不同来源、不同格式的多元化数据提供了可能。

3．快速化

在高速网络时代，通过基于实现软件性能优化的高速计算机处理器和服务器，创建实时数据流已成为流行趋势。企业不仅需要了解如何快速创建数据，还必须知道如何快速处理、分析并返回给用户，以满足他们的实时需求。根据 IMS Research 关于数据创建速度的调查，据预测，到 2020 年全球将拥有 220 亿部互联网连接设备。大数据是一种以实时数据处理、实时结果导向为特征的解决方案，它的"快"有两个层面。

一是数据产生得快。有的数据是爆发式产生，例如，欧洲核子研究中心的大型强子对撞机在工作状态下每秒产生 PB 级的数据；有的数据是涓涓细流式产生，但是由于用户众多，短时间内产生的数据量依然非常庞大，例如，点击流、日志、射频识别数据、GPS（全球定位系统）位置信息等。

二是数据处理得快。正如水处理系统可以从水库调出水进行处理，也可以对涌进来的新水流直接进行处理一样，大数据也有批处理（"静止数据"转变为"正使用数据"）和流处理（"动态数据"转变为"正使用数据"）两种范式，以实现快速的数据处理。

4．价值

大数据给企业带来的价值，不外乎两个方面：一方面企业能够利用大数据技术让运算变得更快；另一方面大数据诞生了很多新的商业模式。以保险行业为例，车险公司在车内安装传感器，用以监测司机的驾驶习惯；然后根据不同的驾驶行为区分司机的安全系数，分别拟定相应的保费标准。信用卡公司也会通过对顾客消费行为、购买模式的分析，制定精准的个性化营销模式。

9.2　数据库系统的组成

数据库系统的出现，极大地推动了计算机数据管理事业，也极大地推动了计算机事业本身。可以毫不夸张地说，目前，计算机的任何应用都离不开数据库。数据库系统的水平已经作为衡量国家实力的标志之一。在数据库应用中，常常提到数据库，数据库管理系统、数据库系统、数据库管理员等概念，下面对它们分别介绍。

9.2.1 数据库系统

数据库系统（DataBase System，DBS）是指在计算机系统中引入数据库后的系统构成，由计算机硬件设备、数据库及相关的计算机软件系统、开发管理使用数据库系统的人员3部分组成。简单地说，数据库系统由硬件、软件和用户组成。

支持数据库系统的计算机硬件资源包括CPU、内存、外存及其他外围设备。

数据库系统的软件包括用户数据库、操作系统（OS）、数据库管理系统（DBMS）、主语言系统、具有与数据库接口的高级语言及其编译系统、应用开发工具、在特定应用环境下开发的数据库应用系统等构成的所有软件的总和。

数据库是指全组织的日常运营所需要的各种数据，包括目标数据（即数据本身，也即物理数据库部分）及描述数据（对数据的说明信息，由数据字典管理）。

用户是指数据库管理员、数据库设计者、系统分析员和程序员、最终用户等。参与一个数据库系统开发和应用的人员很多，大致可分为用户、数据库开发人员和数据库管理员3类。其中，数据库管理员是数据库设计成败的关键，是数据库系统能否正常运行的关键。

9.2.2 数据库

数据库（DataBase，DB）指的是以一定方式存储在计算机内，能为多个用户共享、有组织、统一管理的相关数据的集合。

数据库是依照某种数据模型组织起来并存放在存储器中的数据集合。这种数据集合具有如下特点：尽可能不重复，具有尽可能小的冗余度，以最优方式为某个特定组织的多种应用服务，其数据结构独立于使用它的应用程序，对数据的增、删、改、查由统一软件进行管理和控制。

在数据库中，数据与数据的含义（即数据名称及其各数据项的说明）同时存储。数据的最小存取单位是构成记录的、有名称有含义的最小数据单位——数据项。定义数据库时，必须定义数据项的名称及说明，以数据项名存储数据，以数据项名更新数据，以数据项名查询和使用数据。

在数据库中，数据不再以各个应用程序的目的要求来分别存储，而是把整个系统所有的数据，根据它们之间固有的联系关系而整体规划，分门别类地加以存储，所以说数据库是存储在计算机系统内的有结构的数据的集合，数据是由数据库管理系统管理的。

9.2.3 数据库管理系统

数据库管理系统（DataBase Management System，DBMS）是位于用户与操作系统之间的专门用于管理数据库的一层数据管理软件，是一个通用的软件系统。

数据库管理系统对数据库进行统一的管理和控制，以保证数据库的安全性和完整性。用户通过DBMS访问数据库中的数据，数据库管理员也通过DBMS进行数据库的维护工作。它可使多个应用程序和用户用不同的方法在同时或不同时刻去建立，修改和询问数据库。大部分 DBMS 提供数据定义语言（Data Definition Language，DDL）、数据操作语言（Data Manipulation Language，DML）和数据控制语言（Data Control Language，DCL），供用户定义数据库的模式结构与权限约束，实现对数据的添加、删除等操作。

DBMS 的基本功能有：

1）数据定义功能

DBMS 提供 DDL，供用户定义数据库的三级模式结构、两级映像以及完整性约束和保密限制等约束。

用户在分析、研究整个系统所有数据的基础上，利用 DDL 可方便地定义数据库中数据的逻辑结构。DBMS 一般提供 DDL 来定义构成数据库结构的外模式、模式和内模式，定义两级映射，定义保证数据的完整性约束、保密限制等的约束条件。

2）数据操作功能

DBMS 提供 DML，供用户实现对数据库中数据的追加、删除、更新、查询等操作。

3）数据库维护功能

数据库维护包括数据库的数据载入、转换、转储，数据库的重组织与重构造，数据库的性能监控等功能，这些功能分别由各个子程序来完成，其操作能满足库中信息变化或更新的需求。

4）数据库的保护

数据库中的数据是信息社会的战略资源，所以数据的保护至关重要。数据库对数据库的保护通过以下几个方面来实现：数据库的恢复、数据库的并发控制、数据安全性控制、数据完整性控制，以及系统缓冲区的管理、数据存储的某些自适应调节机制等。

在 DBS 运行时，计算机中系统的硬件故障、软件错误、操作失误和恶意破坏不可避免，这些故障轻则造成运行事务非正常中断，影响数据库的正确性和事务的一致性，重则破坏数据库，使数据库中数据部分或全部丢失。数据库的恢复是指数据库故障发生后，利用数据库备份（Backup）进行还原（Resotre），在还原的基础上利用日志文件（Log）进行恢复，重新建立一个完整的数据库，然后继续运行。恢复的基础是数据库的备份和还原以及日志文件，只有完整的数据库备份和日志文件，才能有完整的恢复。

数据库并发控制指 DBMS 允许多个用户同时访问数据库，但多个同时访问数据库可能造成冲突，引起数据的不一致。因此，DBMS 利用封锁机制，允许多个用户同时访问数据库，以避免并发操作时可能带来的数据不一致性。

数据库的安全性是指保护数据库以防止非法用户访问数据库，造成数据泄露、更改或破坏，只有合法用户才可以访问他可以访问的数据，才能进行他可以执行的数据操作。在数据库系统中大量数据集中存放，并为许多用户直接共享，数据库的安全性相对于其他系统尤其重要，实现数据库的安全性是数据库管理系统的重要指标之一。

数据库的完整性是指数据的正确性、一致性和相容性。与数据库的安全性不同，数据库的完整性是为了防止错误数据的输入，其防范对象是不合语义的数据，而安全性防范对象是非法用户和非法操作。维护数据库的完整性是数据库管理系统的基本要求。常见的数据库完整性主要包括实体完整性、参照完整性和用户定义完整性。例如，学生的学号必须唯一，性别只能取"男"或"女"，选修课程表中的学号必须是学生表中已有的某个学生的学号等。

5）通信

DBMS 具有与操作系统的联机处理、分时系统及远程作业输入的相关接口，负责处理数据的传送。对网络环境下的数据库系统，还包括 DBMS 与网络中其他软件系统的通信功能以及数据库之间的互操作功能。

总之，现代数据库管理系统应具有友好的用户界面、高级的用户接口、数据查询处理和优化、数据目录和管理、数据的并发控制、数据的恢复功能、数据的安全性和完整性约束检查、数据的访问控制等。常见的数据库管理系统有 Access、FoxPro、SQL Server、Oracle、Informix、Sybase、MySQL 等。

9.2.4　数据库管理员

一个公司，不管它是自己开发应用软件，还是购买第三方的应用软件，只要涉及数据库，就需要雇佣一个或几个数据库管理员，而数据库是商业的灵魂和大脑，不涉及数据库的应用软件很少。

数据库管理员（DataBase Administrator，DBA）是负责全面管理和控制数据库系统，承担着创建、监控和维护整个数据库结构的责任。DBA 的素质在一定程度上决定了数据库应用的水平，所以他们是数据库系统中最重要的人员。

DBA 是数据库所属单位的代表。一个单位决定开发一个数据库系统时，首先应确定 DBA 的人选。DBA 不仅应当熟悉系统软件，还应熟悉本单位的业务工作。DBA 应自始至终地参加整个数据库系统的研制开发工作，开发成功后，DBA 又将负责全面管理和控制数据库系统的运行和维护工作。

DBA 的主要职责有：

（1）在用户与数据库开发人员之间进行协调和沟通。DBA 须在用户和数据库开发人员之间建立沟通和联系，使数据库系统开发人员确实知道用户的所有目的和要求，也使用户熟悉开发人员的开发思路和具体布局，这样开发出得数据库系统才能真正符合用户的要求。

（2）参与数据库和应用系统设计的全过程，进行数据库的建立、配置和管理。DBA 应该和相应的项目管理人员或者是程序员沟通，确定数据库底层模型，参与数据库系统的设计，熟悉数据库的整体布局、存储结构、存取策略，与开发人员一起确定数据库系统设计的存储方案，制订未来的存储需求计划，使数据库系统既提高效率又方便广大用户。在确定好系统设计的存储方案后，创建数据库存储结构和数据库对象，对数据库进行统一的管理和维护。此外，在系统设计、开发和使用的过程中，还要根据开发人员的反馈信息，必要的时候修改数据库的结构。

（3）数据库完整性控制、权限设置和安全管理。DBA 必须保证数据库的数据符合完整性要求，必须保证数据库的安全，因此，DBA 必须确定符合实际的数据完整性约束条件；确定不同用户对数据库的存取权限，定义数据的安全性要求，规范数据库用户的管理，定期对管理员等重要用户密码进行修改等；控制和监控用户对数据库的存取访问，维护数据库的安全性。

（4）负责监视和控制数据库的正常运行，负责系统的维护和数据恢复等工作。数据库投入运行后，DBA 应监视数据库的运行，负责数据库的各种维护工作，保证数据库系统正常工作；制订数据库备份计划，维护适当介质上的存档或者备份数据；及时处理出现的问题，一旦出现故障，数据库遭到破坏，DBA 要利用备份数据库和日志文件对数据库信息进行恢复。

（5）提出数据库的重构计划，进行数据库的改进和重组。当用户的需求有较大的改变时，DBA 还应及时提出数据库的重构计划、监控和优化数据库的性能；联系数据库系统的生产厂商，跟踪技术信息。

9.3　其他类型的数据库

近年来，构成数据库系统的计算机硬件、数据库系统软件、数据与数据库应用都在不断发生变化，且这种变化趋势日益加速，导致数据库技术的研究领域日新月异，如新的数据模型、新技术应用领域、复杂数据结构、丰富的语义、数据构造器等。数据库技术与各学科技术的相互渗透与有机结合是数据库技术重要的发展方向，产生了一系列新数据库，如分布式数据库、并行数据库、面向对象数据库、知识库等。

9.3.1　分布式数据库系统

随着计算机技术与通信技术的发展与有机结合，计算机网络日益普及，各类全国乃至全球性的组织和公司等对地理上处于不同位置的数据库应用需求日益增加，分布式数据库系统应运而生。分布式数据库系统是数据库技术与网络通信技术相互结合的产物，已发展成为数据库领域的一个重要分支。

分布式数据库系统的研究与开发始于 20 世纪 70 年代，1979 年世界上第一个分布式数据库系统 SDD-I 由美国计算机公司（CCA）在 DEC 计算机上实现。80 年代，分布式数据库研究进入成长期。随着计算机硬件技术的飞速发展，计算机及存储设备成本迅速降低，越来越多的组织与公司采用计算机进行数据管理，而计算机网络通信技术的发展，使通信速度成倍增长，同时通信费用迅速降低，为布置与使用分布式数据库奠定了物质基础。此外，微型计算机及微机局域网的出现与普及，进一步促进了分布式数据库系统的研究与应用。90 年代后，分布式数据库系统逐渐成熟，出现了一些商品化应用产品，如 IBM 公司的 CICS/ISC 系统、Ingres 公司的 Ingres / Star、Oracle 公司的 SQL *STAR 等。进入 21 世纪后，人类社会向信息化社会迈进，商务全球化与管理信息化对分布式数据库提出更广泛的需求，分布式数据库系统已应用于社会生产、生活的各个方面，如 Internet 应用、交通、数据仓库、多媒体应用等。分布式数据库技术的应用从简单的查询应用转向更复杂的应用，已成为最活跃的计算机技术研究领域之一。

分布式数据库由一组数据组成，这些数据物理上分别存储于不同地理位置的结点

（场地），逻辑上属于同一个系统。分布式数据库系统是通过计算机网络将物理分散的数据进行逻辑上的集中统一控制管理的数据库系统。

从定义可以看出，分布式数据库中的数据分散存放在多个场地上不同的计算机中，但在逻辑上这些物理分散的数据又属于一个单一的、集中管理的数据库。因此，分布式数据库既允许局部的数据访问，又实行全局管理。用户可以方便地随时随地访问信息而不必关心数据存放的地点及存取方法。

9.3.2 并行数据库系统

随着全球信息化，数据库技术的应用领域不断扩大。大数据时代的数据库系统需要管理的数据量与规模急剧增加，传统的数据库系统难以支持海量数据查询与海量事务处理。多处理机并行处理技术，可以明显提高处理速度与能力。因此，将数据库技术与并行处理技术相结合，形成能满足应用需求的并行数据库系统成为一种自然选择。

并行数据库技术的研究源于20世纪70年代，主要研究关系代数操作的并行化和实现关系操作的专用硬件。80年代，并行数据库技术的研究主要集中在并行数据库的物理组织、操作算法、优化和调度策略上。90年代至今，一方面数据库规模在急剧膨胀，对于大多数组织机构，数据规模正从TB级上升到PB级甚至更高，而由于传统数据库系统固有的I/O瓶颈和CPU瓶颈，同时传统的大型计算机系统也缺乏支持高性能联机事务处理和复杂查询操作的能力，因此迫切需要设计支持海量数据处理和满足实时要求的高性能的数据库系统。另一方面，随着各种高性能的具有并行处理能力计算机系统，如对称多处理器（SMP）计算机、大规模并行处理（MPP）计算机等的研制与应用，以及采用相对廉价的机器通过网络互联组成的集群替代昂贵的并行机器，实现以较低的代价获得与并行机器相当的高性能计算机集群技术的发展和应用，使得并行数据库技术的研究与开发进入高速发展阶段。

并行数据库系统指建立在并行计算环境如集群系统的基础上，能提供海量数据存储与快速数据查询服务的数据库系统。集群系统指以并行计算和分布式计算为核心技术，利用计算机网络将一组高性能工作站或PC，有机结合为一个具有单一映象特性，能最大限度地消除系统瓶颈，统一调度，协调处理，实现高效并行处理的系统。

9.3.3 面向对象的数据库系统

数据库技术在商务数据处理上的巨大成功，促进了数据库应用扩展到许多新的应用领域，如多媒体技术应用、计算机网络、图像处理、空间信息科学、人工智能、计算机辅助设计和计算机辅助制造等。新的应用要求数据库系统能描述复杂的数据结构并处理海量的数据，而传统数据库系统难以胜任，因此人们将面向对象技术与数据库技术相结合形成了面向对象数据库以满足新的应用需求。

面向对象技术是20世纪80年代兴起的一种程序设计方法，是数据库技术与面向对象程序设计方法相结合的产物，它用对象来抽象描述世界中的客观实体。面向对象程序设计将数据和对于数据的操作封装在一起形成对象，借助对象、封装和继承机制实现对复杂对象和复杂数据模型的支持。面向对象数据库系统用类来表示复杂对象，用类中封装的方法来模拟复杂对象的行为。面向对象的能力扩展了数据库系统的应用领域。

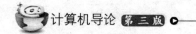

9.3.4 面向应用领域的数据库技术

随着计算机技术与数据库技术的不断发展，数据库技术的应用领域日益广阔，数据库技术应用到特定的领域中，结合应用领域的特点，形成了工程数据库、科学数据库、空间数据库等多种面向应用领域的数据库。

1）工程数据库

工程数据库是一种通过组织、存储和管理各种工程数据，为工程领域计算机辅助设计制造提供数据支持和相应服务的数据库。它应用于计算机辅助设计、计算机辅助制造等工程应用领域。工程数据库针对工程应用领域的特定需求，对工程数据进行处理，并提供相应的管理功能及良好的设计环境。工程数据库除了具有数据库系统的一般功能外，要解决的主要问题有：复杂的工程数据的表达和处理，大量工程数据的访问效率，数据库与应用程序的无缝连接等。为此，一个通用的工程数据库管理系统应具有如下功能。

（1）复杂工程数据的存储和管理。工程数据库系统应支持非结构化变长数据和特征数据等工程数据，管理多媒体信息。例如，在 CAD 设计过程中，除了用到由字符、数据等一般数据，还经常用到如设计规范、标准以及图形等复杂数据，对这些复杂的多关系数据要提供方便、灵活的存储和管理。

（2）数据库模式的动态变化与扩充。工程设计过程的特点使得数据库模式不能预先设定，而是随设计过程的扩展而不断变化与扩充。因此，工程数据库模式应具备动态变化与扩充能力，从而保证工程数据库既能管理暂时不一致的数据库状态，又能保持数据完整性和一致性。

（3）多版本管理和多库操作。工程设计过程具有探索性、反复性和继承性等特点，决定了一个设计中多种版本并存情况是常态。工程数据库系统应提供查询和存取各版本的方法。工程设计的过程多，工程数据库系统应支持动态设计，需要在系统各专业辅助设计模块间传送数据，提供多库操作功能，将各专业数据库、临时数据库及阶段设计库等进行存储与集成管理。

（4）工程长事务和嵌套事务的处理和恢复。工程事务过程具有长期性、协作性和试探性。例如，在 CAD 工程应用环境中，设计过程的某些事务要花费很长的时间进行处理，并且要为数据库中大量的数据提供一个单独的过程进行存取，因此，需要研究一种使工程事务分成若干段时间完成的方法，使之更适合 CAD 工程环境的事务处理。为支持工程事务的这些特点，应建立一套新的机制以支持工程事务的长期性和试探性特点，必须摒弃商务事务处理中简单的等待和放弃。既不能要求用户对合理申请进行长时间的等待，也不能简单地对失败的操作进行放弃。

（5）交互的用户接口和多用户工作。通常，一个大规模的工程需要许多设计人员分工协作。为提高工程设计质量，加快进度，必须开展并行作业，使若干设计人员既能够同时工作，又能够达到资源共享。为了及时传达设计人员的思想和意图，需要进行交互式工作。因此，工程数据库应具有交互的用户接口，随时提供数据与存储数据，并支持多用户并发。

从 20 世纪 90 年代至今，工程数据库不仅在技术上有了很大提高，还在各个工程领域的具体应用上得到了深入的发展。除了在工程数据库的传统应用领域，如汽车、船舶、航空工业中继续向大规模高复杂度上发展外，应用的范围还扩展到卫星定位、矿产资源、道路交通、能源环保、军事指挥等多领域。这不仅强化了工程数据库应用在国民经济中的作用，也深化了工程数据库的内涵，人们必须在更高层次上抽象工程数据库的数据模型，提出更先进的体系结构，以适应广泛的实际应用领域。

2）空间数据库

随着信息技术的飞速发展，越来越多的应用需要空间数据信息的支持，尤其是与空间和地理分布数据密切相关的地理信息系统（Geographic Information System，GIS）中，空间数据库作为 GIS 的核心，其性能的高效与否直接影响着地理信息系统的发展。

空间数据库是一个存储与管理空间数据以及相关非空间数据的数据库系统，空间数据库主要用以处理空间数据以及与空间位置相关的属性数据，提供空间查询和其他空间分析方法。空间数据库的种类很多，可分为观测数据库、地图数据库和遥感数据库等。

3）科学数据库

随着科学技术的快速发展，实验或观测数据量以前所未有的速度激增，形成了海量的科学数据。科学数据资源正日益成为支撑一个国家科技发展的重要基础性和战略性资源，科学数据在科研创新中发挥越来越重要的作用。由于科学数据的数据结构和使用模式具有自身的特点，商用数据库管理系统难以满足科学数据管理需求，应在分析科学数据的特点的基础上，分析和设计合适的科学数据库管理系统，以便有效管理复杂且海量的科学数据，以利于全球范围内科学数据的共享。

小　结

数据库技术是计算机科学技术中发展最快的领域之一，也是应用最广泛的技术之一，它已成为计算机信息与应用系统的核心技术和重要基础。

了解数据库、数据库管理系统、数据库系统等的基本概念，是深入学习数据库技术的基本前提，数据库的创建也必须遵循一定的设计原则和步骤。数据库系统的基本结构可分为单用户结构、主从式结构、分布式结构和客户/服务器结构。

习　题

一、名词解释

数据库，数据库管理系统，数据库系统，数据库管理员。

二、选择题

1. 数据库系统能实现对数据的查询、插入、删除和修改等操作，这种功能是（　　　）。

  A. 数据定义功能　　　　　　　　　B. 数据管理功能

  C. 数据操纵功能　　　　　　　　　D. 数据控制功能

2. 信息系统是一个人机系统，它由（　　　）组成。

  A. 人、计算机、程序

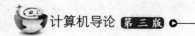

    B. 人、计算机硬件、软件和数据资源

    C. 人、数据资源

    D. 计算机硬件、软件和数据资源

3. 关系数据库中，实现实体之间的联系是通过表与表之间的（　　　　）。

    A. 公共索引　　　　　B. 公共存储　　　　　C. 公共元组　　　　　D. 公共属性

4. 关于数据库（DB）、数据库系统（DBS）和数据库管理系统（DBMS），以下（　　　　）描述是正确的。

    A. DBS 包括 DB 和 DBMS　　　　　　　B. DBMS 包括 DB 和 DBS

    C. DB 包括 DBS 和 DBMS　　　　　　　D. DBMS 是用于管理 DB 的软件

三、简答题

1. 数据管理技术的发展至今大致经历了哪三个阶段？

2. 数据库系统阶段数据管理具有什么特点？

3. DBMS 有哪些功能？

4. 简述 DBA 的主要职责。

Internet 和网页制作 ≪≪

内容介绍:

本章主要介绍计算机网络的基本概念,介绍了目前的 Internet 服务,特别介绍了 WWW 技术,并讲述了网页制作基本概念。学生可以通过简单的服务器网站配置和网页制作,了解网络基本原理和基本服务

计算机网络是人类在信息处理和信息传播领域中的最新成就之一,是计算机技术和通信技术相结合的产物。广域网的主要应用是 Internet,而 Internet 的基本概念、IP 地址和域名、Internet 的功能、与 Internet 的连接等,是 Internet 理论和应用的主要方面。网页设计和制作是 WWW 应用的基础。掌握网页制作和服务器配置是本章教学的一个重要实验环节。

本章重点:

* Internet 概述。
* Internet 基本服务。
* 网页制作。

10.1 Internet 概述

互联网是一个庞大而结构松散的网络,它是如何提供丰富的网络功能的呢?下面简单介绍互联网上信息的传递方式和网络协议体系,以便对互联网的工作方式有一个初步的了解。

传统的远距离人际信息交换通常可以通过电话和邮政两种方式。电话在拨通后,电话线路被通话双方独占,并通过计时收费;邮政则不同,用户的信函在邮寄时需要按一定的格式封装,通过许多邮局的转发,最后投递到收信者,其收费方式是根据信件重量和路程远近收费。在互联网中传递信息的方式类似于后者,封装好的信息称为分组,封装的格式在 IP 协议中进行规定。

分组在互联网中通过若干路由器的转发传递到目的地,这里的路由器起着邮局的作用,路由器之间的传输路径可以是专线、卫星信道、电话网,也可以是其他计算机网络,就像邮局之间的邮路可以是公路、铁路、航空或海运一样。路由器的一个重要作用是路由选择,即分组向目标传递过程中应向哪个路由器转发。一般信函在传递过程中不会一封信独占一辆邮车,总是和其他邮件共享一条邮路,互联网中的信道也是

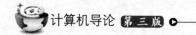

共享的。一台计算机上的信息通过互联网传到另一台计算机中，途中可能经过许多路由器和若干不同的网络与信道。

10.1.1　TCP/IP

从对网络体系结构的介绍中，可以看到现代的计算机网络都采用分层结构。信息在传递过程中，通信双方在同一层次上应遵循相同的协议，互联网也不例外。

互联网的 TCP/IP 协议组只有 3 层：应用层、传输层和互联网层。其中，应用层对应于 OSI 的会话层、表示层和应用层；传输层对应于 OSI 的传输层；互联网层对应于 OSI 的网络层。通过互联网层的 IP 协议可以方便地连接各种通信子网。互联网的协议体系中并没有对应于 OSI 的物理层和数据链路层的协议。

互联网协议体系的核心是 IP 协议，在其上运行的是两个传输层的协议 TCP 和 UDP。TCP 在数据传送前先建立连接，传送后再拆除连接，就像打电话要接通与挂断电话一样。这种方式能确保数据在传送过程中的按序到达，虽然较麻烦却比较可靠，这就是面向连接的方式。UDP 不需建立和拆除连接，每个数据报文分组都独立传送，这样就比较简单，但不能保证数据的按序到达，这是一种无连接方式。

TCP/IP 协议组中的应用层协议有很多，并随着互联网功能的扩展而不断加入新的内容。其中，远程通信协议（Telecommunication Network，TELNET）支持互联网的远程登录功能；文件传送协议（File Transfer Protocol，FTP）支持文件在互联网的计算机间相互传输；简单报文传送协议（Simple Message Transfer Protocol，SMTP）支持互联网的电子邮件功能；控制报文协议（Internet Control Message Protocol，ICMP）支持互联网中的主机或路由器能够及时报告系统差错或异常情况。另外，地址转换协议（Address Resolution Protocol，ARP）和反向地址转换协议（Reverse Address Resolution Protocol，RARP）支持互联网上的主机 IP 地址到网络中物理地址的转换。

10.1.2　IP 网络

为了保证连接在 Internet 上的每一台主机在通信时能相互识别，每一台主机都必须用一个唯一的地址来标识，这个地址称为 IP 地址。IP 地址是一个 32 位的二进制位串，不易记忆，因此通常用一个主机名字来代替 IP 地址，此名字称为主机的域名。

1. IP 地址

凡是连接到互联网上的所有主机都由一个唯一的 IP 地址来标识，更确切地说，在所有连接到互联网的主机中使用 TCP/IP 协议进行通信的网络适配器都有一个唯一的 IP 地址。当然，如果一台主机在限定的范围内使用 TCP/IP 协议进行通信，而并不连接到互联网上去，那么它的 IP 地址只需在本地网络中是唯一的。所有的 IP 地址都是 32 位二进制数，可分成 4 个 8 位的组，每组用一个十进制数标识，这 4 个十进制数之间用圆点（.）隔开，如 202.36.91.51。

一个 IP 地址由两部分组成：网络部分和主机部分。网络部分表示在一个物理子网内，每一个物理子网都有一个唯一的网络地址。主机部分表示在一个子网中的某一台计算机或网络设备。在一个网络地址范围内，没有相同的主机地址。

在互联网中的 IP 地址分为 5 类：A 类、B 类、C 类、D 类和 E 类。其中 A、B、C 三种是已经被使用的，而 D 和 E 类留作特殊用途。在 IP 地址的网络部分中，前几个比特用来表示网络的类型。这 5 种类型的地址表示方式如表 10-1 所示。在 A 类地址中，网络号 0 和 127 留作专用地址，网络号 0 是默认路由，网络号 127 是回送地址，它是本地主机在对自己寻址时使用的。

表 10-1 IP 地址类型

类　　型	类标志	网络地址位数	主机地址位数	地址范围
A	1	7	24	0.0.0.0～127.0.0.0
B	10	14	16	128.0.0.0～191.0.0.0
C	110	21	8	192.0.0.0～223.0.0.0
D	1110	—	—	—
E	11110	—	—	—

地址格式分别允许最多 126 个有 1600 万主机的网络；16 382 个有 64K 主机的网络；200 万个有 254 个主机的网络。对于多点播送的主机，数据报可以直接发往多点播送主机。以 11110 开始的地址保留将来使用。如今成千上万的网络连上了互联网，而且这个数字每年都在翻番。网络号由网络信息中心（Network Information Center，NIC）分配，以避免冲突。

2．域名系统

由于 IP 地址最多可由 12 位十进制数字组成，要记住这样的地址对人来说很不方便，因此，Internet 提供了"标准名称"寻址方案。域名系统（DNS）用于将计算机的 IP 地址映射为相应的更直观方便、规范的 DNS 域名，一台计算机的 DNS 域名由计算机名、所属的子域（Subdomain）名和该子域所属的上一层子域名或域名（Domain）组成。

例如，假设一台计算机的 DNS 域名为 ecust.edu.cn，则在该 DNS 域名中，ecust 是该计算机的主机名；edu（教育机构，Educational Institution）是子域名，它是该名为 ecust 的计算机所在网络所属的机构名称；cn 则为主域名，它表示 edu 子域所代表的国家和地区（China）。在 Internet 网络上，对于不同类型的组织和机构以及国家和地区，都统一指定了顶级域名。

10.1.3 接入因特网

接入 Internet 有两种常用的方式，即专线方式和拨号方式。对于学校、企事业单位或公司的用户来说，专线接入是常见的接入方式，专线接入一般是指通信线路（如双绞线、电缆、光缆）将计算机接入已经与 Internet 相连的局域网络中。对于个人或家庭用户而言，拨号 PPP 方式是目前最流行的接入方式。

接入 Internet 按用户使用的网络类型又可以分为仿真终端方式拨号入网、主机方式拨号入网、局域网方式入网和广域网方式入网等 4 种。

1．终端方式入网

利用微机上的仿真软件 Telnet、Hyper Terminal、Kermit、Telix 等，把微机仿真成主机的终端，其功能与真正的终端完全一样。这种方式价格最低，对微机的性能要求也不高。这种入网方式的最大优点是简单易行，除了具有终端仿真功能的通信软件之外，不需要任何其他附加软件；缺点是因为没有自己的 IP 地址，所以无法使用一些高级的用户接口软件（如 Internet Explorer）。由于此时用户的计算机仅仅仿真了一台字符终端，并不是 Internet 上的主机，所以不具有图形能力，只能进行文本资料查询和交互；此外，接收的电子邮件和通过 FTP 取得的文件均存放在主机上，不能直接传输到自己的微机上。若想把文件放在自己微机的硬盘上或打印出来，还需要利用下载协议（Download Protocol）把文件下载到微机上。这种入网方式广泛应用在电子公告栏（Bulletin Board System，BBS）、远程登录、联合售票系统等领域。

2．主机方式入网

个人或家庭用户利用电话、有线电视等通信线路把计算机连接到 Internet，通常被称为主机拨号入网，简称主机入网方式。

1）电话拨号

利用"串行线互联协议"（Serial Line Internet Protocal，SLI）或"点对点协议"（Point to Point Protocal，PPP），通过拨号电话线，借助公用交换电话网 PSTN，可把微机和主机连接起来。SLIP 是一种比较老式的连接方式，PPP 是一种比较新的连接方式，两者在功能上没有太大的区别。采用这两种方式入网的好处是每台机器有独立的 IP 地址，因而可以作为一台 Internet 上的主机访问和共享网上资源。

通过电话拨号入网首先需要进行软硬件准备。在硬件设备上，用户的计算机通过串行端口与调制解调器连接，调制解调器再接上电话线路。在软件上，计算机安装调制解调器的驱动程序、TCP/IP 的驱动程序以及准备使用的 Internet 应用程序等。这种连接方式的传输速率一般比较低，范围在 9.6～56 kbit/s 之间，经 Modem 硬件压缩后，速率可达 111.2 kbit/s。

2）不对称数字用户线

不对称式数字用户线（Asymmetric Digital Subscriber Line，ADSL）是数字用户线 xDSL 的一部分.xDSL 是 ADSL、SDSL、HDSL、IDSL 和 VDSL 技术的总称，它也是一种调制技术，利用普通电话进行高速数据传输。ADSL 能在现有电话线上传输高宽带数据以及多媒体和视频信息，并且允许数据和语音在一根电话线上同时传输，它是单个计算机告诉接入网络的最新技术。ADSL 技术提供了数据传输速率是不对称的，下行速率是 1.5～8 Mbit/s，而上行速度最高只有 1 Mbit/s。ADSL 最大传输距离为 1.5 km。

3）Cable Modem

Cable Modem 是一种以有线电视使用的宽带同轴电缆作为传输介质，利用有线电视网（CATV）提供高速的数据传输的入网连接技术。Cable Modem 除了提供视频信号业务外，还能提供语音、数据等宽带多媒体信息业务。这种技术也具有不对称的特性，上行速率是 768 kbit/s，下行速率最高可以达到 38 Mbit/s。

3．局域网方式入网

如果本地的微机较多而且有很多用户都需要同时使用 Internet，可以把这些微机组成一个局域网，再把网络服务器连接到某台 Internet 的主机上，从而使整个局域网上的所有机器均与 Internet 连接。这种方式是一种比较经济的多用户系统，而且局域网上的多个用户可以通过代理服务器（Proxy Server）共享一个与 Internet 的连接，即一个 IP 地址。此时，局域网成为一个内部网，每个用户具有动态或指定的内部网 IP 地址。

局域网入网可根据连接 Internet 的方式不同，分为局域网拨号入网和局域网专线入网两种。就目前而言，使用专线方式入网更为普遍，连接如图 10-1 所示。

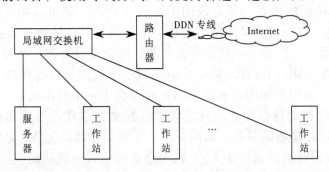

图 10-1　局域网通过 DDN 专线接入 Internet

4．广域网方式入网

Internet 是最大的广域网，是一个网络中嵌套着网络的架构。从整体上看，所有构成 Internet 的网络都可以看成 Internet 的子网。按照网络的地址的分类，构成 Internet 子网的网络可以是 A、B、C 三类。由于 Internet 的网络拓扑结构属于层次结构（Hierachical Structure），所以这些子网还可以进一步分割成若干子网。

子网与 Internet 的连接涉及一系列比较复杂的技术问题，包括通信量的估算、通信方式的选择、路由器参数的确定、域名服务器的建立以及路由协议的选择等。在此，仅介绍有关子网与 Internet 主机的大致连接过程

（1）申请一个唯一的子网地址，即向取得网络地址分配代理资格和 Internet 服务提供商（ISP）申请一个子网地址。

（2）建立一个域名服务器并把该域名服务器与上级域名服务器连接起来。当该子网的下面还有子网，下级子网的域名服务器也要用同样的方法与该域名服务器建立联系。域名服务器主要用来管理网上所有主机的 IP 地址和域名，并进行两者之间的双向转换。

（3）确定子网进入 Internet 的连接点（即已经与 Internet 连接的主机）。Internet 在路由器的安装上有一个基本的原则，那就是一个子网与 Internet 只能有一个物理连接点。

（4）与有关 Internet 主机的系统管理人员协商路由器的安装细节，并进行路由器的测试。

（5）在自己的主机上安装连接 Internet 所需的软件并进行测试。这些软件中包含

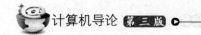

不可缺少的 TCP/IP 协议包,此外还有使用或提供各种 Internet 服务的客户程序和服务程序。

10.1.4　Web 服务和移动互联网

Web Service 是一个平台独立的,低耦合的,自包含的、基于可编程的 Web 的应用程序,可使用开放的 XML(标准通用标记语言下的一个子集)标准来描述、发布、发现、协调和配置这些应用程序,用于开发分布式的互操作的应用程序。

Web Service 技术能使得运行在不同机器上的不同应用无须借助附加的、专门的第三方软件或硬件,就可相互交换数据或集成。依据 Web Service 规范实施的应用之间,无论它们所使用的语言、平台或内部协议是什么,都可以相互交换数据。Web Service 是自描述、自包含的可用网络模块,可以执行具体的业务功能。Web Service 也很容易部署,因为它们基于一些常规的产业标准以及已有的一些技术,如标准通用标记语言下的子集 XML、HTTP。Web Service 减少了应用接口的花费。Web Service 为整个企业甚至多个组织之间的业务流程的集成提供了一个通用机制。

移动互联网将移动通信和互联网二者结合起来,是移动通信和互联网融合的产物,继承了移动随时随地随身和互联网分享、开放、互动的优势,是整合二者优势的"升级版本",即运营商提供无线接入,互联网企业提供各种成熟的应用。例如,dropbox,uDrop 这类应用就是典型的移动互联网应用。

在我国互联网的发展过程中,PC 互联网已日趋饱和,移动互联网却呈现井喷式发展。随着移动终端价格的下降及 Wi-Fi 的广泛铺设,移动网民呈现爆发趋势。

移动互联网(MobileInternet,MI)是一种通过智能移动终端,采用移动无线通信方式获取业务和服务的新兴业务,包含终端、软件和应用 3 个层面。终端层包括智能手机、平板电脑、电子书、MID 等;软件包括操作系统、中间件、数据库和安全软件等。应用层包括休闲娱乐类、工具媒体类、商务财经类等不同应用与服务。随着技术和产业的发展,LTE(长期演进,4G 通信技术标准之一)和 NFC(近场通信,移动支付的支撑技术)等网络传输层关键技术也将被纳入移动互联网的范畴之内。

随着宽带无线接入技术和移动终端技术的飞速发展,人们迫切希望能够随时随地乃至在移动过程中都能方便地从互联网获取信息和服务,移动互联网应运而生并迅猛发展。然而,移动互联网在移动终端、接入网络、应用服务、安全与隐私保护等方面还面临着一系列的挑战。其基础理论与关键技术的研究,对于国家信息产业整体发展具有重要的现实意义。《计算机学报》刊登的《移动互联网:终端、网络与服务》一文,从移动终端、接入网络、应用服务及安全与隐私保护 4 个方面对移动互联网的研究进展进行阐述与分析,并对未来的研究方向进行了展望。

10.2　因特网服务

10.2.1　Internet 服务

Internet 服务指的是为用户提供的互联网服务,通过 Internet 服务可以进行互联网

访问，获取需要的信息。WWW（World Wide Web）的含义是"环球网"俗称"万维网"或 3W 或 Web。WWW 是一个基于超文本（Hypertext）方式的信息检索服务工具。

Internet 之所以受到广泛的欢迎并得以飞速发展，一个很重要的原因就是其提供了丰富的网络服务功能，包括远程登录、文件传送、收发电子邮件、共享消息与新闻以及各种查询和浏览服务等。

1．远程登录（Telnet）

用户利用此功能可把自己的计算机变成远离本地的另一台主机的远程终端，使用该主机的任何资源，进行信息处理，甚至不管自己是什么操作系统，可使用远程主机的操作系统。

以前，很少有人买得起计算机，更甭说买功能强大的计算机了。所以那时的人采用一种叫做 Telnet 的方式来访问 Internet，也就是把自己的低性能计算机连接到远程性能好的大型计算机上，一旦连接上，他们的计算机就仿佛是这些远程大型计算机上的一个终端，自己就仿佛坐在远程大型机的屏幕前一样输入命令，运行大机器中的程序。人们把这种将自己的计算机连接到远程计算机的操作方式称为登录，称这种登录的技术为 Telnet（远程登录）。

Telnet 是 Internet 的远程登录协议的意思，它让你坐在自己的计算机前通过 Internet 网络登录到另一台远程计算机上，这台计算机可以在隔壁的房间里，也可以在地球的另一端。当登录上远程计算机后，自己的计算机就仿佛是远程计算机的一个终端，就可以用自己的计算机直接操纵远程计算机，享受远程计算机本地终端同样的权力。用户可在远程计算机启动一个交互式程序，可以检索远程计算机的某个数据库，可以利用远程计算机强大的运算能力对某个方程式求解。

但现在 Telnet 已经越用越少了。主要有如下三方面原因：

（1）个人计算机的性能越来越强，致使在别人的计算机中运行程序要求逐渐减弱。

（2）Telnet 服务器的安全性欠佳，因为它允许他人访问其操作系统和文件。

（3）Telnet 使用起来不是很容易，特别是对初学者。

但是 Telnet 仍然有很多优点，例如，可以通过 Telnet 使用 Internet 上所提供的所有服务。

Telnet 的主要用途是使用远程计算机上所拥有的信息资源，如果主要目的是在本地计算机与远程计算机之间传递文件，则使用 FTP 会有效得多。

当用 Telnet 登录进入远程计算机系统时，事实上启动了两个程序：一个叫 Telnet 客户程序，它运行在本地机上；另一个叫 Telnet 服务器程序，它运行在远程计算机上，本地机上的客户程序要完成如下功能：

（1）建立与服务器的 TCP 连接。

（2）从键盘上接收输入的字符。

（3）把输入的字符串变成标准格式并送给远程服务器。

（4）从远程服务器接收输出的信息。

（5）把该信息显示在本地机的屏幕上。

远程计算机的"服务"程序通常被称为"精灵",它平时不声不响地候在远程计算机上,一接到你的请求,它马上活跃起来,并完成如下功能:

（1）通知本地机,远程计算机已经准备好了。

（2）等候输入命令。

（3）对命令做出反应（如显示目录内容,或执行某个程序等）。

（4）把执行命令的结果送回给本地机。

（5）重新等候命令。

在 Internet 中,很多服务都采取这样一种客户机/服务器结构。对 Internet 的使用者来讲,通常只要了解客户端的程序就够了。

利用 Windows 的 Telnet 客户程序进行远程登录,步骤如下:

（1）连接到 Internet。

（2）选择"开始"→"运行"命令,或者是选择"程序"→"MS-DOS 提示方式"便可转换至命令提示符下。

（3）在命令提示符下,按下列两种方法中的任一种与 Telnet 连接。

一种方法是,输入 telnet 命令、空格以及相应的 telnet 的主机地址。如果主机提示输入一个端口号,则可在主机地址后加上一个空格,再紧跟上相应的端口号。然后按 Enter 键。

另一种方法是,输入 telnet 命令并按 Enter 键,打开 Telnet 主窗口。在该窗口中选择"连接"下的"远程系统",如有必要,可以在随后出现的对话框中输入主机名和端口号,然后单击"连接"按钮。

（4）与 Telnet 的远程主机连接成功后,计算机会提示输入用户名和密码,若连接的是 BBS、Archie、Gopher 等免费服务系统,则可以通过输入 bbs、archie 或 gopher 作为用户名,就可以进入远程主机系统。

至此,Telnet 已经架起了通向远程主机的桥梁。

2．文件传输（FTP）

如果用户想得到万里之外的某台计算机上的信息资源 ,那么可以使用 FTP。提供 FTP 服务的是 Internet 上的成千上万的 FTP 服务器。这些服务器像一个个大宝库,软件、图像、声音、百科全书应有尽有,只要用户连通这些 FTP 服务器就可以将服务器上的资源下载到自己的计算机上。

FTP 曾经是 Internet 中的一种重要的交流形式。用户常常用它来从远程主机中复制所需的各类软件。

与大多数 Internet 服务一样,FTP 也是一个客户机/服务器系统。用户通过一个支持 FTP 协议的客户机程序,连接到在远程主机上的 FTP 服务器程序。用户通过客户机程序向服务器程序发出命令,服务器程序执行用户所发出的命令,并将执行的结果返回客户机。例如,用户发出一条命令,要求服务器向用户传送某一个文件的一份副本,服务器会响应这条命令,将指定文件送至用户的机器上。客户机程序代表用户接收到这个文件,将其存放在用户目录中。

在 FTP 的使用当中,用户经常遇到两个概念:下载（Download）和上传（Upload）。

下载文件就是从远程主机复制文件至自己的计算机上；上传文件就是将文件从自己的计算机中复制至远程主机上，即用户可通过客户机程序向（从）远程主机上载（下传）文件。

使用 FTP 时必须首先登录，在远程主机上获得相应的权限以后，方可上载或下载文件。也就是说，要想同哪一台计算机传送文件，就必须具有哪一台计算机的授权。换言之，除非有用户 ID 和口令，否则便无法传送文件。这种情况违背了 Internet 的开放性，Internet 上的 FTP 主机何止千万，不可能要求每个用户在每一台主机上都拥有账号。匿名 FTP 就是为解决这个问题而产生的。

匿名 FTP 是这样一种机制，用户可通过它连接到远程主机上，并从其下载文件，而无须成为其注册用户。系统管理员建立了一个特殊的用户 ID，名为 anonymous，Internet 上的任何人在任何地方都可使用该用户 ID。

通过 FTP 程序连接匿名 FTP 主机的方式同连接普通 FTP 主机的方式差不多，只是在要求提供用户标识 ID 时必须输入 anonymous，该用户 ID 的口令可以是任意的字符串。习惯上，用自己的 E-mail 地址作为口令，使系统维护程序能够记录下来谁在存取这些文件。

值得注意的是，匿名 FTP 不适用于所有 Internet 主机，它只适用于那些提供了这项服务的主机。

当远程主机提供匿名 FTP 服务时，会指定某些目录向公众开放，允许匿名存取。系统中的其余目录则处于隐匿状态。作为一种安全措施，大多数匿名 FTP 主机都允许用户从其下载文件，而不允许用户向其上传文件，也就是说，用户可将匿名 FTP 主机上的所有文件全部复制到自己的机器上，但不能将自己机器上的任何一个文件复制至匿名 FTP 主机上。即使有些匿名 FTP 主机确实允许用户上载文件，用户也只能将文件上载至某一指定上载目录中。随后，系统管理员会去检查这些文件，他会将这些文件移至另一个公共下载目录中，供其他用户下载，利用这种方式，远程主机的用户得到了保护，避免了有人上传有问题的文件，如带病毒的文件。

作为一个 Internet 用户，可通过 FTP 在任何两台 Internet 主机之间复制文件。但是，实际上大多数人只有一个 Internet 账户，FTP 主要用于下载公共文件，例如共享软件、各公司技术支持文件等。

Internet 上有成千上万台匿名 FTP 主机，这些主机上存放着数不清的文件，供用户免费复制。实际上，几乎所有类型的信息，所有类型的计算机程序都可以在 Internet 上找到。

匿名 FTP 使用户有机会存取到世界上最大的信息库，这个信息库是日积月累起来的，并且还在不断增长，永不关闭，涉及几乎所有主题。而且，这一切是免费的。

匿名 FTP 是 Internet 网上发布软件的常用方法。Internet 之所以能延续到今天，是因为人们使用通过标准协议提供标准服务的程序。像这样的程序，有许多就是通过匿名 FTP 发布的，任何人都可以存取它们。

Internet 中的有数目巨大的匿名 FTP 主机以及更多的文件，那么到底怎样才能知道某一特定文件位于哪个匿名 FTP 主机上的哪个目录中呢？这正是 Archie 服务器所要完成的工作。Archie 将自动在 FTP 主机中进行搜索，构造一个包含全部文件目录信息的数据库，使用户可以直接找到所需文件的位置信息。

3. 电子邮件（E-mail）

电子邮件是用户在 Internet 或企业局域网中进行相互通信的一种方法。利用电子邮件除了可与同一计算机网络中的用户通信外，还可以与不同计算机网络系统的用户进行通信。通过 Internet，世界各地的用户都可以利用电子邮件快速交换信息。

与常规信函相比，E-mail 地址是以域名为基础的，如 top@online.sh.cn 就是用户 top 在上海热线的 E-mail 地址。它由两部分组成，用户名 top 和域名 online.sh.cn。

电子邮件（E-mail）是指 Internet 上或常规计算机网络上的各个用户之间，通过电子信件的形式进行通信的一种现代邮政通信方式。

电子邮政最初是作为两个人之间进行通信的一种机制来设计的，但目前的电子邮件已扩展到可以与一组用户或与一个计算机程序进行通信。由于计算机能够自动响应电子邮件，任何一台连接 Internet 的计算机都能够通过 E-mail 访问 Internet 服务。电子邮件成为 Internet 上使用最为广泛的服务之一。

事实上，电子邮件是 Internet 最为基本的功能之一，在浏览器技术产生之前，Internet 网上用户之间的交流大多是通过 E-mail 方式进行的。

尽管电子邮件是 Internet 的最常见的服务，但不使用 Internet 也能收发电子邮件。早期通过计算机网络进行工作的研究人员，在工作中意识到通过网络可以提供一种将电话通信与邮政信件相结合的通信手段，最终产生了这种全新的通信方式即电子邮件。世界上许多公司和机构每天都要使用电子邮件，但他们可能只是利用局域网与其他计算机连接，并通过这些网络传输电子邮件。当然在局域网环境中可以收发电子信件的只有那些与局域网联机的用户，而一旦局域网与 Internet 连接，则该局域网上的每个用户就可以跨越时空，与遍布全球各地的 Internet 用户进行电子邮件的收发。

E-mail 与传统的通信方式相比有着巨大的优势，它所体现的信息传输方式与传统的信件有较大的区别：

（1）发送速度快：电子邮件通常在数秒钟内即可送达至全球任意位置的收件人信箱中，其速度比电话通信更为高效快捷。如果接收者在收到电子邮件后的短时间内做出回复，往往发送者仍在计算机旁工作的时候就可以收到回复的电子邮件，接收双方交换一系列简短的电子邮件就像一次次简短的会话。

（2）信息多样化：电子邮件发送的信件内容除普通文字内容外，还可以是软件、数据，甚至是录音、动画、电视或各类多媒体信息。

（3）收发方便：与电话通信或邮政信件发送不同，E-mail 采取的是异步工作方式，它在高速传输的同时允许收信人自由决定在什么时候、什么地点接收和回复，发送电子邮件时不会因"占线"或接收方不在而耽误时间，收件人无须固定守候在线路另一端，可以在用户方便的任意时间、任意地点，甚至是在旅途中收取 E-mail，从而跨越了时间和空间的限制。

（4）成本低廉：E-mail 最大的优点还在于其低廉的通信价格，用户花费极少的费用即可将重要的信息发送到远在地球另一端的用户手中。

（5）更为广泛的交流对象：同一个信件可以通过网络极快地发送给网上指定的一个或多个成员，甚至召开网上会议进行互相讨论，这些成员可以分布在世界各地，但发送速度则与地域无关。与任何一种其他的 Internet 服务相比，使用电子邮件可以与更多的人进行通信。

（6）完全：E-mail 软件是高效可靠的，如果电子邮件在一段时间之内无法递交，电子邮件会自动通知发信人。作为一种高质量的服务，电子邮件是安全可靠的高速信件递送机制，Internet 用户一般只通过 E-mail 方式发送信件。

4．网络新闻（News）

网络新闻是计算机网络环境一个非常普及的应用。它是一个世界范围的新闻组系统，也常被称为 USENET。

5．文件查询（Archie）

Archie 是为用户提供的一种在 Internet 上搜索资源的服务。Internet 是资源的海洋，很多人上网的主要目的就是获得这些资源。FTP 可以帮助我们取得万里之外的文件。但是，在获取这些资源之前，首先面对的一个问题是这些资源在哪里。Internet 上有数百万台的计算机，在这众多的计算机中寻找某个文件，就像大海捞针。Archie 可以帮助用户迅速地找到所需要的资源。

Internet 中有许多 Archie 服务器，它们收集了各种资源的地址，供用户查找。

6．全球超媒体信息浏览（WWW）

WWW 是建立在客户机/服务器模型之上，以 HTML 和 HTTP 协议为基础，能够提供面向各种 Internet 服务的、用户界面一致的全球超媒体信息浏览系统。其中 WWW 服务器利用超文本来链接信息页，这些信息页既可放置在同一主机上，也可以放在不同地理位置的不同主机上。文本的链接由统一资源定位器 URL 来确定。WWW 客户端软件则负责如何显示收到的信息和向服务器发送请求。

WWW 服务的特点在于高度的集成化，能把各种类型的信息和服务有机连接，提供生动的图形用户界面。WWW 为全世界的人们提供了查找和共享信息的完美手段，是人们进行动态多媒体交互的最佳方式。

WWW 服务通过客户端程序进行访问，这种程序称为 Browser（浏览器），目前用得最多的浏览器是 Microsoft 公司的 Internet Explorer。

WWW 是由欧洲粒子物理实验室（CERN）研制的，将位于全世界 Internet 上不同地点的相关数据信息有机地编织在一起。WWW 提供友好的信息查询接口，用户仅需要提出查询要求，而到什么地方查询及如何查询则由 WWW 自动完成。因此，WWW 带来的是世界范围的超级文本服务：只要操作鼠标，就可以通过 Internet 从全世界任何地方调来所希望得到的文本、图像（包括活动影像）和声音等信息。另外，WWW 还可提供"传统的" Internet 服务：Telnet、FTP、Gopher 和 Usenet News（Internet 的电子公告牌服务）。

WWW 的成功在于它制定了一套标准的、易为人们掌握的超文本开发语言 HTML、信息资源的统一定位格式 URL 和超文本传送通信协议 HTTP。

10.2.2 搜索引擎

搜索引擎（Search Engine）是指根据一定的策略、运用特定的计算机程序从互联网上搜集信息，在对信息进行组织和处理后，为用户提供检索服务，将用户检索相关的信息展示给用户的系统。搜索引擎包括全文索引、目录索引、元搜索引擎、垂直搜索引擎、集合式搜索引擎、门户搜索引擎与免费链接列表等。

一个搜索引擎由搜索器、索引器、检索器和用户接口4个部分组成。搜索器的功能是在互联网中漫游，发现和搜集信息。索引器的功能是理解搜索器所搜索的信息，从中抽取出索引项，用于表示文档以及生成文档库的索引表。检索器的功能是根据用户的查询在索引库中快速检出文档，进行文档与查询的相关度评价，对将要输出的结果进行排序，并实现某种用户相关性反馈机制。用户接口的作用是输入用户查询、显示查询结果、提供用户相关性反馈机制。

Internet 上的信息资源很丰富，丰富得让人有点儿无所适从，尤其是对那些刚刚踏入 Internet 这个网络世界里来的生手，更是难以理出头绪。有人比喻 Internet 上的信息就如同许多堆杂乱无章的书籍，只是在每堆书籍上列出此堆书籍中涉及的内容及书名，但要找到具体书籍则需自己不辞劳苦地一一查找了。

毋庸置疑，Internet 上众多的信息资源中肯定有所需的信息，若清楚信息的存放地址，通过在线获取这些信息是快捷而便利的，关键是如何找到这些信息。

在 Internet 上查找信息的途径有很多种，可大致分为以下几种：

（1）偶然发现。这是在 Internet 中发现信息的原始方法。当在 Internet 上遨游之时，也许会意外发现一些很有用的信息。由于这种方法的不可预见性，所以它也很有乐趣，但也许会一无所获。

（2）浏览（Browsing）。浏览就如同走进图书馆的书库，然后在书架上直接翻看一样。目前 Internet 上提供的 Gopher 服务就是这种方法的电子等价物。WWW 提供的超文本方式可以看作浏览的一种特殊形式。

（3）搜索（Searching）。搜索就像通过索引或分类卡片来帮助查找一样。在 Internet 中有许多不同类型的搜索工具，如 WAIS、Archie、Veronia、Jughead 等，它们都有各自不同的搜索目的。还有许多网点则提供给用户一种组合式的搜索界面。

（4）通过资源指南（Resource Guide）来查找相应的信息。目前 Internet 上有许多资源指南。如 http://www.rpi.edu/Internet/Guides/decemj/icmc/toc3.html 就是一个资源指南，它搜索了关于 Internet 各种技术、文化、组织、应用等大量的信息指针。用户可利用这些指针进行资源引导。但是应注意 Internet 上的信息变化极快，几乎每6个月就需对这些信息进行更新，参照的资源指南可能已经过时。

Internet 上提供了成千上万个信息源和各种各样的信息服务，而且信息源和服务种类、数量还在不断、快速地增长。对这些信息源和服务，由于时间、精力和财力限制，不可能一一尝试。上面提到的偶然发现和浏览两种方法虽然在某些场合下十分有效，但有时花费时间、效益比可能不会令人太满意，而使用搜索方法则可缩小查找范围，达到事半功倍的效果。具体步骤：

1）制定信息搜索策略。在 Internet 上进行信息搜索时，建议采取以下几个策略：

（1）确定提供相关信息的优秀信息源。

（2）检查信息源所提供的信息粒度是否适中，所提供的信息量是否合适。信息量太多，冗而杂，搜索不便，信息量太少，则搜索不到足够的信息。

（3）研究信息源所提供的搜索命令及搜索方法，制订搜索计划，然后开始进行搜索。

2）确定信息源。确定信息源是很关键的一步。下面介绍几个优秀的搜索网点。

（1）http://www.altavista.digital.com。该网点是数字设备公司（Digital Equipment Corp）无偿提供的 Altavista 服务。该网点对上百万个 Web 主页建立了索引。并且包含了 13 000 多个实时更新的 Usenet 新闻组的全文索引。它的优势在于：它允许把搜索对象的范围限制在一个时间段内，而且可以使用 AND、OR、NOT 及 NEAR 等关键字把词与短句结合起来，组成搜索条件。

（2）http://www.infoseek.com。该网点是 WWW 上的一个商业服务。它提供了 100 多种计算机出版物，13 000 个 Internet 新闻组（分两个新闻集合：本周发布的新闻和前 4 周发布的新闻）20 万个 WWW 及邮件清单目录，这个网点所提供的 Web 搜索服务是免费的。数据库中包括一些公司简介、电影及录像评述、书讯、音乐唱片评述和技术支持信息（其中包括 100 多家计算机杂志多年出版的文章及摘要信息）。对这些信息的查询可用自然英语，也可通过输入关键字或短语来进行查找。

对于各个服务网点，具体搜索起来还有许多实际问题。因为不同网点提供搜索服务的实现方法不同，目前没有一个对所有在线服务都是行之有效的、简单的搜索规则。对某一服务来说是很好的方法，也许对另一个服务来说则是完全无用的。

许多服务在线提供完全的搜索命令文档。当用户使用某一网点进行搜索时，应该先研究一下此服务提供的搜索命令、搜索方法及它的特色，这样才能明确如何在其上进行搜索并充分利用该网点的优势。例如，有些搜索网点允许用户在新一轮的搜索中利用上一次的搜索条件。当第一次搜索结果中满足条件的记录很多时，就可以通过增加条件进行第二次搜索，这样能够节省大量的精力。

在搜索过程中，输入搜索条件是最关键的一步。若用户对自己输入条件所期望的含义与搜索网点"理解"的含义不同，则所得到的搜索结果就会与自己希望得到的相差甚远。当刚开始涉足某一服务搜索信息时，建议搜索者用不同单词进行试验性搜索，然后研究搜索结果的前 5～10 个记录，注意它们的信息头及索引，通过这种方式就可大致了解这种服务的索引项是如何组织的，下一步就清楚该用什么关键词来搜索自己想要的信息了。

不同网点所提供的搜索机制不同。布尔搜索是较普遍的一种机制。它使用 AND、OR、NOT 三个布尔操作符来组合搜索项。使用 AND 操作符组合的搜索项，每个项都必须出现在搜索结果中。使用 OR 操作符组合的搜索项，任一项出现在文档中，都是符合条件的。使用 NOT 操作符时一定要注意，它也许会把所希望查到的结果给筛选出去。

除了布尔搜索机制外，许多在线服务提供了一些其他搜索机制。如自然语言搜索、相关等级搜索、概念搜索等。相关等级搜索与 AND 搜索类似，但同时它利用了 OR 搜索的一些优点。在搜索串出现的所有项不需要同时出现在某一搜索结果中。如前面提到的 Altavista 服务就提供了增强型的相关等级搜索机制。

有些服务还提供了对特殊型信息的搜索。如 Altavista 向用户提供了对 URL 或超链（hyperlink）进行搜索。例如，若输入查询条件"+link:eunet.no/-presno/-url:enuet.no/-presno/"，就会查出位于其他 Web 服务器上包含指向此主页指针的主页，并排除此主页本身所位于的 URL。"-"操作符的作用类似于 NOT，link:意指 Web 服务器上的指针，url:指 URL 地址。

10.3 网页制作

10.3.1 概述

HTML（Hyper Text Mark-up Language）即超文本置标语言，是 WWW 的描述语言，由 Tim Berners-Lee 提出。设计 HTML 的目的是能把存放在一台计算机中的文本或图形与另一台计算机中的文本或图形方便地联系在一起，形成有机的整体，人们不用考虑具体信息是在当前计算机上还是在网络的其他计算机上。只要使用鼠标在某一文档中单击一个图标，Internet 就会马上转到与此图标相关的内容上去，而这些信息可能存放在网络的另一台计算机中。

HTML 文本是由 HTML 命令组成的描述性文本，HTML 命令可以说明文字、图形、动画、声音、表格、链接等。HTML 的结构包括头部（Head）、主体（Body）两大部分。头部描述浏览器所需的信息，主体包含所要说明的具体内容。

10.3.2 URL

URL（Uniform Resource Locator，统一资源定位器）是 WWW 页的地址，它从左到右由下述部分组成：

（1）Internet 资源类型（scheme）：指出 WWW 客户程序用来操作的工具。如"http://"表示 WWW 服务器，"ftp://"表示 FTP 服务器，"gopher://"表示 Gopher 服务器。

（2）服务器地址（host）：指出 WWW 页所在的服务器域名。

（3）端口（port）：有时（并非总是这样）对某些资源的访问，需给出相应的服务器提供端口号。

（4）路径（path）：指明服务器上某资源的位置（其格式与 DOS 系统中的格式一样，通常有目录/子目录/文件名这样结构组成）。与端口一样，路径并非总是需要的。

URL 地址格式排列为：scheme://host:port/path。例如，http://www.cnd.org/pub/HXWZ 就是一个典型的 URL 地址。客户程序首先看到 http（超文本传送协议），便知道处理的是 HTML 链接。接下来的 www.cnd.org 是站点地址，最后是目录 pub/HXWZ。又如，ftp://ftp.cnd.org/pub/HXWZ/cm9612a.GB，WWW 客户程序需要用 FTP 进行文件传送，站点是 ftp.cnd.org，然后去目录 pub/HXWZ 下，下载文件 cm9612a.GB。如果上面的 URL 是 ftp://ftp.cnd.org:8001/pub/HXWZ/cm9612a.GB，则 FTP 客户程序将从站点 frp.cnd.org 的 8001 端口连入。必须注意，WWW 上的服务器都是区分大小写字母的，所以，要注意正确的 URL 大小写表达形式。

10.3.3 主页

Homepage 直译为主页。确切地说，Homepage 是一种用超文本置标语言（描述性语言）将信息组织好，再经过相应的解释器或浏览器翻译出的文字、图像、声音、动画等多种信息组织方式。用户可以把它同报纸、杂志、电视、广播等同等对待。Homepage 的传播方式是将原代码和与 Homepage 有关的图形文件、声音文件放在一台服务器（称 WWW）查询。例如，如果想了解 IBM 公司的情况，就可以浏览 IBM 公司的 Homepage，它应该放在 IBM 的 WWW 服务器上，那么在浏览器 URL 输入的地方输入 http://www.ibm.com 即可。

10.3.4 HTML

一个 HTML 文件不仅包含文本内容，还包含一些 Tag，中文称"标记"。一个 HTML 文件的扩展名是.htm 或者是.html。用文本编辑器就可以编写 HTML 文件。

【例 10-1】打开 Notepad，新建一个文件，输入以下代码，然后将这个文件存成 first.html。

```
<html>
<head>
<title>Title of page</title>
</head>
<body>
This is my first homepage. <b>This text is bold</b>
</body>
</html>
```

要浏览这个 first.html 文件，只需双击它；或者打开浏览器，选择 File→Open 命令，然后选择这个文件即可。

first.html 文件的第一个 Tag 是<html>，这个 Tag 告诉浏览器这是 HTML 文件的头。文件的最后一个 Tag 是</html>，表示 HTML 文件到此结束。

在<head>和</head>之间的内容是 Head 信息。Head 信息是不显示出来的，用户在浏览器里看不到。但是，这并不表示这些信息没有用处。例如，你可以在 Head 信息里加上一些关键词，以助于搜索引擎能够搜索到该网页。

在<title>和</title>之间的内容，是这个文件的标题。可以在浏览器最顶端的标题栏看到这个标题。

在<body>和</body>之间的信息，是正文。

在<b>和</b>之间的文字，用粗体表示。

HTML 文件看上去和一般文本类似，但是它比一般文本多了 Tag，例如<html>，<b>等，通过这些 Tag，可以告诉浏览器如何显示这个文件。

1）HTML 元素

HTML 元素（HTML Element）用于标记文本，表示文本的内容。例如，body、p、title 就是 HTML 元素。HTML 元素用 Tag 表示，Tag 以"<"开始，以">"结束。Tag 通常是成对出现的，如<body></body>。起始的叫做 Opening Tag，结尾的叫做 Closing Tag。目前 HTML 的 Tag 不区分大小写。例如，<HTML>和<html>是相同的。

HTML 元素可以拥有属性。属性可以扩展 HTML 元素的能力。例如，可以使用一个 bgcolor 属性，使得页面的背景色成为红色：

```
<body bgcolor="red">
```

再如，可以使用 border 属性，将一个表格设成一个无边框的表格：

```
<table border="0">
```

属性通常由属性名和值成对出现如 name="value"。上面例子中的 bgcolor 和 border 就是 name，red 和 0 就是 value。属性值一般用双引号标记起来。

属性通常是附加给 HTML 的 Opening Tag，而不是 Closing Tag。

2）基础 HTML 标签

HTML 中比较基础的标签 Tag 主要用于标题、段落和分行。学习 HTML 最好的方法，就是跟着示例学。

【例 10-2】在 HTML 文件里定义正文标题。HTML 用<h1>到<h6>这几个 Tag 来定义正文标题，从大到小。每个正文标题自成一段。

```
<h1>This is a heading</h1>
<h2>This is a heading</h2>
<h3>This is a heading</h3>
<h4>This is a heading</h4>
<h5>This is a heading</h5>
<h6>This is a heading</h6>
```

（1）段落划分。在 HTML 里用<p>和</p>划分段落。

```
<p>This is a paragraph</p>
<p>This is another paragraph</p>
```

（2）换行。通过使用
这个 Tag，可以在不新建段落的情况下换行。
没有 Closing Tag。用<p>换行是个坏习惯，正确的是使用
。

```
<p>This <br> is a para<br>graph with line breaks</p>
```

（3）HTML 注释。在 HTML 文件里，可以写代码注释，解释说明代码，这样有助于日后更好地理解代码。注释可以写在<!--和-->之间。浏览器是忽略注释的，不会在 HTML 正文中看到注释。

```
<!-- This is a comment -->
```

HTML 文件会自动截去多余的空格。不管加多少空格，都被看作一个空格。一个空行也被看作一个空格。有些 Tag 能够将文本自成一段，而不需要使用<p></p>来分段，如<h1></h1>之类的标题 Tag。

（4）加条横线。

【例 10-3】在 HTML 文中加条横线。

```
<html>
<body>
<p>用 hr 这个 Tag 可以在 HTML 文件里加一条横线。</p>
<hr>
<p>村妇想象皇宫的生活：皇后得用金扁担挑水吧。</p>
<hr>
<p>初中某数学老师讲方程式变换，在讲台上袖子一挽大声喝道：同学们注意！我要变形了！……</p>
</body>
```

```
</html>
```

3）HTML 常用格式

HTML 定义了一些文本格式的 Tag，如利用 Tag，可以将字体变成粗体或者斜体。从例 10-4，可以了解各种文本格式 Tag 如何改变 HTML 文本的显示。

常用文本格式 Tag 如表 10-2 所示。

表 10-2　常用文本格式 Tag

Tag	Tag 说明
<b>	粗体 bold
<i>	斜体 italic
<del>	文字当中画线表示删除
<ins>	文字下画线表示插入
<sub>	下标
<sup>	上标
<blockquote>	缩进表示引用
<pre>	保留空格和换行
<code>	表示计算机代码，等宽字体

【例 10-4】常用文本格式 Tag 的应用。

```
<html>
<body>
<p><b>粗体用 b 表示。</b></p>
<p><i>斜体用 i 表示。</i></p>
<p><del>阳光灿烂</del>这个词当中画线表示删除。</p>
<p><ins>想唱就唱</ins>这个词下画线插入。</p>
<p>X<sub>2</sub>其中的 2 是下标</p>
<p>X<sup>2</sup>其中的 2 是上标</p>
<p><blockquote>好好学习，天天向上。这句话缩进表示引用</blockquote></p>
<pre>
这是
预设(preformatted)文本.
在 pre 这个 tag 里的文本        保留
空格和
分行。
</pre>
<code>call getOrders</code>
<p>用 code 显示计算机代码，code 里显示的字符是等宽字符。</p>
</body>
</html>
```

在浏览器看到的 HTML 网页，是浏览器解释 HTML 源代码后产生的结果。要查看这个 HTML 的源代码，有两种方法：一是右击，在弹出的快捷菜单中选择 View Source（查看源文件）命令；二是选择浏览器菜单 View（查看）中的 Source（源文件）命令。利用 View Source 得到网页的源代码，可以由此借鉴他人编写网页的技巧。

4）HTML 特殊字符显示

有些字符在 HTML 里有特别的含义，例如小于号"<"表示 HTML Tag 的开始，

这个小于号是不显示在最终看到的网页里的。如果希望在网页中显示一个小于号，该怎么办呢？这就要说到 HTML 字符实体（HTML Character Entities）了。

一个字符实体（Character Entity）分成 3 部分：第一部分是一个&符号，英文叫 ampersand；第二部分是实体（Entity）名字或者是#加上实体（Entity）编号；第三部分是一个分号。例如，要显示小于号，就可以写<或者<。用实体（Entity）名字的好处是比较好理解，一看 lt，大概就猜出是 less than 的意思，但是其劣势在于并不是所有的浏览器都支持最新的 Entity 名字，而实体（Entity）编号；各种浏览器都能处理。注意：Entity 是区分大小写的。

最常用的字符实体如表 10-3 所示。

表 10-3　最常用的字符实体

显示结果	说　　明	Entity Name	Entity Number
	显示一个空格		
<	小于	&lt;	&#60;
>	大于	&gt;	&#62;
&	&符号	&amp;	&#38;
"	双引号	&quot;	&#34;

其他常用的字符实体如表 10-4 所示。

表 10-4　其他常用的字符实体

显示结果	说明	Entity Name	Entity Number
©	版权	&copy;	&#169;
®	注册商标	&reg;	&#174;
×	乘号	&times;	&#215;
÷	除号	&divide;	&#247;

5）HTML 的超链接

【例 10-5】在 HTML 文件里创建超链接。

```
<html>
<body>
<p>
<a href="../asdocs/html_tutorials/humor02.html">这是一个链接</a>
</p>
<p>
<a href="http://www.admin5.com/html" target=_blank>站长网 站长学院站点
链接</a>
</p>
</body>
</html>
```

【例 10-6】将一张图片作为一个超链接，即单击一张图片，可以连接到其他文件。

```
<html>
<body>
<p>
```

你可以将一张图片作为一个链接，单击这张图片。

```
<a                 href="../asdocs/html_tutorials/humor03.html"><img
src="../images/ html_tutorials/smile.jpg" ></a>
</p>
</body>
</html>
```

（1）a 和 href 属性。

HTML 用<a>来表示超链接，英文叫 anchor。<a>可以指向任何一个文件源：一个 HTML 网页、一个图片、一个影视文件等。用法如下：

```
<a href="url">链接的显示文字</a>
```

单击<a></a>当中的内容，即可打开一个链接文件，href 属性则表示这个链接文件的路径。

例如，链接到 admin5.com/html 站点首页：

```
<a href="http://www.admin5.com/html">站长网 站长学院 admin5.com/html 首
页</a>
```

（2）target 属性。

使用 target 属性，可以在一个新窗口里打开链接文件。

```
<a href="http://www.admin5.com/html" target=_blank>站长网  站长学院
admin5.com/html 首页</a>
```

实例：

```
<html>
<body>
<a href="../asdocs/html_tutorials/humor01.html" target="_blank">一则
笑话</a>
<p>
如果你将 target 的属性值设成_blank，你单击这个链接的时候，网页就会在一个新窗口
出现。
</p>
</body>
</html>
```

（3）title 属性。

使用 title 属性，可以让鼠标悬停在超链接上的时候，显示该超链接的文字注释。

```
<a href="http://www.admin5.com/html" title = "站长网 站长学院网页教程与
代码的中文站点">站长网 站长学院网站</a>
```

如果希望注释多行显示，可以使用
作为换行符：

```
<a href="http://www.admin5.com/html" title = "站长网 站长学院&#10;网页
教程与代码的中文站点">站长网 站长学院网站</a>
<html>
<body>
<p>
<a href="http://www.admin5.com/html" title = "站长网 站长学院网页教程与
代码的中文站点">站长网 站长学院网站</a>
</p>
<p>
<a href="http://www.admin5.com/html" title = "站长网 站长学院&#10;网页
教程与代码的中文站点">站长网 站长学院网站</a>
</p>
```

```
</body>
</html>
```

（4）name 属性。

使用 name 属性，可以跳转到一个文件的指定部位。使用 name 属性，一是设定 name 的名称：二是设定一个 href 指向这个 name：

```
<a href="#C1">参见第 1 章</a>
<a name="C1">第 1 章</a>
<html>
<body>
<p>
<a href="#C9">参见第 6 章</a>
</p><p>
<a name="C1"><h2>第 1 章</h2></a>
<p>这是站长网 站长学院 admin5.com/html- 网页教程与代码的中文站点。</p>
<a name="C2"><h2>第 2 章</h2></a>
<p>这是站长网 站长学院 admin5.com/html- 网页教程与代码的中文站点。</p>
<a name="C3"><h2>第 3 章</h2></a>
<p>这是站长网 站长学院 admin5.com/html- 网页教程与代码的中文站点。</p>
<a name="C4"><h2>第 4 章</h2></a>
<p>这是站长网 站长学院 admin5.com/html- 网页教程与代码的中文站点。</p>
<a name="C5"><h2>第 5 章</h2></a>
<p>这是站长网 站长学院 admin5.com/html- 网页教程与代码的中文站点。</p>
<a name="C6"><h2>第 6 章</h2></a>
<p>这是站长网 站长学院 admin5.com/html- 网页教程与代码的中文站点。</p>
<a name="C7"><h2>第 7 章</h2></a>
<p>这是站长网 站长学院 admin5.com/html- 网页教程与代码的中文站点。</p>
<a name="C8"><h2>第 8 章</h2></a>
<p>这是站长网 站长学院 admin5.com/html- 网页教程与代码的中文站点。</p>
<a name="C9"><h2>第 9 章</h2></a>
<p>这是站长网 站长学院 admin5.com/html- 网页教程与代码的中文站点。</p>
</body>
</html>
```

name 属性通常用于创建一个大文件的章节目录（Table of Contents）。每个章节都建立一个链接，放在文件的开始处，每个章节的开头都设置 Name 属性。当用户单击某个章节的链接时，这个章节的内容就显示在最上面。如果浏览器不能找到 Name 指定的部分，则显示文章开头，不报错。

（5）链接到 email 地址。

在网站中，经常会看到"联系我们"的链接，单击这个链接，就会触发邮件客户端，比如 Outlook Express，然后显示一个新建 E-mail 的窗口。用<a>可以实现这样的功能。

```
<a href = "mailto:info@sina.com">联系新浪</a>
```

实例：

```
<html>
<body>
<p>
```

这是一个最简单的邮箱地址的链接：

```
<a href="mailto:info@sina.com">给新浪网站发信</a>
</p>
<p>
```

这个邮箱地址的链接写了 subject 内容：

```
<a href="mailto:info@sina.com?subject=Hello">给新浪网站发信</a>
</p>
<p>
```

这个邮箱地址链接写了 to, cc, bcc, subject, body 的内容：

```
<a  href="mailto:info@sina.com?cc=webmaster@vip.sina.com&bcc=media@
sina.com&subject=I%20like%20your%20site&body=真是个好站点！">写信给新浪
</a>
</p>
<p>
<b>注:</b>空格请用%20表示。
</p>
</body>
</html>
```

6）HTML 相对路径（Relative Path）和绝对路径（Absolute Path）

HTML 初学者会经常遇到这样一个问题，如何正确引用一个文件。例如，怎样在一个 HTML 网页中引用另外一个 HTML 网页作为超链接（hyperlink）？怎样在一个网页中插入一张图片？如果在引用文件时（如加入超链接，或者插入图片等）使用了错误的文件路径，就会导致引用失效（无法浏览链接文件，或无法显示插入的图片等）。为了避免这些错误，正确地引用文件，需要学习 HTML 路径。HTML 有两种路径的写法：相对路径和绝对路径。

（1）HTML 相对路径（Relative Path）。

如果源文件和引用文件在同一个目录里，直接写引用文件名即可。现在建一个源文件 info.html，在 info.html 里要引用 index.html 文件作为超链接。假设 info.html 路径是 c:\Inetpub\wwwroot\sites\blabla\info.html，index.html 路径是 c:\Inetpub\wwwroot\sites\blabla\index.html。在 info.html 加入 index.html 超链接的代码应该写为<a href ="index.html">index.html</a>

../表示源文件所在目录的上一级目录，../../表示源文件所在目录的上上级目录，依此类推。假设 info.html 路径是 c:\Inetpub\wwwroot\sites\blabla\info.html。index.html 路径是 c:\Inetpub\wwwroot\sites\index.html。在 info.html 加入 index.html 超链接的代码应该写为<a href = "../index.html">index.html</a>。

引用下级目录的文件，直接写下级目录文件的路径即可。假设 info.html 路径是 c:\Inetpub\wwwroot\sites\blabla\info.html。index.html 路径是 c:\Inetpub\wwwroot\sites\blabla\html\index.html。在 info.html 加入 index.html 超链接的代码应该写为<a href="html/index.html">index.html</a>。假设 info.html 路径是 c:\Inetpub\wwwroot\sites\blabla\info.html，index.html 路径是 c:\Inetpub\wwwroot\sites\blabla\html\tutorials\index. html。在 info.html 加入 index.html 超链接的代码应该写为 <a href ="html/tutorials/index.html">index.html</a>

（2）HTML 绝对路径（Absolute Path）。

HTML 绝对路径指带域名的文件的完整路径。假设注册了域名 www.admin5.com/html，并申请了虚拟主机，虚拟主机提供商会给一个目录，如 www，这个 www 就是网站的根目录。假设在 www 根目录下放了一个文件 index.html，这个文件的绝对路径就是 http://www.admin5.com/html。假设在 www 根目录下建了一个目录 html_tutorials，然后在该目录下放了一个文件 index.html，这个文件的绝对路径就是 http://www.admin5.com/html/html_tutorials/index.html。

7）在 HTML 中创建表格

HTML 表格用<table>表示。一个表格可以分成很多行（row），用<tr>表示；每行又可以分成很多单元格（cell），用<td>表示。

这 3 个 Tag 是创建表格最常用的 Tag。

示例：

```
<html>
<body>
<p>
整个表格开始要用 table；每一行开始要用 tr；每一单元格开始要用 td。例如：
</p>
<h4>只有一行(Row)一列(Column)的表格</h4>
<table border="1">
<tr>
<td>100</td>
</tr>
</table>
<h4>一行三列的表格</h4>
<table border="1">
<tr>
<td>100</td>
<td>200</td>
<td>300</td>
</tr>
</table>
<h4>两行三列的表格</h4>
<table border="1">
<tr>
<td>100</td>
<td>200</td>
<td>300</td>
</tr>
<tr>
<td>400</td>
<td>500</td>
<td>600</td>
</tr>
</table>
</body>
```

```
</html>
```

8）HTML 列表

HTML 有三种列表形式：排序列表（Ordered List）；不排序列表（Unordered List）；定义列表（Definition List）。

排序列表中，每个列表项前标有数字，表示顺序。排序列表由<ol>开始，每个列表项由<li>开始。

```
<html>
<body>
<h4>一个排序列表(Ordered List): </h4>
<ol>
<li>站长网 站长学院之网页课程</li>
<li>站长网 站长学院之网页代码</li>
<li>站长网 站长学院之魔兽世界</li>
</ol>
</body>
</html>
```

不排序列表不用数字标记每个列表项，而采用一个符号标志每个列表项，如圆黑点。

不排序列表由<ul>开始，每个列表项由<li>开始。

```
<html>
<body>
<h4>不排序列表(Unordered List): </h4>
<ul>
<li>站长网 站长学院之网页课程</li>
<li>站长网 站长学院之网页代码</li>
<li>站长网 站长学院之魔兽世界</li>
</ul>
</body>
</html>
```

定义列表通常用于术语的定义。定义列表由<dl>开始。术语由<dt>开始，英文意为 Definition Term。术语的解释说明，由<dd>开始，<dd></dd>里的文字缩进显示。

```
<html>
<body>
<h4>定义列表(Definition List): </h4>
<dl>
<dt>野生动物</dt>
<dd>所有非经人工饲养而生活于自然环境下的各种动物。</dd>
<dt>宠物</dt>
<dd>指猫、狗以及其他供玩赏、陪伴、领养、饲养的动物，又称同伴动物。</dd>
</dl>
</body>
</html>
```

9）HTML 表单

HTML 表单（Form）是 HTML 的一个重要部分，主要用于采集和提交用户输入的信息。

【例 10-7】制作用户输入姓名的 HTML 表单（Form）。

示例代码如下：

```
<form    action="http://www.admin5.com/html/asdocs/html_tutorials/
yourname. asp"method="get">
请输入你的姓名：
<input type="text" name="yourname">
<input type="submit" value="提交">
</form>
```

演示示例：

```
<html>
<head><title>输入用户姓名</title></head>
<body>
<form    action="http://www.admin5.com/html/asdocs/html_tutorials/
yourname.asp" method="get">
请输入你的姓名：
<input type="text" name="yourname">
<input type="submit" value="提交">
</form>
</body>
</html>
```

学习 HTML 表单（Form）有 3 个要点：表单控件（Form Controls）、Action、Method。

通过 HTML 表单的各种控件，用户可以输入文字信息，或者从选项中选择，以及进行提交操作。例如例 10-7 中的 input type= "text"就是一个表单控件，表示一个单行输入框。用户填入表单的信息总是需要程序来进行处理，表单里的 action 就指明了处理表单信息的文件。例如例 10-7 中的 http://www.admin5.com/html/asdocs/html_tutorials/yourname.asp。至于 method，表示了发送表单信息的方式。method 有两个值：get 和 post。get 的方式是将表单控件的 name/value 信息经过编码之后，通过 URL 发送（可以在地址栏里看到）。而 post 则将表单的内容通过 http 发送，在地址栏看不到表单的提交信息。那什么时候用 get，什么时候用 post 呢？一般的，如果只是为取得和显示数据，用 get；一旦涉及数据的保存和更新，那么建议用 post。

HTML 表单常用控件如表 10-5 所示。

表 10-5　HTML 表单常用控件

input type="text"	单行文本输入框
input type="submit"	将表单（Form）里的信息提交给表单里 action 所指向的文件
input type="checkbox"	复选框
input type="radio"	单选按钮
select	下拉框
textArea	多行文本输入框
input type="password"	密码输入框（输入的文字用*表示）

（1）单行文本输入框允许用户输入一些简短的单行信息，如用户姓名。例如：

```
<input type="text" name="yourname">
```

（2）复选框允许用户在一组选项里，选择多个。示例代码：

```
<input type="checkbox" name="fruit" value ="apple">苹果<br>
<input type="checkbox" name="fruit" value ="orange">橘子<br>
<input type="checkbox" name="fruit" value ="mango">芒果<br>
<html>
<head><title>选择</title></head>
<body>
请选择你喜欢的水果: <br>
<form  action = "http://www.admin5.com/html/asdocs/html_tutorials/
choose.asp" method = "post">
<input type="checkbox" name="fruit" value ="apple" >苹果<br>
<input type="checkbox" name="fruit" value ="orange">橘子<br>
<input type="checkbox" name="fruit" value ="mango">芒果<br>
<input type="submit" value="提交">
</form>
</body>
</html>
```

用 checked 表示默认已选的选项。

```
<input type="checkbox" name="fruit" value ="orange" checked>橘子<br>
```

（3）使用单选按钮，让用户在一组选项里只能选择一个。

```
<input type="radio" name="fruit" value = "Apple">苹果<br>
<input type="radio" name="fruit" value = "Orange">橘子<br>
<input type="radio" name="fruit" value = "Mango">芒果<br>
<html>
<head><title>输入用户姓名和密码 </title></head>
<body>
<form    action="http://www.admin5.com/html/asdocs/html_tutorials/
userpw.asp" method="post">
请输入你的姓名:
<input type="text" name="yourname"><br>
请输入你的密码:
<input type="password" name="yourpw"><br>
<input type="submit" value="提交">
</form>
</body>
</html>
```

（4）通过提交（input type=submit），可以将表单（Form）里的信息提交给表单里 action 所指向的文件。例句如下：<input type="submit" value="提交">。

（5）图片提交（input type="image"）。input type=image 相当于 input type=submit，不同的是，input type=image 以一个图片作为表单的提交按钮，其中 src 属性表示图片的路径。

```
<input type="image" src ="images/icons/go.gif"
<html>
<head><title>输入用户姓名</title></head>
<body>
<form    action="http://www.admin5.com/html/asdocs/html_tutorials/
yourname.asp" method="get">
请输入你的姓名:
```

```
<input type="text" name="yourname"><br>
<input type="image" src ="images/icons/go.gif"
alt = "提交" NAME="imagesubmit">
</form>
</body>
</html>
```

10）HTML 图片

用<img>这个 Tag 可以在 HTML 里面插入图片。最基本的语法如下：<img src="url">。url 表示图片的路径和文件名。例如，url 可以是 images/logo/blabla_logo01.gif，也可以是个相对路径../images/logo/blabla_logo01.gif。

```
<html>
<body>
<p>
站长网 站长学院 Logo 图片: <img src="../images/html_tutorials/blabla_
logo.gif">
</p>
</body>
</html>
```

<img>中有一个 alt 属性，英文叫 alternate text。例句如下：<img src = "../images/html_tutorials/smile.jpg" alt="smile face">。假使浏览器没有载入图片的功能，浏览器就会转而显示 alt 属性的值。现在大多数浏览器都支持图片载入。在此介绍 alt 属性，是因为它的另外一个重要功能。目前搜索引擎抓取工具无法识别图像中所含的文字，所以用 alt 属性写上图片的说明，便于搜索引擎抓取网页的内容。

```
<html>
<body>
<p>将鼠标停留在图片上，你可以看到 alt 属性里写的内容。</p>
<img src="../images/logo/blabla_logo.gif" alt="站长网 站长学院的 Logo 标
志" ><br>
<img src="../images/html_tutorials/frjj01.jpg" alt="阳光灿烂照片: 映日
荷花别样红" >
</body>
</html>
```

小 结

计算机网络是人类在信息处理和信息传播领域中的最新成就之一，是计算机技术和通信技术相结合的产物。它是利用通信设备和通信线路，把分布在不同地理位置上的多台计算机物理上连接起来，按照网络协议相互通信，以共享硬件、软件和数据资源为目标的系统。广域网的主要应用是 Internet，而 Internet 的基本概念、IP 地址和域名、Internet 的功能、与 Internet 的连接等，是 Internet 理论和应用的主要方面。

网页设计和制作是 WWW 应用的基础。掌握网页制作和服务器配置是本章教学的一个重要实验环节，本章主要讲述 HTML 最基本的标签，如常用标签，表格标签以及表单标签，超链接及图片标签。学生通过网页基础知识的介绍，可以对于 HTML 网页有初步了解。

习 题

一、简答题

1. 什么是 IP 地址？什么是域名？阐述两者之间的关系。
2. Internet 提供有哪些服务？
3. 什么是 HTML？它有哪些基本元素？
4. 什么是超文本链接指针？它可分为哪两个部分？
5. 什么是 URL？

二、思考题

1. 使用 HTML 为自己设计一个简单的主页，页面编辑工具可以使用记事本或 Word。
   要求是：页面的内容主要为文字、图片和表格；最少要有 3 个以上的页面，页面
   之间利用超链接进行关联。
2. 利用 Dreamweaver 设计一个商业网站，网站内容自行确定，要求如下：
   （1）要有公司概况和联系方式。
   （2）公司业务简介。
   （3）主要产品的介绍、性能、价格。
   （4）其他自选内容。

实验指导 《《《

实验 1　操作系统基础

一、实验目的

（1）掌握 DOS 启动流程。

（2）熟练使用 DOS 基本文件和目录操作命令。

（3）理解外部命令、内部命令和批处理命令的区别。

（4）理解视窗的基本要素。

（5）熟练使用剪贴板进行数据信息的传递。

（6）建立应用程序和文件的关联。

（7）"我的电脑"和"资源管理器"的熟练使用和切换。

（8）掌握"资源管理器"基本使用。

二、实验内容

（1）进入 DOS 环境，开机选择 Windows 操作系统后，立即按 F8 键，选择 5 command prompt only，界面出现 C：>系统符，说明进入了 DOS 环境。练习命令 time、date、dir、dir /?。

（2）在 D 盘根目录下，建立如图 A-1 所示的目录，在二级文件夹 water 下建立一个名为 tmp.doc 的文件，复制到一级文件夹 earth 下，并将文件名改为 temp.doc。

（3）了解 command.com、dir.com、autoexec.bat 和 format.com，体会内部命令、外部命令和批处理命令的关系。

（4）用鼠标操作任务栏，移动、缩小并自动隐藏。熟悉任务栏切换，系统属性设置，对话框中单选按钮、复选框、列表框、按钮、文本框、控制菜单、下拉菜单、弹出菜单等的判断和使用。

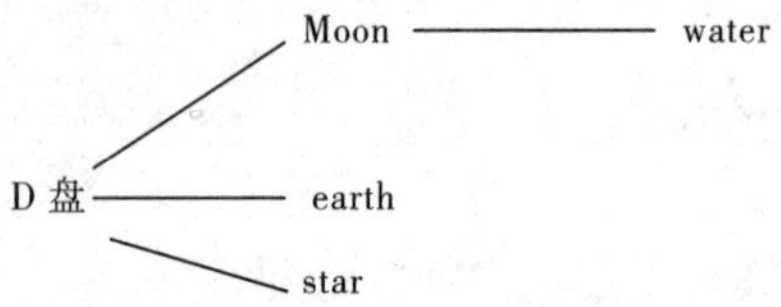

图 A-1　目录结构

（5）打开一个图片文档，利用剪贴板将当前窗口内容保存到 Word 中，进行裁剪等操作，并在 Word 中进行编辑操作，标识出控制菜单、图标和菜单最小化等。

（6）熟练使用"我的电脑"和"资源管理器"，并互相切换。

（7）将.txt 文件与 Word 应用程序建立关联。

（8）在"资源管理器"中用鼠标操作文件或文件夹移动和复制的操作（同盘和不同盘）。

三、实验过程

1．启动 MS-DOS 方式

启动 MS-DOS 方式的操作：单击"开始"按钮，在搜索文本框中输入 cmd，按 Enter 键，双击搜索到的 CMD 程序文件即可进入 DOS 界面。另外一种方式是按 Win 徽标键+R 组合键，在"运行"对话框中输入 cmd，按 Enter 键打开 DOS 界面。

2．退出 MS-DOS 方式

在命令行输入 exit 并按 Enter 键即可。

DOS 命令格式：

命令名　选项/参数

例如：format a: /s

例如，在 C 盘运行 dir 的结果如图 A-2 所示。

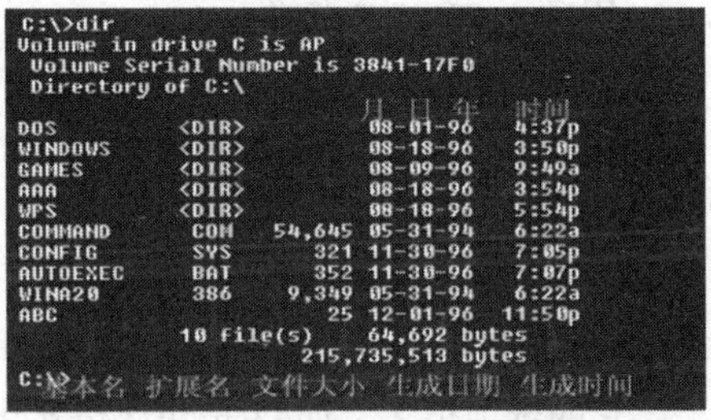

3．常用 DOS 命令的使用方法

常用的 DOS 命令如表 A-1 所示。

图 A-2　DOS 命令 DIR 显示结果

表 A-1　常用的 DOS 命令

命　令	功　　能	命　令	功　　能
cd	改变当前目录	sys	制作 DOS 系统盘
copy	复制文件	del	删除文件
deltree	删除目录树	dir	列文件名
diskcopy	全盘复制	edit	文本编辑
format	格式化磁盘	md	建立子目录
mem	查看内存状况	type	显示文件内容
rd	删除目录	ren	改变文件名
cls	清屏	move	移动文件，改目录名
ver	查看版本号	Date	修改日期
more	分屏显示	xcopy	复制目录和文件

（1）DIR 显示文件和文件夹（目录）。

用法：DIR [文件名] [选项]

它有很多选项，如/A 表示显示所有文件（即包括带隐含和系统属性的文件），/S 表示也显示子文件夹中的文件，/P 表示分屏显示，/B 表示只显示文件名等。例如，DIR A*.EXE /A /P 命令，表示分屏显示当前文件夹下所有以 A 开头

扩展名为.exe 的文件（夹）。

（2）CD 或 CHDIR 改变当前文件夹。

用法：CD [文件夹名]

（3）MD 或 MKDIR 建立文件夹。

用法：MD 文件夹名

（4）RD 或 RMDIR 删除文件夹。

用法：RD 文件夹名

注意：此文件夹必须是空的。

（5）DEL 或 ERASE 删除文件。

用法：DEL/ERASE 文件名

（6）COPY 拷贝文件。

用法：COPY 文件名 1 [文件名 2] [选项]

（7）TYPE 显示文件内容。

用法：TYPE 文件名

（8）REN 或 RENAME 改变文件名，在 DOS 7 中还可以改变文件夹名。

用法：REN 文件（夹）名 1 文件（夹）名 2

（9）EDIT 编辑文件。

（10）FORMAT 格式化磁盘。

用法：FORMAT 驱动器 [选项]

它的选项很多，如/Q 是快速格式化，/U 表示无条件格式化（即无法使用 UNFORMAT 等命令恢复），/V 指定磁盘的卷标名等。它还有许多未公开参数。

（11）MOVE 移动文件或文件夹，还可以更改文件或文件夹的名称。

用法：MOVE 文件（夹）1 文件（夹）2

此命令可以将 C 盘根文件夹下所有扩展名为.exe 的文件移到 D 盘上。

（12）CLS 清除屏幕。

用法：CLS

（13）SYS 传导系统，即将系统文件（如 IO.SYS 等）从一处传输到指定的驱动器中。

用法：SYS 文件夹名 [驱动器]

例如：SYS C:\DOS A:

此命令即可将位于 C:\DOS 文件夹下的系统文件传输到 A 盘中。

（14）DATE 显示或设置日期。

用法：DATE [日期]

（15）TIME 显示或设置时间。

用法：TIME [时间]

（16）DEBUG 调试程序

DOS 还自带一些其他的命令，如 SORT（排序）、FIND（寻找字符）等。

假如对 DOS 命令不熟，可以查看帮助。如 "dir /?"，查看命令的相应选项。

4. 剪贴板的使用

剪贴板是内存中的一部分，是在 Windows 程序之间、文件之间传递信息时临时存放的区域，用于临时存放所复制的信息。需要注意的是，剪贴板只能存放最近一次复制的内容。也就是说，前一次的内容将自动被覆盖。

利用剪贴板查看程序，不仅可以查看所剪切的内容，还可以将其保存到文件中，文件的扩展名为.CLP。打开剪贴板查看程序的方法有：一种方法是选择"开始"→"所有程序"→"附件"→"剪贴板查看程序"命令；另一种方法是选择"开始"→"运行"命令，输入 clipbrd.exe。下面是通过剪贴板进行信息传递的操作方法。

（1）把需要的信息复制或剪切到剪贴板。

在文件中选定的信息：单击"复制"或"剪切"按钮。

整个屏幕的内容：按 PrintScreen 键。

活动窗口的内容：按 Alt+PrintScreen 组合键。

（2）从剪贴板粘贴信息。

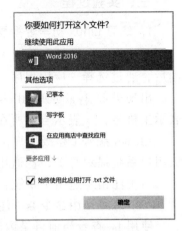

打开文档，插入点定位，然后可以用快捷键进行操作：剪切为 Ctrl+X；复制为 Ctrl+C；粘贴为 Ctrl+V。

5．应用程序和文件的关联

右击要打开的文件，然后选择"打开方式"→"选择程序"命令，在"打开方式"对话框中找到要使用的程序，并选择"始终使用此应用打开.txt 文件"复选框，如图 A-3 所示，然后单击"确定"按钮。

图 A-3 打开方式窗口

实验 2 Linux 应用基础

一、实验目的

（1）学习使用 Vi 编辑器，并能用 gcc 编译。

（2）熟悉 Linux 的基本命令。

（3）掌握 Linux 的基本操作。

二、实验内容

（1）新建文件 hello.c，熟悉 VI 的基本操作。

① hello.c 文件内容自定。

② 掌握进入 VI，对文件增、删、改，保存文件并退出的方法。

③ 用 gcc 编译 hello.c，并运行，观察结果。

（2）练习 Linux 的文件操作、目录操作、系统管理的命令。

① 文件操作命令。

查看文件：ls。

显示文件内容：cat。

文件删除：rm。

② 目录操作命令。

改变当前目录：cd。

建立一个子目录：mkdir。

删除目录：rmdir。

③ 系统管理命令。

注销：logout。

关机：shutdown。

三、实验过程

1. 练习 Linux 初学者需要掌握的常用命令

在 Linux 中进行命令输入的操作界面叫做"终端"，成功进入 Linux 系统图形界面后，通过选择"应用程序"→"系统工具"→"终端"开启一个"终端"。

出现类似 [wang@localhost～]$ 命令提示符，其中 wang 表示当前用户，localhost 表示主机名，～表示当前所在的文件目录，此处表示处于当前用户的主目录下。

用 root 账号（超级用户）注册，输入口令（注意大小写）。注册成功出现#号（超级用户系统提示符），普通用户的系统提示符为$。

（1）注销（退出）系统：logout 或 exit。

（2）练习使用命令 ls（注意 Linux 命令区分大小写）。

使用 ls 查看当前目录内容；使用 ls 查看指定目录内容，如/目录、/etc 目录。

使用 ls –all 查看当前目录内容；使用 dir 查看当前目录内容。

（3）使用 cd 改变当前目录 cd ..   回到上层目录 ；cd /   回到根目录。

（4）pwd   显示当前路径。

（5）建立目录 mkdir。mkdir   目录名 ；   mkdir   /home/s2001/newdir。

（6）删除目录：rmdir。

（7）复制文件 cp：例如，cp   文件名 1   文件名 2。

（8）移动文件或目录：mv。

（9）删除文件：rm。

（10）显示文件内容：more (分页显示)。

（11）显示文件（不分页）：cat 文件名，按 Ctrl+D 组合键结束输入。

（12）连接文件：$ cat file1 file2 > file3。

2. 使用编辑器 vi 编辑文件

（1）进入 linux 的文本模式之后，在命令行输入 vi filename.c 然后按 Enter 键。下面作一些简单的解释：vi 命令是打开 vi 编辑器，后面的 filename.c 是用户即将编辑的 c 文件名字，注意扩展名是.c；当然，vi 编辑器功能很强，可以用它来编辑其他格式的文件，如汇编文件，其扩展名是.s；也可以直接用 vi 打开一个新的未命名的文件，保存时候再给它命名。

（2）最基本的命令 i：当进入刚打开的文件时，不能写入信息，这时按 i 键（insert），插入的意思，就可以进入编辑模式了，如图 A–4 所示。

（3）当文件编辑完后，需要保存退出，这时需要经过以下几个步骤：① 按 Esc 键；② 键入冒号"："，紧跟在冒号后面是 wq（意思是保存并退出）。如果不想保存退出，输入冒号之后，输入 q，如图 A–5 所示。

（4）退出 vi 编辑器的编辑模式之后，要对刚才编写的程序进行编译。

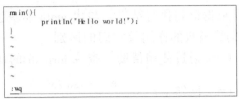

图 A-4　编辑器 vi

图 A-5　保存文件

3. helloworld 程序

（1）用 vi 或 vim 编辑器先编写源代码取名为 hello.c。

（2）退出源文件编辑状态到命令行模式。

（3）在命令行模式下输入 gcc –o hello hello.c，其中 hello 是经编译过后生成的可执行文件。

（4）用 chmod 命令 修改 hello 文件的权限，chmod 用于改变文件或目录的访问权限。

```
chmod +x filename
```

+：添加某个权限。

-：取消某个权限。

=：赋予给定权限并取消其他所有权限。

设置 mode 所表示的权限可用下述字母的任意组合：r 可读、w 可写、x 可执行。

（5）在命令行模式下输入 ./hello。

实验 3　Python 语言基础

一、实验目的

（1）熟悉 Python 程序的运行环境与运行方式。

（2）掌握 Python 语言的基本数据类型：整型、浮点型、复数型、字符串型、布尔型。

（3）掌握 Python 的算术运算规则、表达式的书写方法。

（4）掌握元组、列表、字典、集合的创建方法以及其操作方法。

二、实验内容

（1）使用命令行和程序两种方式执行下列语句。

```
a=2
b='1234'
c=a+int(b)%10
print(a,'\t',b,'\t',c)
```

（2）先导入 math 模块，再查看该模块的帮助信息，具体语句如下：

```
>>> import math
>>> dir(math)
>>> help(math)
```

根据语句执行结果，写出 math 模块包含的函数，并说明 log()、log10()、loglp()、log2()等函数的作用及它们的区别。

（3）通过使用帮助，查找 format()的使用方法。

（4）已知 $y=\dfrac{e^{-x}-\tan 73^{\circ}}{10^{-5}+\ln\left|\sin^2 x-\sin x^2\right|}$，其中 $x=\sqrt[3]{1+\pi}$，编程计算 y 的值。

（5）在 Python 提示符下，输入下面的语句，语句执行结果说明了什么？

```
>>> x=12
>>> y=x
>>> id(x),id(y)
```

（6）先执行下面的语句，

```
>>> a=list(range(15))
>>> b=tuple(range(1, 15))
```

然后分析、回答问题：

① 显示变量 a、b 的值，并说明变量 a、b 的数据类型。

② rang(15)与 range(1, 15)有什么区别？

③ 生成由 100 以内的偶数构成的列表 c，请写出语句并验证。

（7）执行下面的语句，并理解列表的各个操作方法。

```
s=['a', 'b'];
s.append([1,2]);
print(s);
s.extend([5,6]);
print(s);
s.insert(10,8);
print(s);
s.pop();
print(s);
s.remove('b');
print(s);
s[3:]=[];
s.reverse();
```

（8）输入、执行下面的语句，分析输出的结果。

```
>>> t=tuple('Hello!World!')
>>> print(t)
>>> print('t 的长度为',len(t))
>>> t[0]=2
>>> del t[0]
```

（9）执行下面的程序，并分析运行结果。

```
d={'Jack':'jack@mail.com', 'Tom':'Tom@mail.com'};
d['Jim']='Jim@sin.com';
print(d);
del d['Tom'];
s=list(d.keys());
s=sorted(s);
print(s);
```

（10）执行下面的语句，并分析运行结果。

```
>>> d=dict((['name','Alex'],['age',21]));
```

```
>>> print(d);
>>> print(d.keys());
>>> print(d.values());
>>> print(d.items());
>>> print(d.get('grade',0));
>>> print(d.get('name'));
>>> d.setdefault('major','Computer Science');
>>> print(d);
>>> d.update('age':19,'score':86);
>>> print(d);
```

（11）执行下面的语句，并分析执行结果。

```
>>> s1=set('abcd567')
>>> s2=set(['a','b',5,7])
>>> s3=frozenset(('c','a',8,9))
>>> s1&s2
>>> s1-s2
>>> s3|s2
>>> s1^s2
>>> s1<s2
>>> s1>=s3
>>> s1.intersection_update(s3)
>>> print(s1)
```

（12）输入 3 个整数 a、b、c，然后交换它们的值：把 a 中用来的值给 b，把 b 中原来的值给 c，把 c 中原来的值给 a。

三、实验过程

（1）使用命令行和程序两种方式执行下列语句。

```
a=2
b='1234'
c=a+int(b)%10
print(a,'\t',b,'\t',c)
```

① 命令行方式，如图 A-6 所示。

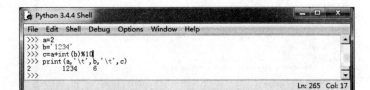

图 A-6　命令行方式

② 程序方式。程序如图 A-7 所示，程序运行结果如图 A-8 所示。

（2）先导入 math 模块，再查看该模块的帮助信息，具体语句如下：

```
>>> import math
>>> dir(math)
>>> help(math)
```

根据语句执行结果，写出 math 模块包含的函数，并说明 log()、log10()、loglp()、log2()等函数的作用及它们的区别。

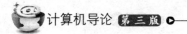

输入命令以及返回的结果如图图 A-9～图 A～15 所示。

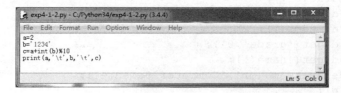

图 A-7　程序方式

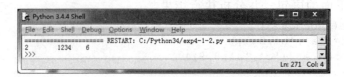

图 A-8　程序运行结果

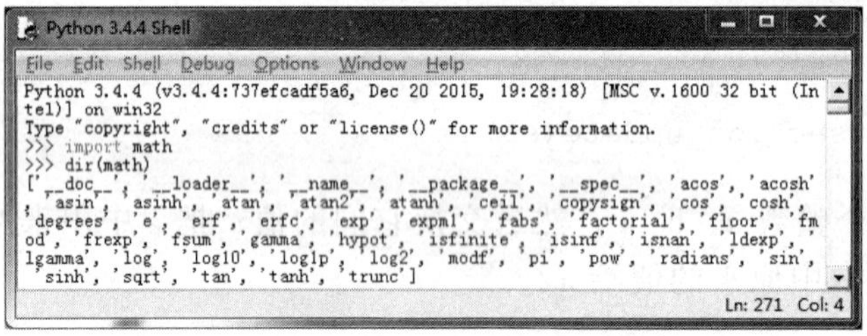

图 A-9　dir(math)的运行结果

图 A-10　help(math)的运行结果 1

图 A-11　help(math)的运行结果 2

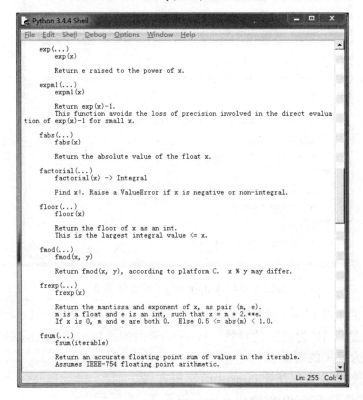

图 A-12　help(math)的运行结果 3

图 A-13 help(math)的运行结果 4

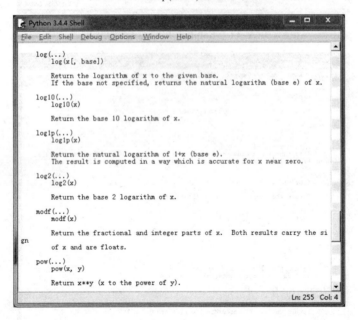

图 A-14 help(math)的运行结果 5

log(x,m)返回的是以 m 为底的 x 的对数；当 m 省略时，默认为以 e 为底的对数。log10(x)返回的是以 10 为底 x 的对数。log1p(x)返回的是以 e 为底 1+x 的对数。log2(x)返回的是以 2 为底 x 的对数。

（3）通过使用帮助，查找 format()的使用方法。

通过 help()查找 format()的使用方法，如图 A-16 所示。

图 A-15　help(math)的运行结果 6

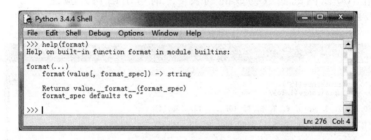

图 A-16　查找 format()的使用方法

（4）已知 $y = \dfrac{e^{-x} - \tan 73°}{10^{-5} + \ln\left|\sin^2 x - \sin x^2\right|}$，其中 $x = \sqrt[3]{1+\pi}$，编程计算 y 的值。

使用命令行方式求解 y，如图 A-17 所示。

图 A-17　求解 y 的值

（5）在 Python 提示符下，输入下面的语句，语句执行结果说明了什么？

```
>>> x=12
>>> y=x
>>> id(x),id(y)
```

命令执行情况如图 A-18 所示。

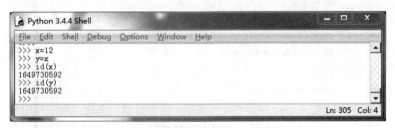

图 A-18　变量 x 和变量 y 的内存地址

可见，id(x)=id(y)，变量 x 和变量 y 所指对象的内存地址相同，它们都指向同一个对象。

（6）先执行下面的语句，

```
>>> a=list(range(15))
>>> b=tuple(range(1, 15))
```

然后分析、回答问题：

① 显示变量 a、b 的值，并说明变量 a、b 的数据类型。

② rang(15)与 range(1, 15)有什么区别？

③ 生成由 100 以内的偶数构成的列表 c，请写出语句并验证。

语句运行结果如图 A-19 所示。

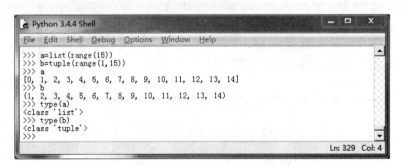

图 A-19　变量 a 和度量 b 的取值和数据类型

变量 a 的数据类型为列表，变量 b 的数据类型为元组。

range(15)产生了 15 个整数，它们是 0、1、2、3、4、5、6、7、8、9、10、11、12、13、14。range(15)等价于 range(0,15)。

range(1,15)产生了 14 个整数，它们是 1、2、3、4、5、6、7、8、9、10、11、12、13、14。

生成列表 c 的命令如图 A-20 所示。

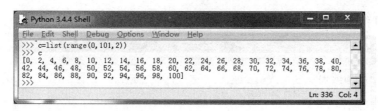

图 A-20　生成列表 c 的命令

（7）执行下面的语句，并理解列表的各个操作方法。

```
s=['a', 'b'];
s.append([1,2]);
print(s);
s.extend([5,6]);
print(s);
s.insert(10,8);
print(s);
s.pop();
print(s);
s.remove('b');
print(s);
s[3:]=[];
s.reverse();
```

程序运行结果如图 A-21 所示。

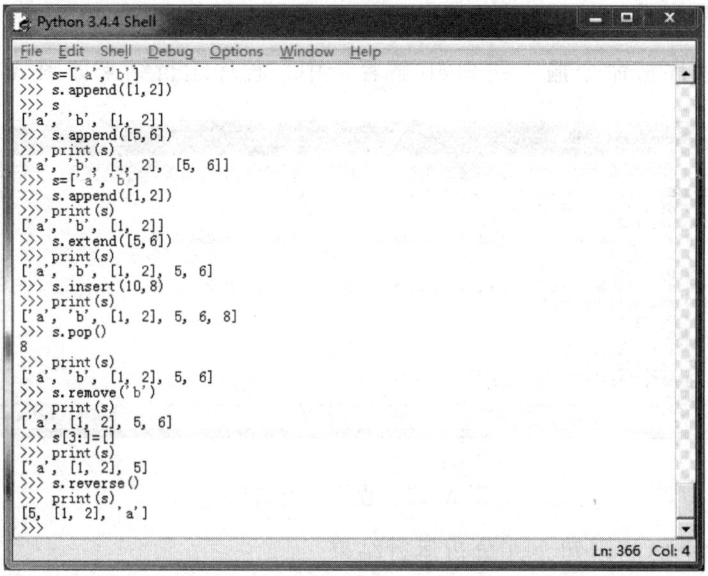

图 A-21　程序运行结果

（8）输入、执行下面的语句，分析输出的结果。

```
>>> t=tuple('Hello!World!')
>>> print(t)
>>> print('t 的长度为',len(t))
>>> t[0]=2
>>> del t[0]
```

程序运行结果如图 A-22 所示。

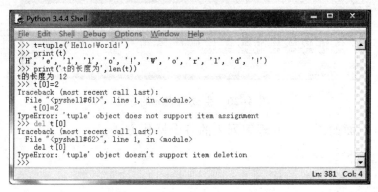

图 A-22　程序运行结果

报错的原因是 t 的数据类型是元组，元组不支持修改元素的操作，也不支持删除元素的操作。

（9）执行下面的程序，并分析运行结果。

```
d={'Jack':'jack@mail.com', 'Tom':'Tom@mail.com'};
d['Jim']='Jim@sin.com';
print(d);
del d['Tom'];
s=list(d.keys());
s=sorted(s);
print(s);
```

当把上述程序按命令输入到 Shell 解释器中，程序运行结果如图 A-23 所示。

图 A-23　程序运行结果

（10）执行下面的语句，并分析运行结果。

```
>>> d=dict((['name','Alex'],['age',21]));
>>> print(d);
>>> print(d.keys());
>>> print(d.values());
>>> print(d.items());
>>> print(d.get('grade',0));
>>> print(d.get('name'));
>>> d.setdefault('major','Computer Science');
>>> print(d);
>>> d.update({'age':19,'score':86});
```

```
>>> print(d);
```

程序运行结果如图 A-24 所示。

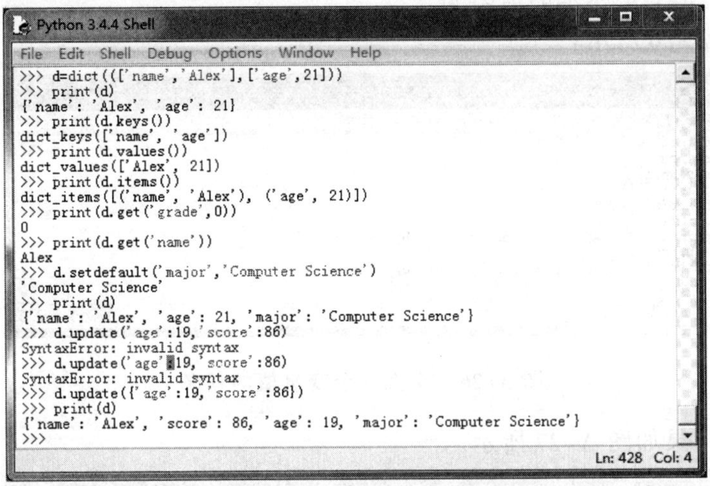

```
Python 3.4.4 Shell
File Edit Shell Debug Options Window Help
>>> d=dict((['name','Alex'],['age',21]))
>>> print(d)
{'name': 'Alex', 'age': 21}
>>> print(d.keys())
dict_keys(['name', 'age'])
>>> print(d.values())
dict_values(['Alex', 21])
>>> print(d.items())
dict_items([('name', 'Alex'), ('age', 21)])
>>> print(d.get('grade',0))
0
>>> print(d.get('name'))
Alex
>>> d.setdefault('major','Computer Science')
'Computer Science'
>>> print(d)
{'name': 'Alex', 'age': 21, 'major': 'Computer Science'}
>>> d.update('age':19,'score':86)
SyntaxError: invalid syntax
>>> d.update('age':19,'score':86)
SyntaxError: invalid syntax
>>> d.update({'age':19,'score':86})
>>> print(d)
{'name': 'Alex', 'score': 86, 'age': 19, 'major': 'Computer Science'}
>>>
Ln: 428 Col: 4
```

图 A-24 程序运行结果

（11）执行下面的语句，并分析执行结果。

```
>>> s1=set('abcd567')
>>> s2=set(['a','b',5,7])
>>> s3=frozenset(('c','a',8,9))
>>> s1&s2
>>> s1-s2
>>> s3|s2
>>> s1^s2
>>> s1<s2
>>> s1>=s3
>>> s1.intersection_update(s3)
>>> print(s1)
```

程序运行结果如图 A-25 所示。

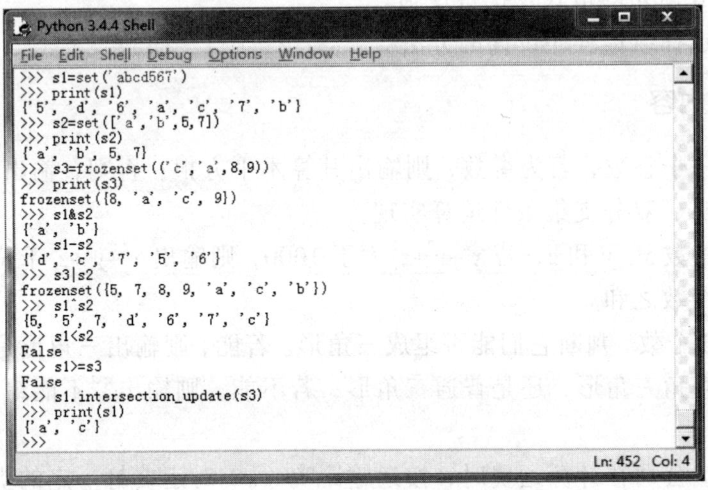

```
Python 3.4.4 Shell
File Edit Shell Debug Options Window Help
>>> s1=set('abcd567')
>>> print(s1)
{'5', 'd', '6', 'a', 'c', '7', 'b'}
>>> s2=set(['a','b',5,7])
>>> print(s2)
{'a', 'b', 5, 7}
>>> s3=frozenset(('c','a',8,9))
>>> print(s3)
frozenset({8, 'a', 'c', 9})
>>> s1&s2
{'a', 'b'}
>>> s1-s2
{'d', 'c', '7', '5', '6'}
>>> s3|s2
frozenset({5, 7, 8, 9, 'a', 'c', 'b'})
>>> s1^s2
{5, '5', 7, 'd', '6', '7', 'c'}
>>> s1<s2
False
>>> s1>=s3
False
>>> s1.intersection_update(s3)
>>> print(s1)
{'a', 'c'}
>>>
Ln: 452 Col: 4
```

图 A-25 程序运行结果

（12）输入 3 个整数 a、b、c，然后交换它们的值：把 a 中用来的值给 b，把 b 中原来的值给 c，把 c 中原来的值给 a。

程序如图 A-26 所示。

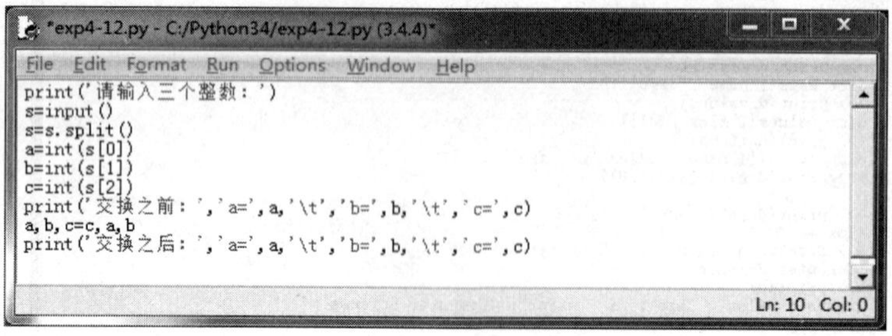

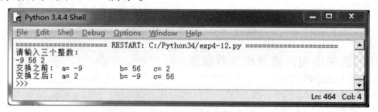

图 A-26　交换三个变量值的程序

程序运行结果如图 A-27 所示。

图 A-27　程序运行结果

实验4　选择结构程序设计

一、实验目的

（1）掌握 Python 中表示条件的方法。

（2）掌握 if 语句的格式及执行规则。

（3）掌握选择结构程序设计的方法。

二、实验内容

（1）输入一个整数，若为奇数，则输出其算术平方根；否则，输出其立方根。要求分别用单分支、双分支集条件运算实现。

（2）输入整数 x、y 和 z，若 $x^2+y^2+z^2$ 大于 1000，则输出 $x^2+y^2+z^2$ 千位以上的数字；否则，输出 3 个数之和。

（3）输入 3 个数，判断它们能否组成三角形。若能，则输出三角形是等腰三角形、等边三角形、直角三角形，还是普通三角形；若不能，则输出"不能组成三角形"的提示信息。

（4）某运输公司在计算运费时，按运输距离（s）对运费打一定的折扣（d），其标准如下：

$s<250$	没有折扣
$250 \leqslant s<500$	2.5%折扣
$500 \leqslant s<1000$	4.5%折扣
$1000 \leqslant s<2000$	7.5%折扣
$2000 \leqslant s<2500$	9.0%折扣
$2500 \leqslant s<3000$	12.0%折扣
$3s \geqslant 3000$	15.0%折扣

输入基本运费 $p=10$ 元，货物重量 w（千克），距离 s（千米），计算总运费 f。总运费的计算公式为 $f=p \times w \times s \times (1-d)$。其中 d 为折扣，由距离 s 根据上述标准求得。

（5）输入一个整数，判断它是否为水仙花数。所谓水仙花数，是指这样的一些3位整数：各位数字的立方和等于该数本身，例如，$153=1^3+5^3+3^3$，因此 153 是水仙花数。

三、实验过程

（1）输入一个整数，若为奇数，则输出其算术平方根；否则，输出其立方根。要求分别用单分支、双分支集条件运算实现。

① 使用单分支条件运算，程序如图 A-28 所示。

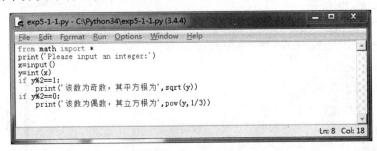

图 A-28　使用单分支条件实现的程序

程序运行结果如图 A-29 所示。

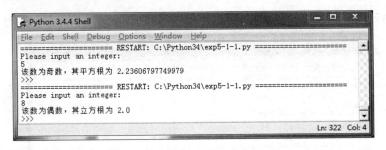

图 A-29　单分支条件程序的运行结果

② 使用双分支条件运算，程序如图 A-30 所示。

程序运行结果如图 A-31 所示。

exp5-1-2.py - C:/Python34/exp5-1-2.py (3.4.4)

File Edit Format Run Options Window Help

```
from math import *
x=input('Please input an integer:')
y=int(x)
if y%2==1:
    print('该数为奇数，它的平方根为',sqrt(y))
else:
    print('该数为偶数，它的立方根为',pow(y,1/3))
```

Ln: 7 Col: 18

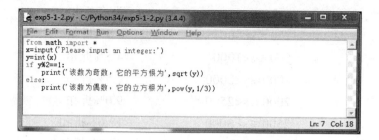

图 A-30　使用双分支条件实现的程序

Python 3.4.4 Shell

File Edit Shell Debug Options Window Help

```
===================== RESTART: C:/Python34/exp5-1-2.py =====================
Please input an integer:9
该数为奇数，它的平方根为 3.0
>>>
===================== RESTART: C:/Python34/exp5-1-2.py =====================
Please input an integer:8
该数为偶数，它的立方根为 2.0
>>>
```

Ln: 312 Col: 4

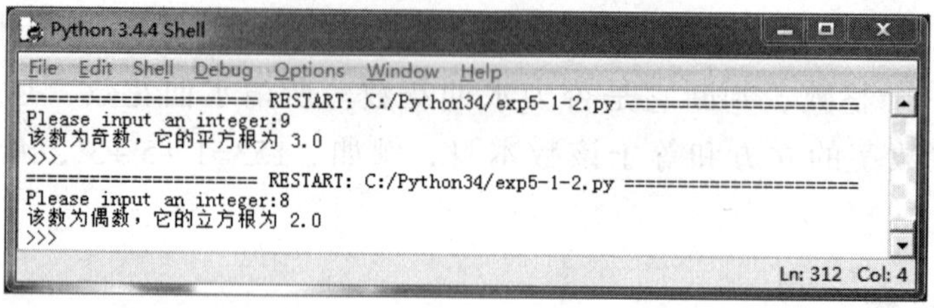

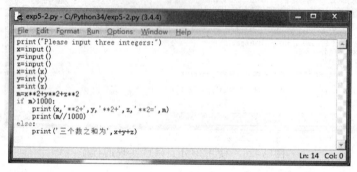

图 A-31　双分支条件程序的运行结果

（2）输入整数 x、y 和 z，若 $x^2+y^2+z^2$ 大于 1000，则输出 $x^2+y^2+z^2$ 千位以上的数字；否则，输出 3 个数之和。

程序如图 A-32 所示。

exp5-2.py - C:/Python34/exp5-2.py (3.4.4)

File Edit Format Run Options Window Help

```
print("Please input three integers:")
x=input()
y=input()
z=input()
x=int(x)
y=int(y)
z=int(z)
m=x**2+y**2+z**2
if m>1000:
    print(x,'**2+',y,'**2+',z,'**2=',m)
    print(m//1000)
else:
    print('三个数之和为',x+y+z)
```

Ln: 14 Col: 0

图 A-32　程序

程序运行结果如图 A-33 所示。

Python 3.4.4 Shell

File Edit Shell Debug Options Window Help

```
===================== RESTART: C:/Python34/exp5-2.py =====================
Please input three integers:
4
9
35
4 **2+ 9 **2+ 35 **2= 1322
1
>>>
===================== RESTART: C:/Python34/exp5-2.py =====================
Please input three integers:
3
6
21
三个数之和为 30
>>>
```

Ln: 367 Col: 4

图 A-33　程序运行结果

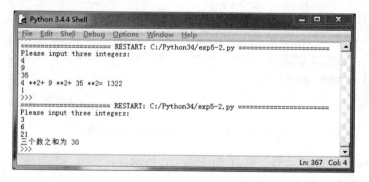

（3）输入 3 个数，判断它们能否组成三角形。若能，则输出三角形是等腰三角形、等边三角形、直角三角形，还是普通三角形；若不能，则输出"不能组成三角形"的提示信息。

程序如图 A–34 所示。

```
print('请输入表示边长的三个数：')
a=input()
b=input()
c=input()
a=float(a)
b=float(b)
c=float(c)
if (a>0) and (b>0) and (c>0) and (a+b>c) and (a+c>b) and (b+c>a):
    if (a==b) and (b==c):
        print("等边三角形")
    elif (a==b) or (b==c) or (a==c):
        if (a*a+b*b==c*c) or (a*a+c*c==b*b) or (b*b+c*c==a*a):
            print("等腰直角三角形")
        else:
            print("普通等腰三角形")
    elif (a*a+b*b==c*c) or (a*a+c*c==b*b) or (b*b+c*c==a*a):
        print("普通直角三角形")
    else:
        print("普通三角形")
else:
    print("不能构成三角形")
```

图 A–34　判断三个数能否构成三角形的程序

程序运行结果如图 A–35 所示。

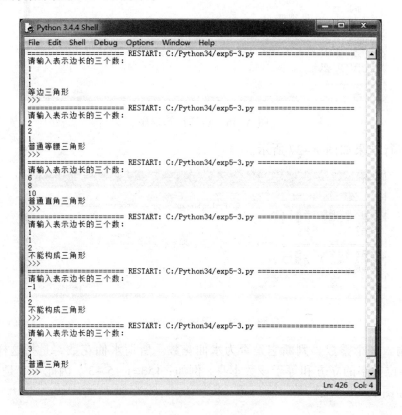

图 A–35　程序运行结果

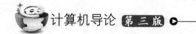

（4）某运输公司在计算运费时，按运输距离（s）对运费打一定的折扣（d），其标准如下：

$s<250$	没有折扣
$250 \leqslant s<500$	2.5%折扣
$500 \leqslant s<1000$	4.5%折扣
$1000 \leqslant s<2000$	7.5%折扣
$2000 \leqslant s<2500$	9.0%折扣
$2500 \leqslant s<3000$	12.0%折扣
$s \geqslant 3000$	15.0%折扣

输入基本运费 $p=10$ 元，货物重量 w（千克），距离 s（千米），计算总运费 f。总运费的计算公式为 $f=p \times w \times s \times (1-d)$。其中 d 为折扣，由距离 s 根据上述标准求得。

程序如图 A-36 所示。

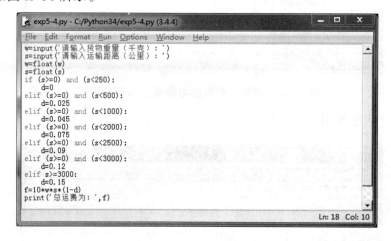

图 A-36 运算计算程序

程序运行结果如图 A-37 所示。

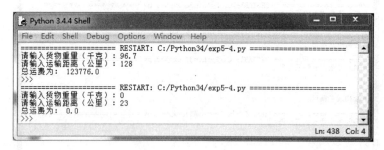

图 A-37 程序运行结果

（5）输入一个整数，判断它是否为水仙花数。所谓水仙花数，是指这样的一些 3 位整数：各位数字的立方和等于该数本身，例如：$153=1^3+5^3+3^3$，因此 153 是水仙花数。

程序如图 A-38 所示。

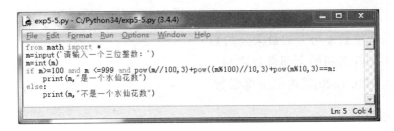

图 A-38　水仙花数判断程序

程序运行结果如图 A-39 所示。

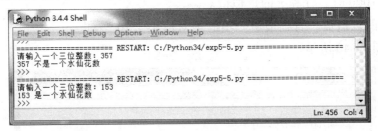

图 A-39　程序运行结果

实验 5　循环结构程序设计

一、实验目的

（1）掌握 while 语句的基本格式及执行规则。

（2）掌握 for 语句的基本格式及执行规则。

（3）掌握多重循环的使用方法。

（4）掌握循环结构程序设计的方法。

二、实验内容

（1）有公式 $\dfrac{\pi}{4}=1-\dfrac{1}{3}+\dfrac{1}{5}-\dfrac{1}{7}+\cdots+\dfrac{1}{4n-3}-\dfrac{1}{4n-1}$.

① n 取 1000 时，计算 π 的近似值。

② 求 π 的近似值，直到最后一项的绝对值小于 10^{-6} 为止。

（2）有数列 $\dfrac{2}{1},\dfrac{3}{2},\dfrac{5}{3},\dfrac{8}{5},\dfrac{13}{8},\cdots$，求该数列前 20 项之和。

（3）生成包含 100 个 2 位随机整数的元组，统计每个数出现的次数。

（4）输入 5×5 矩阵 A，完成下列要求：

① 输出矩阵 A。

② 将第 2 行和第 5 行元素对调后，输出新的矩阵 A。

（5）创建由 Monday~Sunday（代表星期一到星期日）的 7 个值组成的字典，输出键列表、值列表及键值列表。

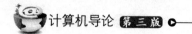

（6）输入年、月、日，判断这一天是这一年的第几天。

（7）求两个整数 a 与 b 的最大公约数。

（8）求 1~100 之间的全部奇数之和。

（9）输出[100, 1000]以内的全部素数。

三、实验过程

（1）有公式 $\dfrac{\pi}{4} = 1 - \dfrac{1}{3} + \dfrac{1}{5} - \dfrac{1}{7} + \cdots + \dfrac{1}{4n-3} - \dfrac{1}{4n-1}$.

① n 取 1000 时，计算 π 的近似值。

② 求 π 的近似值，直到最后一项的绝对值小于 10^{-6} 为止。

程序如图 A-40 所示。

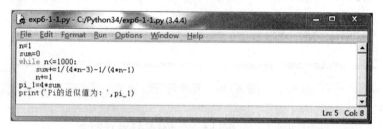

图 A-40　n 取 1000 时计算 π 近似值的程序

程序运行结果如图 A-41 所示。

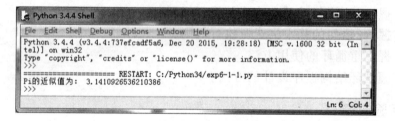

图 A-41　程序运行结果

程序如图 A-42 所示。

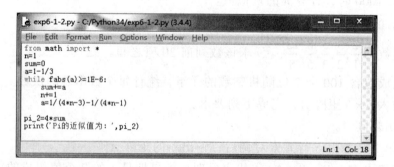

图 A-42　保证精确度时计算 π 近似值的程序

程序运行结果如图 A-43 所示。

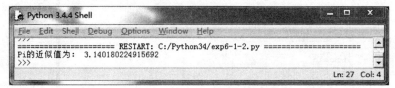

图 A-43　程序运行结果

（2）有数列 $\dfrac{2}{1},\dfrac{3}{2},\dfrac{5}{3},\dfrac{8}{5},\dfrac{13}{8},\cdots$，求该数列前 20 项之和。

程序如图 A-44 所示。

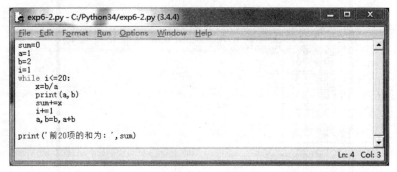

图 A-44　计算数列前 20 项之和的程序

程序运行结果如图 A-45 所示。

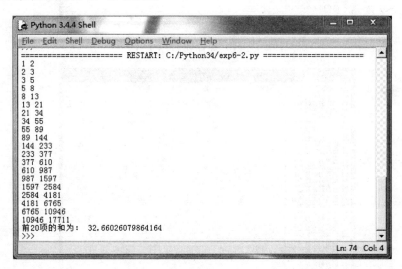

图 A-45　程序运行结果

（3）生成包含 100 个 2 位随机整数的元组，统计每个数出现的次数。

程序如图 A-46 所示。

程序运行结果如图 A-47 和图 A-48 所示。

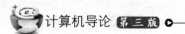

```
from random import *
l=[]
i=1
while i<=100:
    x=randint(10,99)
    l.append(x)
    i+=1
t=tuple(l)
print('随机产生的100个两位整数形成的元组为：',t)
s=set(l)
for y in s:
    print(y,'出现的次数为：',l.count(y))
```

图 A-46 生成元组并统计其中数出现次数的程序

```
========= RESTART: C:/Python34/exp6-3.py =========
随机产生的100个两位整数形成的元组为： (57, 79, 44, 15, 81, 44, 70, 21, 28, 92, 4
5, 25, 94, 74, 26, 48, 10, 13, 24, 90, 48, 67, 93, 21, 92, 98, 16, 36, 75, 38, 6
2, 66, 42, 69, 44, 46, 10, 70, 61, 11, 28, 67, 63, 65, 35, 19, 40, 21, 99, 37, 9
5, 32, 89, 61, 94, 70, 35, 14, 18, 78, 58, 60, 53, 27, 48, 47, 42, 84, 72, 22, 8
9, 74, 77, 20, 12, 86, 76, 84, 85, 50, 49, 67, 44, 86, 26, 77, 81, 81, 53, 91, 4
6, 39, 89, 56, 12, 84, 74, 19, 51, 70)
10 出现的次数为： 2
11 出现的次数为： 1
12 出现的次数为： 2
13 出现的次数为： 1
14 出现的次数为： 1
15 出现的次数为： 1
16 出现的次数为： 1
18 出现的次数为： 1
19 出现的次数为： 2
20 出现的次数为： 1
21 出现的次数为： 3
24 出现的次数为： 1
25 出现的次数为： 1
26 出现的次数为： 2
27 出现的次数为： 1
28 出现的次数为： 2
32 出现的次数为： 1
35 出现的次数为： 2
36 出现的次数为： 1
37 出现的次数为： 1
38 出现的次数为： 1
39 出现的次数为： 1
40 出现的次数为： 1
42 出现的次数为： 2
44 出现的次数为： 4
45 出现的次数为： 1
46 出现的次数为： 2
```

图 A-47 程序运行结果 1

```
47 出现的次数为： 1
48 出现的次数为： 3
49 出现的次数为： 1
50 出现的次数为： 1
51 出现的次数为： 1
53 出现的次数为： 2
56 出现的次数为： 1
57 出现的次数为： 1
58 出现的次数为： 1
60 出现的次数为： 1
61 出现的次数为： 2
62 出现的次数为： 1
63 出现的次数为： 1
65 出现的次数为： 1
66 出现的次数为： 1
67 出现的次数为： 3
69 出现的次数为： 1
70 出现的次数为： 4
72 出现的次数为： 1
74 出现的次数为： 3
75 出现的次数为： 1
76 出现的次数为： 1
77 出现的次数为： 2
78 出现的次数为： 1
79 出现的次数为： 1
81 出现的次数为： 3
84 出现的次数为： 3
85 出现的次数为： 1
86 出现的次数为： 2
89 出现的次数为： 3
90 出现的次数为： 1
91 出现的次数为： 1
92 出现的次数为： 2
93 出现的次数为： 1
94 出现的次数为： 2
95 出现的次数为： 1
98 出现的次数为： 1
99 出现的次数为： 1
>>>
```

图 A-48 程序运行结果 2

（4）输入 5×5 矩阵 A，完成下列要求：

① 输出矩阵 A。

② 将第 2 行和第 5 行元素对调后，输出新的矩阵 A。

程序如下图 A-49 所示。

图 A-49 输出矩阵并操作矩阵的程序

程序运行结果如图 A-50 所示。

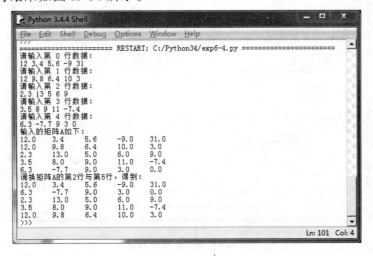

图 A-50 程序运行结果

（5）创建由 Monday~Sunday（代表星期一到星期日）的 7 个值组成的字典，输出键列表、值列表及键值列表。

程序如图 A-51 所示。

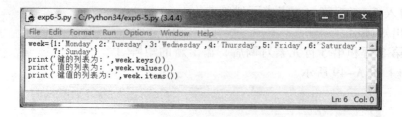

图 A-51 创建星期字典及有关操作的程序

程序运行结果如图 A-52 所示。

图 A-52 程序运行结果

（6）输入年、月、日，判断这一天是这一年的第几天。

程序如图 A-53 所示。

图 A-53 天数判断程序

程序运行结果如图 A-54 所示。

（7）求两个整数 a 与 b 的最大公约数。

程序如图 A-55 所示。

```
Python 3.4.4 Shell
File  Edit  Shell  Debug  Options  Window  Help
================== RESTART: C:/Python34/exp6-6.py ==================
请依次输入年、月、日：
2016 4 10
2016 年 4 月 10 号 是第 101 天
>>>
================== RESTART: C:/Python34/exp6-6.py ==================
请依次输入年、月、日：
2015 4 10
2015 年 4 月 10 号 是第 100 天
================== RESTART: C:/Python34/exp6-6.py ==================
请依次输入年、月、日：
2017 1 1
2017 年 1 月 1 号 是第 1 天
>>>
                                                           Ln: 126  Col: 4
```

图 A-54　程序运行结果

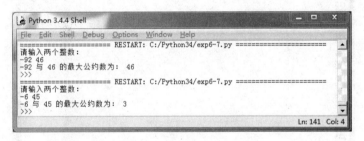

```
exp6-7.py - C:/Python34/exp6-7.py (3.4.4)
File  Edit  Format  Run  Options  Window  Help
from math import *
print('请输入两个整数：')
s=input()
s=s.split()
a=abs(int(s[0]))
b=abs(int(s[1]))
m=a%b
while m!=0:
    a=b
    b=m
    m=a%b
print(s[0],'与',s[1],'的最大公约数为：',b)
                                                           Ln: 11  Col: 0
```

图 A-55　求解最大公约数的程序

程序运行结果如图 A-56 所示。

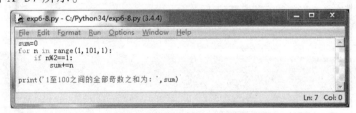

```
Python 3.4.4 Shell
File  Edit  Shell  Debug  Options  Window  Help
================== RESTART: C:/Python34/exp6-7.py ==================
请输入两个整数：
-92 46
-92 与 46 的最大公约数为： 46
>>>
================== RESTART: C:/Python34/exp6-7.py ==================
请输入两个整数：
-6 45
-6 与 45 的最大公约数为： 3
>>>
                                                           Ln: 141  Col: 4
```

图 A-56　程序运行结果

（8）求 1~100 之间的全部奇数之和。

程序如图 A-57 所示。

```
exp6-8.py - C:/Python34/exp6-8.py (3.4.4)
File  Edit  Format  Run  Options  Window  Help
sum=0
for n in range(1,101,1):
    if n%2==1:
        sum+=n
print('1至100之间的全部奇数之和为：',sum)
                                                           Ln: 7  Col: 0
```

图 A-57　求 100 以内奇数之和的程序

程序运行结果如图 A-58 所示。

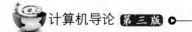
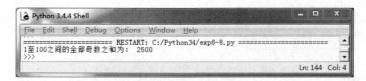

图 A-58　程序运行结果

（9）输出[100, 1000]以内的全部素数。

程序如图 A-59 所示。

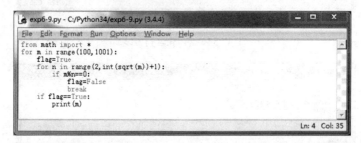

```
from math import *
for m in range(100,1001):
    flag=True
    for n in range(2,int(sqrt(m))+1):
        if m%n==0:
            flag=False
            break
    if flag==True:
        print(m)
```

图 A-59　求解 100～1000 的所有素数的程序

程序运行结果如图 A-60～图 A-62 所示。

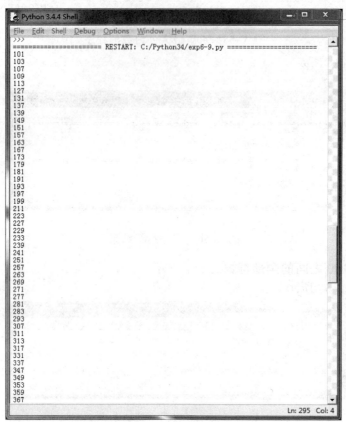

图 A-60　程序运行结果 1

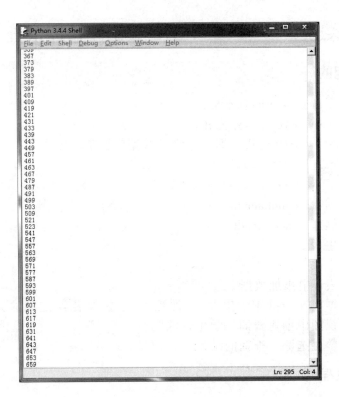

图 A-61　程序运行结果 2

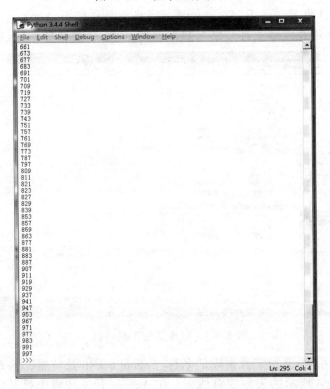

图 A-62　程序运行结果 3

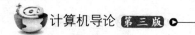

实验 6　Access 2010 数据库管理系统

一、实验目的

（1）进一步了解数据库的基本概念。
（2）熟悉 Access 2010 数据库操作环境。
（3）掌握 Access 2010 创建数据库、维护数据库的基本操作。

二、实验内容

（1）创建数据库 School.accdb。
（2）打开数据库 School.accdb。
（3）创建学生表 s。
（4）打开学生表 s。
（5）在学生表 s 中添加数据。
（6）创建数据库 School 中学生表 s、课程表 c、选课表 sc 之间的关系。
（7）在设计视图中创建查询"学生选课"。
（8）查看"学生选课"查询的结果。

三、实验过程

1. 创建数据库 School.accdb

（1）第一次启动 Microsoft Access 时，将自动显示如图 A-63 所示的创建数据库对话框，上面有新建数据库或打开已有数据库的选项。在此选择默认创建"空数据库"。

图 A-63　创建数据库对话框

（2）在图 A-63 中，指定数据库的名称 School.accdb 及位置，并单击"创建"按钮，弹出如图 A-64 所示的表创建对话框，在 Access 开发环境中打开刚才创建的数据库，自动创建一个名称为"表 1"的表。

图 A-64　表创建对话框

如果已经打开了数据库，或当 Microsoft Access 打开时显示的对话框已经关闭，可选择"文件"→"新建"命令，打开"创建数据库"对话框。同样输入数据库位置和名称，单击"创建"按钮。创建空白数据库后，还必须执行其他步骤来定义组成数据库的对象。

2. 打开数据库 School.accdb

可以在启动 Access 2010 时打开数据库，也可以在打开 Access 2010 后再打开数据库。

1）启动 Access 2010 时打开数据库

启动 Access 2010 时，在图 A-63 的"创建数据库对话框"中选择"文件"→"打开"命令，弹出如图 A-65 所示的"打开"对话框，可以在列表中单击要打开的数据库 School.accdb，然后单击"确定"按钮；也可以在列表中双击要打开的数据库。

图 A-65　"打开"对话框

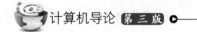
2）在 Access 2010 开发窗口中打开数据库

选择"文件"→"打开"命令，弹出图 A-65 所示的"打开"对话框。在文件夹列表中双击相应的文件夹，直到打开包含所需数据库的文件夹；或者双击所需打开的数据库 School.accdb。

3．创建学生表 s

（1）创建学生表 s，在图 A-66 所示的打开数据库后的窗口中右击"表 1"，在弹出的快捷菜单中选择"设计视图"命令，打开图 A-67 所示的"另存为"对话框，在此输入表名 s。

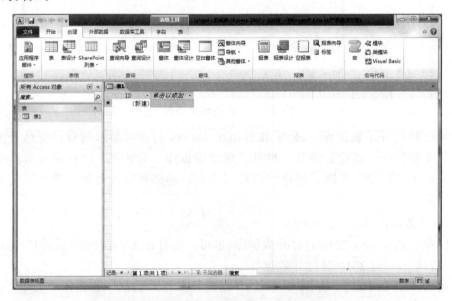

图 A-66　打开数据库后的窗口

图 A-67　表设计窗口

（2）在如图 A-67 所示的表设计窗口中输入字段的名称、数据类型和属性。字段的名称可以用有一定含义的英文单词或缩写。需要注意的是，"数字""日期/时间""货币"以及"是/否"，这些数据类型提供预先定义好的显示格式。可以从每一个数据类型可用的格式中选择所需的格式来设置格式属性。也可以为所有的数据类型创建自定义显示格式，但 OLE 对象数据类型除外。学生表 s 输入字段名和数据类型后的情况如图 A-68 所示。

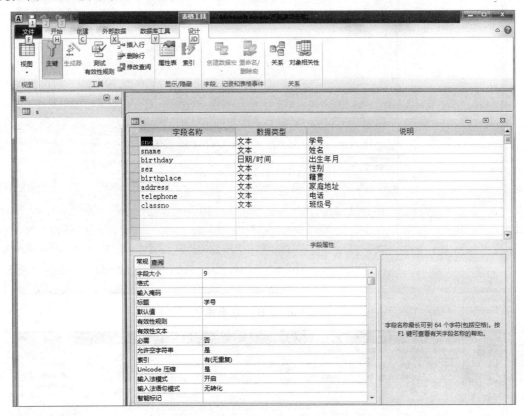

图 A-68 学生表 s 字段设计

（3）设置主关键字，一个表中应该有一个主关键字，以便唯一标识一条记录，在图 A-67 所示的学生表设计器中，右击要设置为主关键字的 sno 字段，在弹出的快捷菜单中选择"主关键字"命令，关闭表设计器则自动保存学生表 s 的结构。

4．打开学生表 s

先打开该表所在的数据库 School.accdb，这时学生表已出现在主窗体中，如图 A-69 所示。双击图 A-69 中的表名 s，打开 s 表，如图 A-70 所示。这时的表中还没有任何数据（记录）。

5．在学生表 s 中添加数据

在学生表 s 中添加数据有许多方法，最简单的是在数据表视图中输入数据。图 A-71 所示是已输入了数据的数据表视图。

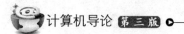

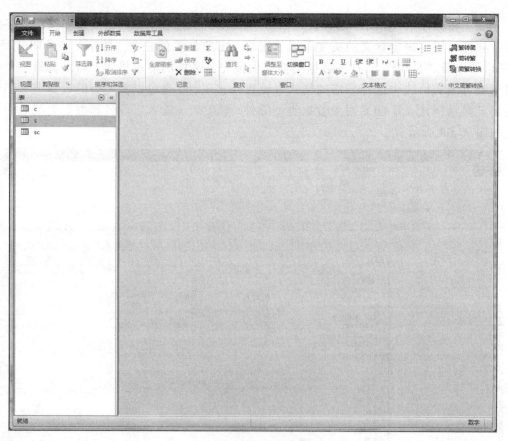

图 A-69　打开数据库

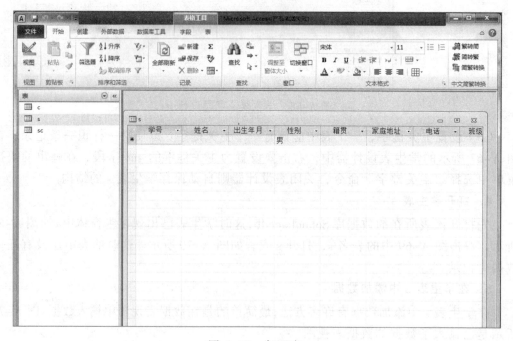

图 A-70　打开表

图 A-71 在数据表视图中输入数据

6. 创建数据库 School 中学生表 s、课程表 c、选课表 sc 之间的关系

1）在数据库 school.accdb 中创建 3 个表

（1）学生表 s，存放学生的姓名、学号、性别、电话等，主键为学生学号 sno。

（2）表 c，存放课程号、课程名称、学分和学时等，主键为课程号 cno。

（3）选课表 sc，表示学生选课的情况，存放相应的课程号和学号，成绩，主键为（sno,cno）。

2）激活数据库窗口

（1）在"数据库工具"条中单击如图 A-72 所示的"关系"按钮，出现关系视图。

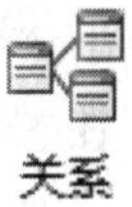

图 A-72 "关系"按钮

（2）右击"关系视图"窗体，在弹出的快捷菜单中选择"显示表"命令，打开如图 A-73 所示的"显示表"窗口。

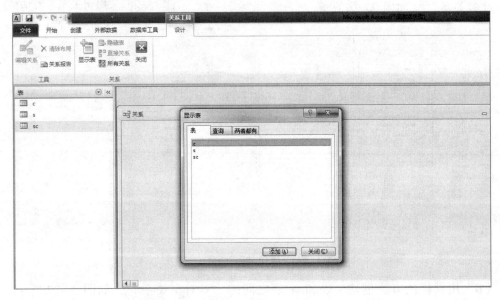

图 A-73 "显示表"窗口

（3）选中 3 个表，单击"添加"按钮，这 3 个表就出现在关系视图中。拖动这 3 个表的位置，如图 A-74 所示。

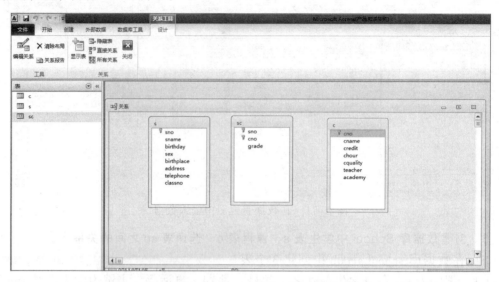

图 A-74　关系视图中的表

（4）将 c 表中的 cno 字段拖动到 sc 表中的 cno 字段，弹出"编辑关系"对话框，如图 A-75 所示。

（5）在"编辑关系"对话框中，选中"实施参照完整性"复选框。单击"创建"按钮。这时关系视图中出现一条 c 表 cno 字段到 sc 表 cno 字段的连线，而且在 c 表 cno 字段一端出现一个 1，在 sc 表 cno 字段一端出现一个"无穷"号。这表示是一个"一对多关系"，如图 A-76 所示。

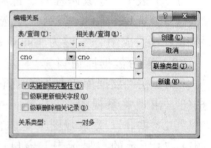

图 A-75　"编辑关系"对话框

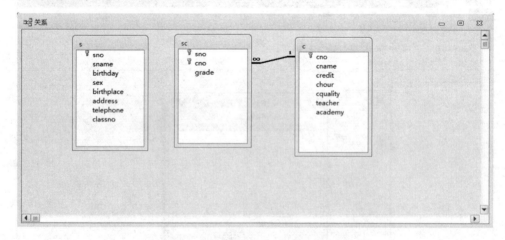

图 A-76　创建"一对多关系"

（6）用同样的方法创建 s 表和 sc 表之间的"一对多关系"，如图 A-77 所示。

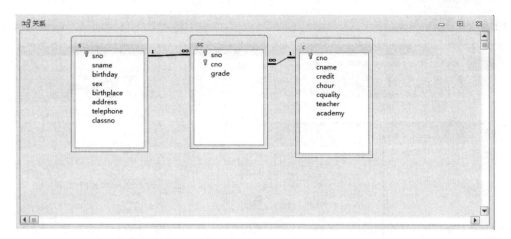

图 A-77 两个"一对多关系"

7. 在设计视图中创建查询"学生选课"

（1）在数据库窗口中的"创建"中单击"查询设计"按钮，弹出"选择查询"视图和"显示表"窗口，如图 A-78 所示。

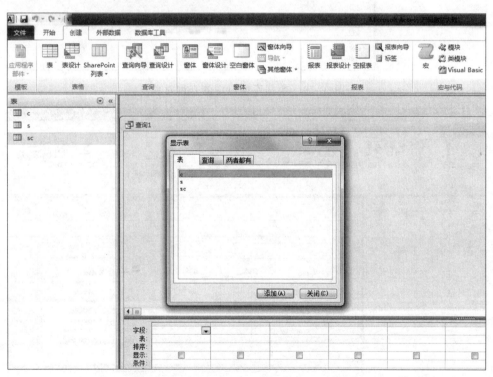

图 A-78 创建"选择查询"时弹出的显示表

（2）在"显示表"窗口中选中 sc、c、s 3 个表，单击"添加"按钮。这 3 个表的视图就出现在"查询"设计器中，如图 A-79 所示。

（3）在"选择查询"设计器中填入要查询的字段和它们所在的表以及其他参数。在图 A-79 中，填入了 s 表中的 sname 字段、c 表中的 cname 字段、sc 表的 grade 字段，如图 A-80 所示。

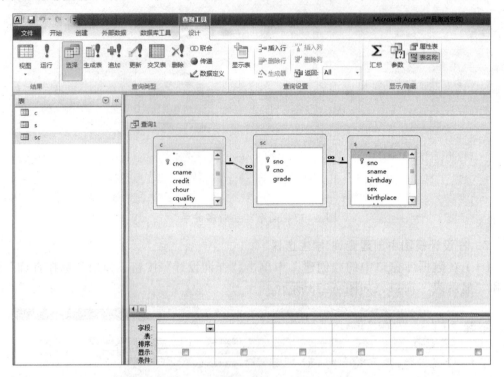

图 A-79　数据库窗口中的查询对象

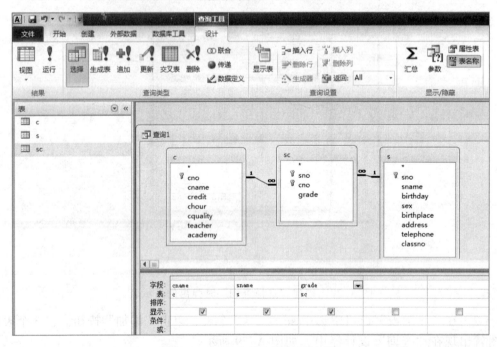

图 A-80　"选择查询"设计器

（4）单击工具栏中的"保存"按钮，弹出"另存为"对话框，填入查询名称，单击"确定"按钮，如图 A-81 所示。

这时，在左侧的查询项中出现一个名为"学生选课"的查询。

至此，创建了一个"学生选课"查询，以后就可以使用这个查询了。

图 A-81 "另存为"对话框

8. 查看"学生选课"查询的结果

（1）如图 A-82 所示，在左侧窗口中单击  按钮，选择下拉菜单中的"查询"命令，则出现如图 A-83 所示的窗口。

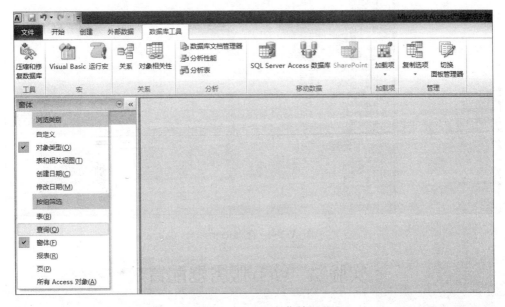

图 A-82 查询菜单

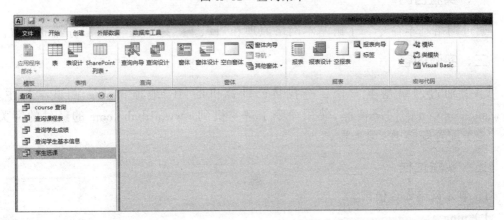

图 A-83 查询菜单中的"学生选课"查询

（2）该数据库中已经保存好的所有查询，双击查询 "学生选课"，就会显示查询的结果，如图 A-84 所示。

图 A-84　查询的结果

实验 7　Web 服务器配置

一、实验目的

通过网络基本命令，了解基本网络原理和知识。熟练掌握 Web 服务器的配置。

二、实验内容

（1）通过网络基本命令，查找自己计算机的 IP 地址，ping 测试学校主页 www.sues.edu.cn 的网络情况，使用命令了解主机到 www.alibaba.com 的经过的网关。

（2）配置安装 IIS 服务器。

三、实验过程

1. 基本网络命令使用

1）ping

ping 是测试网络连接状况以及信息包发送和接收状况非常有用的工具，是网络测试最常用的命令。ping 向目标主机（地址）发送一个回送请求数据包，要求目标主机收到请求后给予答复，从而判断网络的响应时间和本机是否与目标主机（地址）联通。

如果执行 ping 不成功，则可以预测故障出现在以下几个方面：网线故障，网络适配器配置不正确，IP 地址不正确。如果执行 ping 成功而网络仍无法使用，那么问题很可能出在网络系统的软件配置方面。ping 成功只能保证本机与目标主机间存在一条连通的物理路径。

命令格式：

ping IP 地址或主机名 [-t]

参数含义：

-t 不停地向目标主机发送数据。

2）ipconfig：

ipconfig 实用程序和它的等价图形用户界面。这些信息一般用来检验人工配置的 TCP/IP 设置是否正确。但是，如果计算机和所在的局域网使用了动态主机配置协议（Dynamic Host Configuration Protocol，DHCP，Windows NT 下的一种把较少的 IP 地址分配给较多主机使用的协议，类似于拨号上网的动态 IP 分配），这个程序所显示的信息也许更加实用。这时，ipconfig 可以显示计算机是否成功地租用到一个 IP 地址，以及它目前分配到的是什么地址。了解计算机当前的 IP 地址、子网掩码和缺省网关实际上是进行测试和故障分析的必要项目。

命令格式：

ipconfig [/all]

参数含义：

/all 显示所有本机网络信息。

注：可查看当前计算机网卡物理地址（全世界唯一地址）。

3）tracert

tracert 命令用来显示数据包到达目标主机所经过的路径，并显示到达每个结点的时间。命令功能同 ping 类似，但它所获得的信息要比 ping 命令详细得多，它把数据包所走的全部路径、结点的 IP 以及花费的时间都显示出来。该命令比较适用于大型网络。

命令格式：

tracert IP 地址或主机名 [-d]

参数含义：

-d 不解析目标主机的名字。

如：tracert www.sohu.com

注：按 Ctrl+C 组合键可中断运行，按上下方向键可重复前面的命令。

2．Web 服务器安装

（1）打开"控制面板/程序"窗口，选择"程序和功能"选项区中的"打开或关闭 Windows 功能"，如图 A-85 所示。

（2）在打开的"Windows 功能"对话框中，选择"Internet Information Services 可承载的 Web 核心"复选框，如图 A-86 所示。

（3）系统重新启动。

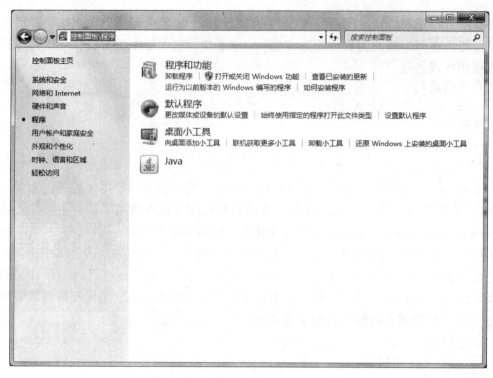

图 A-85　打开或关闭 Windows 功能

图 A-86　打开 IIS 功能

3. IIS 网站配置

（1）打开"控制面板/系统和安全/管理工具"窗口，双击"Internet 信息服务（IIS）6.0 管理器"，如图 A-87 所示。显示配置界面如图 A-88 所示。

图 A-87　IIS 服务位置

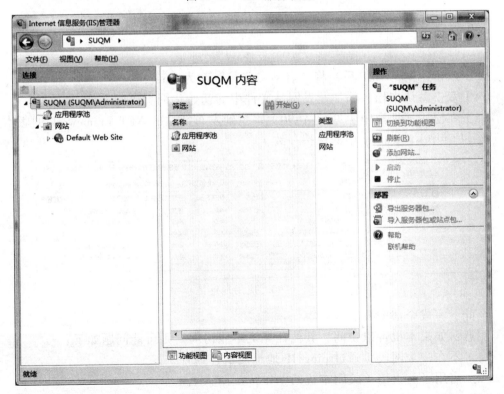

图 A-88　IIS 服务打开

（2）在左侧栏中右击"网站"，在弹出的快捷菜单中选择"添加"命令，打开"添加网站"对话框，如图 A-89 所示。网站名称：随便输入即可；物理路径：添加开发好的网站的整个文件；IP 地址：选择本计算机的 IP 地址；然后单击"确定"按钮。

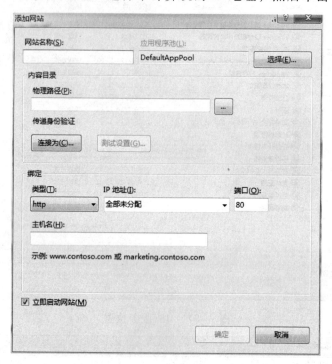

图 A-89　网站配置

（3）双击中间的 ASP 后，将"启动父路径"改为 true。

（4）双击默认文档，添加开发网站文件中的初始化网页界面文件。

（5）在应用地址池中（见图 A-90），找到发布网站的.NET Framework 的版本类型（要和 C#中 web.config 中的保持一致）。

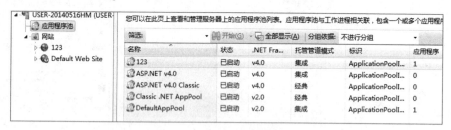

图 A-90　应用地址池

至此，完成全部配置。

注意：如果本机可以访问，其他计算机不能访问。则可能问题如下：

（1）不在一个网段（通过 ping+IP 地址测试连通性）。

（2）启用了防火墙（关闭本机的 Windows 防火墙）。

（3）Web 中 IIS 发布网站的 TCP/IP 默认端口（80）被占用（可以找到占用的应用程序，然后修改）。

实验 8　网页设计

一、实验目的

（1）了解理解网站制作的过程，会收集、制作网页素材。

（2）熟悉 Dreamweaver CS6 的基本功能。

（3）掌握网站设计工具 Dreamweaver CS6 的使用。

（4）掌握简单网页制作的步骤与方法。

二、实验内容

（1）建立并管理本地站点。在 D 盘根目录下建立一个名为 web 的文件夹。在 web 文件夹下，建立一个名为 images 的子文件夹（用于存放网站的图片文件），将素材中的图片复制到 images 文件夹中。定义一个本地站点，其中站点名为"我的站点"，站点的根目录为 web，默认图像文件夹为 images。

（2）新建一个文件 1_1.html，分别设置该文件的页面属性、下载时间与大小，并预览该页面。

（3）代码视图的使用。

三、实验过程

1．建立并管理本地站点

（1）启动 Adobe Dreamweaver CS6，选择"站点"→"新建站点"命令，在打开的"站点设置对象 我的站点"对话框中选择"站点"选项卡，设置站点名称和本地站点文件夹，如图 A-91 所示。

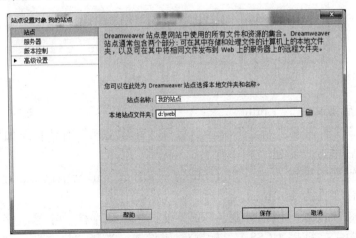

图 A-91　设置站点名称和站点文件夹

（2）选择"高级设置"中的"本地信息"选项卡，如图 A-92 所示，设置默认图像文件夹，单击"保存"按钮。

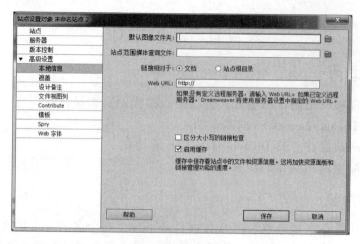

图 A-92 站点设置

（3）选择"站点"→"管理站点"命令，打开"管理站点"对话框，如图 A-93 所示。其中， ━ 用于删除站点， ✎ 用于编辑站点， ⬚ 用于复制站点， ⬚➔ 用于导出站点。

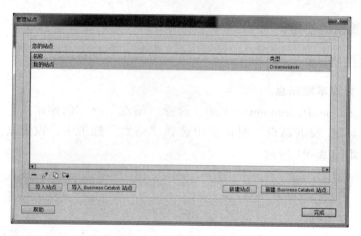

图 A-93 "管理站点"对话框

2．建立与管理文件 1_1.html

（1）选择"文件"→"新建"命令，打开"新建文档"对话框，如图 A-94 所示，设置相应参数后单击"创建"。

（2）在代码视图中输入"<a href=http://www.sina.com>新浪网</a>"，然后转换到设计视图，保存文件为 1_1.html。

（3）页面属性设置，包括外观（CSS）设置（默认字体、字号、字色、背景色、背景图片及边距）、链接（CSS）、标题/编码设置。选择"修改"→"页面属性"命令，打开"页面属性"对话框，如图 A-95 所示。

选择"外观（CSS）"选项卡，设置文本的大小、颜色和网页的背景色，将网页背景图像设置为 images/2.gif。单击"应用"按钮查看设置效果。

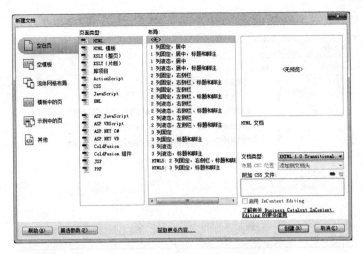

图 A-94 "新建文档"对话框

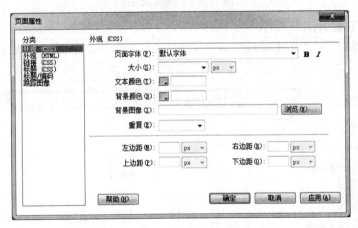

图 A-95 "页面属性"对话框

选择"标题/编码"选项卡，将网页的标题设置为"我的第一个网页"，如图 A-96 所示。

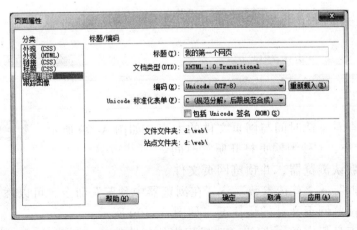

图 A-96 网页标题设置

选择"链接（CSS）"选项卡，设置网页的链接，如图 A-97 所示。

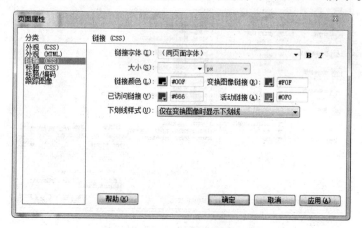

图 A-97　链接属性

（4）设置下载时间与大小。

选择"编辑"→"首选参数"→"窗口大小"命令，设置链接速度，如图 A-98 所示。

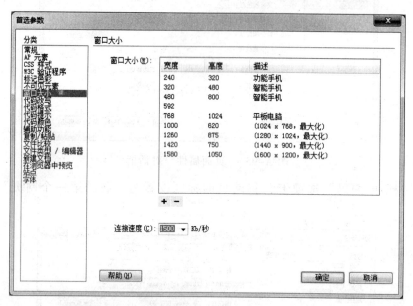

图 A-98　链接速度

在状态栏查看下载时间与网页文件的大小，如图 A-99 所示。 6 K / 1 秒 中，6K 为文件的大小，1 秒为网页打开所需时间。

（5）设置默认浏览器，并预览网页文件。

选择"编辑"→"首选参数"→"在浏览器中预览"命令，可以添加浏览器、设置主浏览器、预览网页文件的快捷键，如图 A-100 所示。

单击文档工具栏中的 按钮，选择相应的预览选项，如图 A-101 所示。

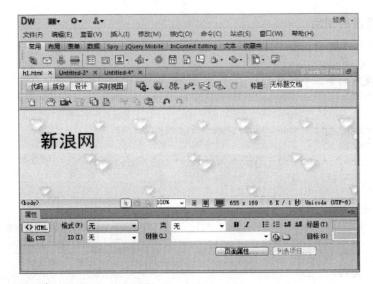

图 A-99 网页状态

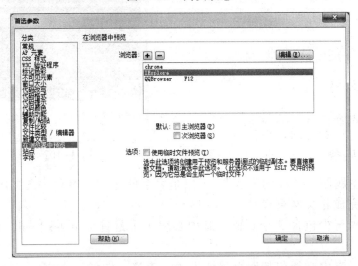

图 A-100 首选参数设置

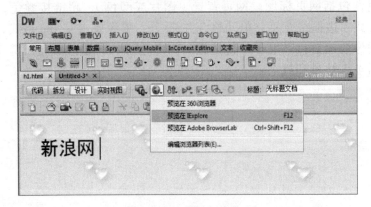

图 A-101 预览网页

3．代码视图的使用

新建文档 1_3.html，在代码视图中输入如下代码：

```
<body bgcolor="yellow">
  <p>这是我的第三个网页。</p>
  <br/>
  <hr/>
  <a href=http://www.sina.com>新浪网</a>
  <br/> <br/>
  <img src="images/lg.jpg" width="400" height="350" />
  <br/>
  <hr/>
  <table border=1>                          <! --表-->
   <tr>
     <td>姓名</td>
     <td>数学</td>
     <td>英语</td>
   </tr>
   <tr>
     <td>张三</td>
     <td>82</td>
     <td>70</td>
   </tr>
  </table>
</body>
```

网页效果图如图 A-102 所示。

图 A-102　网页效果

四、练习内容

（1）网页主题围绕"我的家乡"，可以是家乡的旅游、美食、人文历史等。（也可以自拟题目，完成相关网页设计。）

（2）网站内至少包含 3 个页面，其中必须 1 个是首页 index.html，自行设计一个网站 Logo。

（3）网页元素中必须包括网页属性设置、表格、图像、文字、超链接、版权等。其中，网页属性包括网页标题、网页背景（图片或颜色）、超链接颜色，表格包括设置表格对齐方式、边框线宽度、单元格合并/拆分，图像要求是.jpg 格式，超链接可以包括文字和图像的超链接、电子邮件链接、URL 地址、锚记的命名与链接，版权在网页最后，包括本人学号和姓名。

参 考 文 献

[1] 刘德喜，凌传繁，方志军，等. 大学计算机基础[M]. 3 版. 北京：中国铁道出版社，2015.

[2] 黄润才. 计算机导论[M]. 2 版. 北京：中国铁道出版社，2010

[3] 朱扬清，罗平. 计算机技术及创新案例[M]. 北京：中国铁道出版社，2015.

[4] 刘红冰. 计算机应用基础教程：Windows 7+Office 2010[M]. 3 版. 北京：中国铁道出版社，2015.

[5] 王浩轩，沈大林. 计算机组装与维护案例教程[M]. 2 版. 北京：中国铁道出版社，2015.

[6] 王建国，付禾芳，王欣. 计算机科学与技术导论[M]. 北京：中国铁道出版社，2012.

[7] 徐洁磐. 计算机系统导论[M]. 北京：中国铁道出版社，2011.

[8] 李廉. 计算思维：概念与挑战[J]. 中国大学教学，2012，1：7-12.

[9] 陈国良，董荣胜. 计算思维的表述体系[J]. 中国大学教学，2013，12：22-26.

[10] 董卫军，邢为民，索琦. 计算机导论：以计算思维为导向[M]. 2 版. 北京：电子工业出版社，2014.

[11] 唐良荣，唐建湘，范丰仙，等. 计算机导论：计算思维和应用技术[M]. 北京：清华大学出版社，2015.

[12] 陆朝俊. 程序设计思想与方法：问题求解中的计算思维[M]. 北京：高等教育出版社，2013.

[13] 黄国兴，陶树平，丁岳伟. 计算机导论[M]. 北京：清华大学出版社，2004.

[14] 刘卫国. Python 语言程序设计[M]. 北京：电子工业出版社，2016.

[15] 冯林. Python 程序设计与实现[M]. 北京：高等教育出版社，2015.

[16] 沙行勉. 计算机科学导论：以 Python 为舟[M]. 北京：清华大学出版社，2014.

[17] 张志强，赵越，等. 零基础学 Python[M]. 北京：机械工业出版社，2016.

[18] SUMMERFIELD M. Python 3 程序开发指南[M]. 2 版. 王弘博，孙传庆，译. 北京：人民邮电出版社，2011.

[19] HETLAND M L. Python 基础教程[M]. 2 版. 司维，曾军崴，谭颖华，译. 北京：人民邮电出版社，2010.

[20] 刘晓强. 信息系统与数据库技术[M]. 北京：机械工业出版社，2008.

[21] 董健全，丁宝康. 数据库实用教程[M]. 3 版. 北京：清华大学出版社，2008.

[22] 石磊. 计算机组成原理[M]. 3 版. 北京：清华大学出版社，2012.

[23] 张靖，周伟，张翔. 计算机网络信息系统工程应用技术[M]. 成都：西南交通大学出版社，2011.

[24] 赵建民，端木春江. 计算机科学技术导论[M]. 北京：清华大学出版社，2011.

[25] 邱均平，沙勇忠. 信息资源管理学[M]. 北京：科技出版社，2011.

[26] 谢希仁. 计算机网络简明教程[M]. 2 版. 北京：电子工业出版社，2011.

[27] 苗雪兰，宋歌. 数据库原理与应用技术[M]. 北京：电子工业出版社，2009.

[28] 宁正元，赖贤伟. 算法与数据结构[M]. 2 版. 北京：清华大学出版社，2012.

[29] 周德新. 计算机通信网基础[M]. 北京：机械工业出版社，2008.

[30] 李文兵. 计算机系统结构[M]. 2 版. 北京：清华大学出版社，2011.

[31] 孙家广，胡事民. 计算机图形学基础教程.[M]. 2 版. 北京：清华大学出版社，2009.

[32] 陆慧娟，高波涌，何灵敏. 数据库系统原理[M]. 3 版. 北京：中国电力出版社，2011.

[33] 缪行外，苏前敏，吴敬仙，等. 操作系统和自由软件 Linux[M]. 北京：清华大学出版社，2011.

[34] 蒋宗礼. 计算机类专业人才专业能力构成与培养[J]. 中国大学教学，2011（10）：11-14.

[35] 朱亚宗. 论计算思维：计算思维的科学定位、基本原理及创新路径[J]. 计算机科学，2009（4）：53-55，93.

[36] 李廉. 关于计算思维的特质性[J]. 中国大学教学，2014（11）：7-14.

[37] 董荣胜，古天龙. 计算思维与计算机方法论[J]. 计算机科学，2009（1）：1-4，42.

[38] 蒋宗礼. 计算思维之我见[J]. 中国大学教学，2013，9：5-10.

[39] 唐培和，徐奕奕. 计算思维：计算学科导论[M]. 北京：电子工业出版社，2015.

[40] 陆汉权，何钦铭，徐镜春. 基于计算思维的"大学计算机基础"课程教学内容设计[J]. 中国大学教学，2012，9：55-58.

[41] 龚沛曾，杨志强. 大学计算机基础教学中的计算思维培养[J]. 中国大学教学，2012，5：51-54.

[42] 何钦铭，陆汉权，冯博琴. 计算机基础教学的核心任务是计算思维能力的培养：《九校联盟（C9）计算机基础教学发展战略联合声明》解读[J]. 中国大学教学，2010，9：5-9.

[43] 田绪红，林丕源，肖磊，等. 浅谈高等农业院校计算思维教育[J]. 实验室研究与探索，2014，33（7）：176-179.

[44] 陈德颢，陈文光. 并行编程语言与编译技术[J]. 中国计算机学会通讯，2009，5（11）：28-33.

[45] 吴楠，宋方敏，LI Xiang-Dong. 通用量子计算机：理论、组成与实现[J]. 计算机学报，2016，39（12）：2429-2445.

[46] 战德臣，聂兰顺. 计算思维与大学计算机课程改革的基本思路[J]. 中国大学教学，2013，2：56-60.

[47] 陈国良，董荣胜. 计算思维与大学计算机基础教育[J]. 中国大学教学，2011，1：7-11，32.

[48] 牟琴，谭良. 计算思维的研究及其进展[J]. 计算机科学，2011，38（3）：10-15，50.

[49] 嵩天，黄天羽，礼欣. Python 语言：程序设计课程教学改革的理想选择[J]. 中国大学教学，2016，2：42-47.

[50] 陈冬火，姚望舒. "计算机程序设计语言"教学刍议[J]. 计算机教育，2009，10：

18-20.

[51] WING J M．ComputationalThinking[J]．CommunicationsoftheACM，2006，49（3）：33-35.

[52] 刘浪．Python 基础教程[M]．北京：人民邮电出版社，2015.

[53] 嵩天，黄天羽，礼欣．程序设计基础（Python 语言）[M]．北京：高等教育出版社，2014.

[54] 战德臣，聂兰顺，等．大学计算机：计算思维导论[M]．北京：电子工业出版社，2013.

[55] 王永全，单美静．计算思维与计算文化[M]．北京：人民邮电出版社，2016.